心转病移

好心态才有好身体　好身体才有好生活

包丰源◎著

中华工商联合出版社

图书在版编目（CIP）数据

心转病移．好心态才有好身体　好身体才有好生活 / 包丰源著．—— 北京：中华工商联合出版社，2020.8

ISBN 978-7-5158-2759-9

Ⅰ．①心… Ⅱ．①包… Ⅲ．①情绪—自我控制—通俗读物 Ⅳ．① B842.6-49

中国版本图书馆 CIP 数据核字（2020）第 124079 号

心转病移：好心态才有好身体　好身体才有好生活

作　　者：	包丰源
出 品 人：	李　梁
责任编辑：	于建廷　效慧辉
装帧设计：	水玉银文化
责任审读：	傅德华
责任印制：	迈致红
出版发行：	中华工商联合出版社有限责任公司
印　　刷：	北京市毅峰迅捷印刷有限公司
版　　次：	2020 年 11 月第 1 版
印　　次：	2022 年 4 月第 3 次印刷
开　　本：	710mm×1000 mm　1/16
字　　数：	270 千字
印　　张：	18.5
书　　号：	ISBN 978-7-5158-2759-9
定　　价：	58.00 元

服务热线：010-58301130-0（前台）
销售热线：010-58301132（发行部）
　　　　　010-58302977（网络部）
　　　　　010-58302837（馆配部、新媒体部）
　　　　　010-58302813（团购部）

工商联版图书
版权所有　盗版必究

地址邮编：北京市西城区西环广场 A 座
　　　　　19-20 层，100044
http://www.chgslcbs.cn
投稿热线：010-58302907（总编室）
投稿邮箱：1621239583@qq.com

凡本社图书出现印装质量问题，请与印务部联系。
联系电话：010-58302915

推荐序一

正值我们中国民族卫生协会中医药预防医学分会在中医预防学科建设之际,接到包丰源老师的《心转病移》出版书稿,欲邀写序!作为有着多年临床实践经验的医务工作者、宣教者和中药非物质文化遗产传承者,我对患者有着深厚的感情,在工作之余多会重复了解患者的疾病问题,包括心理状态。在疾病面前,多数患者六神无主,忧心忡忡,特别是重病患者,见到医生更是战战兢兢,一脸茫然,不知大夫会给一个什么结论?古今精良大德名医,都会高度重视患者的心理状态,巧妙化解这一状态更利于患者的疗愈。

"医,可为而不可为。必天资敏悟,读万卷书,而后可借术以济世"。因此,读到《心转病移》,我颇有豁然开朗、爱不释手之感。它通俗易懂,贯穿儒、释、道和中医的文化精髓,在疾病预防过程中有很好的临床参考价值与社会意义。同时,包丰源老师所提出的"情志疗法"也是我所向往研究的方向,他已经积累了众多的人群实践经验与康复案例,多年矢志不移,学习、研究、探索、实践、应用,在预防疾病与疾病康复中取得了可喜的效果。"舵柄在手,可免沉溺之患",该书的出版是可喜可贺的事情。

当今罹患疾病的人群中,因情志导致的疾病者为多。情志是指人体的一系列精神意识和思维活动,为心所主。心是人体的最高司令官,神则居其首要地位,心健则神气充足,神气涣散则身弱。故,《黄帝内经·灵枢·邪客》

说："心者，五脏六腑之大主也，精神之所舍也。"包丰源老师所提出的"情志疗法"是以中医理论为基础，从情绪致病机理入手，通过认识理解、体会总结、应用研究、案例分析、实践经验，帮助人们看清疾病的真相，除掉封闭内心疾病的壁障，打开一个个心体，追溯不同情绪产生的源头"种子"。掌握心智运行的规律，不同情绪形成的致病因素，成为一个会看病的明白人。邵尧夫在《渔樵对问》中说："能用天下之目为己之目，其目无所不观矣。"挽救生命，呼唤快乐！这不但是医务工作者的心愿，更是大众的心声，为此，我愿为本书出版作序。

中医文化是中华传统文化的重要组成部分，凝聚了诸子百家的学术思想，很值得深入研究与探索。它是一门古老而又充满生机的独立科学，坚持"古为今用，西为中用"的今天，应化繁就简，以简驭繁，彰显中医"治未病"的文明符号。衷心祝愿本书的出版能够给更多的读者有所启迪，带来不同收获。值得提出的是，临床不能把看病只当成是一种医疗技术，看不到其"凝聚着的深邃哲学智慧"，要理解中医中的情志对生命的影响与重要性，善用"打开中华文明宝库的这把钥匙"。

走出情绪困扰，唤醒自愈潜能。在国家把中医药发展作为国策之际，在《中华人民共和国中医药法》宣布实施之际，我们要大力弘扬祖国中医药传统优秀文化，让中医这颗璀璨的明珠闪烁在世界的每一个角落，因为，它能给人类带来永久的健康。

李桂英教授

中国民族卫生协会中医药预防分会会长

《家庭医学》杂志主编

推荐序二

中医很多著名医家如张仲景、李东垣都是因为家庭或自身疾病，半路出家，全心专注中医而成大家。包丰源老师也是由于家族亲人的病逝，继而奋发自学中医及现代量子物理知识，通过十多年的潜心研究和实践，逐步形成并创立了情志疗法的理论和治疗体系。

中医认为"百病生于气"。气是构成和维持人体生命活动的最基本的元素，其功能主要表现在推动、温煦、防御、固摄和气化等方面，而气的运动又是脏腑经络组织功能活动的具体体现。所以，气机的失调是人体产生疾病的重要因素之一。在两千多年前的《黄帝内经》《素问·举痛论》中曾有明确的阐述："百病生于气也，怒则气上，喜则气缓，悲则气消，恐则气下，寒则气收，炅则气泄，惊则气乱，劳则气耗，思则气结。"《素问·阴阳应象大论》曰："怒伤肝，喜伤心，思伤脾，忧伤肺，恐伤肾。"这是中医针对情绪致病的最早的论述。它告诉我们，持久的、强烈的精神刺激会造成人体气机的各种变化，而这种变化将会损伤脏腑功能，脏腑气机失调产生疾病，或导致原有疾病的加重。

现代社会中，虽然人民生活水平日益提高，但工作节奏加快，竞争更加激烈，社会、工作、生活各方面压力加大，由心理、情绪、精神导致的各种疾病越来越多，也越来越受到重视。包丰源老师经过长期研究认识到情绪失调造成气机的淤堵既是对心智能量的最大消耗，也是产生思想混乱、身体疾病、人与人之间的纷争、家庭矛盾以及社会问题的根源。中医虽然很早就提出情志致病的观点，但客观地说，在治疗方法和治疗手段上还是比较单一。

包丰源老师自2005年成立心智家园文化发展有限公司以来，以"让生命更有价值"为使命，在爱因斯坦能量与物质转换科学理论的基础之上，潜心研究唯识学、量子力学，将东方哲学智慧与西方的科学实证进行了有效融合，勇于探索实践，积累了大量案例，通过"情志疗法"，有效释放，化解，清除影响身心健康的情绪"种子"，疏通产生疾病的能量淤堵点，达到通则不痛，无创伤改变、减轻疾病的目的。同时，帮助患者在回顾生命历程的过程中转变心智，重新审视疾病与生命的关系、人与自然的关系，正确对待疾病，懂得敬天爱人，尊重生命，借由心智的提升达到增加免疫力、激发修复疾病的自愈力来提高身体健康状况，改善生活质量，继续精彩人生。

这本书是包丰源老师情志疗法的良心之作和心血结晶，是对中医心身医学的进一步发展和宝贵贡献。在此，我祝愿包丰源老师和他的心智家园能够帮助更多人超越心智障碍，为继承发扬祖国传统医学做出更大贡献！

高剑虹

国医大师方和谦弟子

北京朝阳医院中医主任医师

推荐序二

认识包丰源老师不到两年，我已深深地被他的情志疗法理论和情绪疏导方法所吸引。我很愿意和包丰源老师合作做一些踏实的研究，用实证的方法和可重复的临床结果去验证心身互动的规律，从而唤醒只重病症而轻病源的当代医学和普罗大众。

也许有人会认为情志疗法只是经验之谈，还不够科学。什么是科学？科学一词，英文为 science，其本意是系统的"知识"和"学问"。但科学并不是一个封闭的知识系统，而是开放的动态体系。1888年，达尔文曾给科学下过一个定义："科学就是整理事实，从中发现规律，作出结论。"这正是包丰源老师这本《心转病移》所呈现的理论研究与由个案总结出情绪疏导方法所在做的：整理有关情绪和健康关系的事实，从中发现可重复的规律，从而得出病由心解、心转病移的结论。我在长期的压力管理和癌症康复的教学和实践中发现，现代医学，特别是现代心理学，已经有大量科学数据证明"病由心生"，"情志致病"的传统中医理论，让我们来看一组美国的数据：

- 美国病患初次就医的原因，75%~90%与压力和心理困扰有关（APA美国心理学学会）；
- 65%有心脏病发作史的冠心病患者经历过各种形式的抑郁症（NIMH国

家精神卫生研究院）；

·心理压力与6个主要致死原因有关：心脏病、癌症、肺病、意外事故、肝硬化和自杀（APA美国心理学学会）；

·61%癌症患者有"不宽恕"的问题（生活中有个不能宽恕的人）（M. Barry，2010年）；

·77%的成年人遭受过心理压力引起的不良身体反应（APA美国心理学学会）。

那么，为什么现代医学在临床实践中很少关注心理病源，罕有引入心理治疗呢？据我观察，至少有两个直接原因：其一，循证医学还没有找到某一压力或情绪直接引起某一疾病的实证依据（医生不会因此而被控失职）；其二，即使找到了心身互动、病由心生的证据，那些没有足够的相关训练的医生也不可能有所作为，因为市面上可以得到科学验证的真正有效的疗心药物或方法非常少。就是职业的心理学家也只能有限干预。因为心病还得心来治；心治，即非药物医治。"二战"以来，美国的临床心理学家增加了50%；同一时期，美国抑郁症和焦虑症的患病率却增长了两倍。今天，美国成人焦虑症患病率为18%，抑郁症的患病率为9.1%。更多的临床心理医生并没能减缓心理疾病的增长。

包丰源老师"情志疗法"的实践几乎同时解决了以上两个难题！比如，对子宫肌瘤和乳腺增生症等实体瘤的临床治疗发现，通过1~3次情绪疏导，在没有任何其他干预的情况下，实体瘤缩小了50%~90%。这一结果是对"情绪是肿瘤产生之主要原因"的最好佐证。如果能把这一效果大规模重复，没有科学家会否认情绪是肿瘤产生的原因之一。因此，心理治疗必然成为肿瘤疗愈的重要组成部分。同时，人们会发现，包丰源老师的情志疗法是那样的简单易行、方便有效，调理情绪、养心疗心也不是那么困难，从而帮助人们重新获得身心灵全面健康。

尽管我有美国社会心理学博士和公共卫生硕士的学位，又在医学院做临床精神病学和心理学研究二十多年,但在情绪与健康的临床实践上,我仍然是一个学生,我仍需要更好地向包丰源老师学习。

陈科文

美国马里兰大学医学院整合医学中心副教授

前言

矢志不渝，砥砺前行

《心转病移》自 2017 年出版以来，受到了国内外医学界同仁和读者朋友的广泛欢迎。截至 2019 年底，已经 5 次再版发行。线上渠道，如当当、京东、卓越、亚马逊、新华文轩、博库网、淘宝等，读者好评率非常高。其中，当当网好评率达到了 99.9%，长期居于心理学畅销榜前列，并入选了 2017 年健康图书注重"治未病"十大图书榜。此外，为方便更多朋友了解、学习，本书特别推出了音频版本，通过喜马拉雅、蜻蜓等渠道播出，听众超过 220 万人次。随着《心转病移》在国内外影响力的扩大，2019 年 4 月，美国 BooKBaby 出版社翻译并发行了《心转病移》的英文版《Emotional Release Therapy》。

《心转病移》通过大量的案例分析，深入浅出地介绍了情绪对疾病的作用和影响，以及不同疾病和情绪之间的对应关系。发行以来，收到很多读者反馈：通过阅读学习《心转病移》，刷新了对疾病的认知，走出了过去的思维局限，能够从更立体的角度看待自己的身心健康。这就是我们倡导的，从情绪入手，提高疾病诊疗调理的有效性，加强"健康自信"，不再害怕疾病、害怕就医，从而以身心二元一体的视角，重新认识自己的身体乃至人生。

"心转病移"已被证明是科学的、有效的。笔者已在《世界最新医学》《健康之路》《中国保健营养》等国家级期刊及《环球人文地理》上共发表论文15篇，其中三篇获得一等奖；在美国《国际临床精神病学及心理健康》期刊上，发表论文1篇，广受业界好评，也得到了国内外相关人士的认同。笔者多次受邀参加国内外学术会议，在"全国中医医院院长论坛""第十一届中医药发展论坛""第三届中国家庭健康大会""意大利第十五届世界中医药联合大会""第十四届科学家论坛"等重要会议上发表论文和演讲，受到了国内外业界同仁的认可。

越来越多的国内外中医师、西医师、健康管理师等从业人员专程参加"心转病移"的线下课堂，学习"心转病移"的理论和实践操作方法，并结合自己原有的行医经验，在日常工作中运用情绪处理方法，实现对患者的全面诊疗，减轻了药物和手术治疗带来的副作用，有效地帮助病患从身心两个维度重获健康。

国内外患者也开始通过学习《心转病移》来减轻身体的疾病症状，并得到了明显的身体状况改善。截至目前，我们在国内共开设了30期《心转病移》课程，千余人在课堂上深入地学习理论和实操。

为了帮助更多人了解情志对身体的影响和作用，我们在北京、广州、深圳、杭州、珠海、太原、常州等地市举办了30多场公益讲座，惠及万余人。广州、杭州、日照、成都等电视台新闻栏目相继报道，广州广播电视新闻频道《健康100FUN》栏目拍摄了"心转病移"32集系列节目。

值得一提的是，《心转病移》在国外也受到了认可和欢迎，美国、意大利、加拿大等国家的50余位国际友人接受了调理，他们惊讶于这种发源于东方智慧的方法产生的神奇效果。为了回应国外患者进一步学习《心转病移》的诉求，2018年10月和2019年5月，我们受邀赴美举办了多场"心转病移"工作坊，通过研讨会、公益讲座等活动，帮助参与者调理甲状腺结节、乳腺增生、腰间盘突出、心脏早搏、关节炎等病症，并传播中医的理念。我们的努力没有白费，这种源于中医的科学方法，在世界范围内得到了认同，也更加坚定了我们持续深入研究和实践的信心。

《2018年全民中医健康指数研究报告》指出，影响健康的因素中居于首位的就是情志。焦虑程度与患病比例呈正相关关系。报告显示，受调查人群中，无焦虑者患病概率为5.1%，偶有焦虑者患病概率为22.3%，时有焦虑者患病概率为46.4%，多有焦虑者患病概率达到了51.1%。

国家卫健委疾病预防控制局调查显示，截至2017年底，我国14亿人口中，精神障碍患者数量达2.5亿。而《健康中国行动（2019—2030年）》指出，我国常见精神障碍和心理行为问题的人数逐年增多，抑郁症患病率达2.1%，焦虑障碍患病率达4.98%。

面对情绪类疾病和精神类疾病患病率不断攀升的态势，仅依靠传统的药物、手术治疗手段是绝对不够的。《心转病移》的诞生正是基于对情绪的深刻认识，从中医情志思想出发，通过对情绪与疾病关系的深入研究，总结出由疾病症状追溯情绪根源的科学方法，并能够通过对情绪的有效处理，改变和减轻疾病症状，甚至实现病症的彻底好转。可以说，《心转病移》对精神类疾病、慢性病等传统医疗手段难以有效发挥作用的疾病产生了非常积极的疗愈效果，已经成为传统医学诊疗方式的有益补充，很大程度上丰富了现代医学的理论内容和实践体系。

我国极其重视人民健康和生命安全。2016年10月25日，中共中央、国务院印发了《"健康中国2030"规划纲要》，确定了今后15年推进"健康中国"建设的行动纲领。《纲要》第九章明确指出："充分发挥中医药独特优势。大力发展中医非药物疗法，使其在常见病、多发病和慢性病防治中发挥独特作用。到2030年，中医药在治未病中的主导作用、在重大疾病治疗中的协同作用、在疾病康复中的核心作用得到充分发挥。"国家中医药管理局局长王国强接受媒体采访时，再次强调要大力发展非药物疗法，一方面减少对身体的损伤，另一方面减少人民的医药开支。

我们把《心转病移》的操作调理方法命名为"情志疗法"，作为一种典型的非药物疗法，能够通过科学的非侵入性方法，帮助患者找到引发疾病的情绪源头，并施以调理，从而快速有效地缓解负面情绪对身体的影响，实现了治愈过程中的无副作用、无伤害性。基于"情志疗法"对大健康产业的贡献，在第十七届中国科学家论坛上，笔者获得了"2020年度中国心智教育最具时代影响力杰出人物奖，北京心智家园文化发展有限公司也荣获了"2020年度健康中国社会责任突出贡献奖"。

2019年11月4日由中国民间中医医药研究发展协会根据《中国民间中医医药研究发展协会团体标准管理办法》，经协会标准化办公室基本程序，通过对该项目的陈述与说明，和专家提问、答辩、专家委员会投票等程序，"包氏情志疏导操作规范"团体标准立项，批准编号（GARDTCMO14-2019），开启了标准化之路。该方法是解决现代人因工作压力、紧张、焦虑等情绪造成的功能性疾病的有益方式，具有较强的社会需求度。历经风雨，终获荣光，情志疏导必将在更大范围内惠及人民，为全民健康事业做出更多贡献。

大健康理念的逐渐普及，让大家意识到健康不仅仅是诊疗和治疗，而是包括宣传、预防、诊断、治疗、康复等环节在内的一套完整体系。疾病形成后的治疗固然不可缺失，但更重要的是如何通过正确的科学普及和健康管理，预防疾病、治病于未然，也就是传统中医理论所讲的"治未病"。为进一步贯彻国家大健康理念，2020年5月12日，笔者成为中国民族医药协会健康科普分会副会长，我们与中国民族医药协会健康科普分会共同成立了"情志疗法"健康科普基地和20家"情志疗法"（身心健康）科普宣传站，300多人成为会员在各地进行宣传推广。获得中国民族医药协会科普分会颁发的"健康科普之星"荣誉，成为中国中医药信息学会中医医院管理分会理事。

《心转病移》之所以能够不断获得业内外认可，根源在于其理论和方法本身的魅力。理论扎实，应用可靠，能够高效、切实地解决人们的健康问题，寻找病症的产生原因，提高身心健康水平。2020年新冠肺炎疫情期间，很多人出现了恐慌焦虑的情绪，我们立即组织开展了"心转病移"线上课程，短短一个多月内，参与者达1.3万人次。学习者表示，"心病转移"课程不仅改变了自己的情绪问题，也间接地帮助了家人和朋友，实现了更多人身心状态的好转。同时我们集结多位中医师、西医师、健康管理师组成专家团队，自3月开始，免费提供身心健康咨询服务。截至5月底，该项活动已开展30余期，有近200多位求助者得到了有效的线上咨询服务，线上观摩学习者9000多人次。专家团队运用"情志疗法"帮助患者查找疾病情绪根源、处理情绪问题、改善心理状况，带领求助者走出疫情带来的恐慌与焦虑，重塑健康、积极、向上的心态，实现心理的舒缓和改善，提高身体的免疫力和自愈能力。

2020年，笔者再次沉下心来，结合这几年最新的理论成果和实践案例，重新梳理归纳《心转病移》，以典藏版的形式与更多的业内同仁和读者见面。希望将更多的精华内容呈现给大家，让大家走进"心转病移"，利己助人。同时，我们也与中国民族医药协会健康科普分会共同成立了"情志疗法"专家委员会，编写"情志疗法"教案，争取早日面世，结合国家大健康的相关培训计划，更好地实现普及和推广，为全民健康事业做出自己的贡献。

目录

第一章　为什么生活水平越来越高，健康状况却越来越差？ — 003

一、世界卫生组织强调的健康四要素 — 003

二、人们对疾病产生的不正确认识 — 004

三、不良情绪是身体越来越差的根本原因 — 005

第二章　为什么说心主神明，病由心生？ — 013

一、什么是真正的健康？ — 013

二、心主神明，病由心生 — 014

三、身心健康是治愈一切的良药 — 018

第三章　情绪对健康的危害有多大？ — 021

一、情绪可以改变身体的物理表现 — 021

二、情绪影响人体气血的平衡运行 — 024

三、情绪干扰免疫系统，引发各种疾病 — 025

四、情绪降低认知和思维能力 — 027

第四章　影响我们一生的"情绪"是怎么产生的？ — 030

一、情绪是什么？ — 030

二、情绪是如何产生的？ — 031

第五章 情绪怎样导引气血产生定向与定位反应？— 040

一、情绪导引身体气血变化的规律 — 040

二、多数疾病都能找到对应的情绪 — 043

第六章 如何走出情绪困扰？— 047

一、通过释放、清除与化解，走出情绪困扰 — 047

二、找到源代码，就能修改程序 — 050

中篇

第七章 如何走出现代生活中的焦虑？— 057

一、焦虑的症状及原因 — 057

二、清理细胞记忆，有效减轻焦虑状况 — 060

第八章 长期压抑会带来精神崩溃吗？— 064

一、抑郁症的含义及病状 — 064

二、抑郁症的原因 — 066

三、运用"情志疗法"，化解抑郁症状 — 071

第九章 缺乏安全感为什么容易造成弓形背？— 075

一、背部症状与情绪的关系 — 075

二、背部弓形的"情志疗法"调理 — 077

第十章 肝病与哪些情绪有关？— 083

一、肝病的种类 — 084

二、肝病产生的情绪缘由 — 084

三、肝病的"情志疗法"调理 — 087

第十一章 失眠多梦与情绪有何对应关系？— 090

一、失眠的症状与原因 — 090

二、失眠的"情志疗法"调理 — 091

第十二章 为什么爱较劲的人易患脑血栓？— 096

一、脑血栓形成的医学原因 — 096

二、脑血栓形成的情绪因素 — 097

三、脑血栓病的"情志疗法"调理 — 098

第十三章 为什么亲属关系紧张容易患甲状腺病？— 101

一、甲状腺疾病与部分情绪的对应关系 — 101

二、甲状腺疾病的"情志疗法"调理 — 103

第十四章 为什么"不想听"易导致耳疾？— 107

一、耳疾与情绪的对应关系 — 107

二、耳疾的"情志疗法"调理 — 108

第十五章 为什么"不想看"易产生眼病？— 112

一、眼疾与情绪的对应关系 — 112

二、眼疾的"情志疗法"调理 — 114

第十六章 为什么孩子哮喘与父母严厉有关？— 117

一、哮喘的情绪原因 — 117

二、哮喘的"情志疗法"调理 — 120

第十七章 为何过度悔恨易引发肾病？ — 125

一、肾的主要功能 — 125

二、部分肾病与情绪的对应关系 — 125

三、肾病的"情志疗法"调理 — 128

第十八章 为什么指标正常的人会突然死于心脏病？ — 131

一、心脏的重要作用 — 131

二、部分情绪与心脏病的对应关系 — 133

三、心脏病的"情志疗法"调理 — 134

第十九章 为什么"心硬"也会带来疾病？ — 140

一、冠状动脉疾病的情绪原因 — 140

二、冠状动脉疾病的"情志疗法"调理 — 143

第二十章 人真的会吓破胆吗？ — 147

一、情绪与胆部疾病的对应关系 — 147

二、胆部疾病的"情志疗法"调理 — 149

第二十一章 为什么看不起别人容易得颈椎病？ — 153

一、颈椎病的严重危害 — 153

二、部分情绪与颈椎病的对应关系 — 154

三、颈椎病的"情志疗法"调理 — 155

第二十二章 糖尿病是吃糖多导致的吗？ — 160

一、产生糖尿病的情绪原因 — 160

二、糖尿病的危害性 — 163

三、糖尿病的"情志疗法"调理 — 164

第二十三章 压力过大会让人直不起腰吗？ — 167

一、腰部疾病及产生的原因 — 167

二、腰部疾病的"情志疗法"调理 — 171

第二十四章 女性疾病的产生是因情感和婚姻的不幸吗？ — 173

一、女性子宫病症与情绪的对应关系 — 173

二、子宫疾病的"情志疗法"调理 — 175

第二十五章 "委屈怨怒"易得乳腺疾病吗？ — 179

一、乳腺病症与情绪对应关系 — 179

二、乳腺病症的"情志疗法"调理 — 180

第二十六章 家族病和情绪有哪些关系？ — 186

一、一个家族就是一个能量系统的平衡 — 186

二、家族病的情志调理 — 188

下篇

第二十七章 "情志疗法"的起源有哪些？ — 201

一、中医整体观 — 201

二、能量学说 — 203

三、全息理论 — 206

四、心智哲学 — 209

第二十八章 "情志疗法"的理论依据有哪些？ — 218

一、人的双重属性 — 218

二、人生早年经历 — 220

三、细胞记忆 — 221

四、相由心生，病从心起 — 224

五、通则不痛，不通则痛 — 225

六、生命的重建 — 227

第二十九章 什么是"情志疗法"？ — 229

一、"情志疗法"的含义 — 229

二、"情志疗法"的调理方式 — 230

三、"情志疗法"的特点 — 241

四、"情志疗法"的成果 — 242

第三十章 "情志疗法"对于大健康事业有何重要作用？ — 245

一、社会需要大 — 245

二、安全可靠 — 246

三、适用范围广 — 247

四、体系完备易普及 — 248

第三十一章 感恩生命中的一切 — 250

一、制造疾病的正是我们自己 — 250

二、心转则病移 — 255

三、健康、幸福、美好的生活，从当下出发 — 258

上篇

第一章

为什么生活水平越来越高，健康状况却越来越差？

生命是唯一的，有健康才有一切。2019年，央视新闻数据显示，我国平均每分钟有6人被诊断为恶性肿瘤；心血管病患者2.9亿人；高血压患者2亿人；糖尿病患者1.2亿人……各类疾病出现年轻化趋势。为什么现代人生活水平越来越高，但健康状况反而越来越差？不少人认为，这是有害食品和农药残留造成的，真的是这样吗？什么才是导致现代人各种疾病爆发的根源？

一、世界卫生组织强调的健康四要素

世界卫生组织强调的健康四大要素是：**愉快心情、适量运动、充足睡眠、均衡营养**。不难看出，世界卫生组织强调的健康四大要素中，排在第一位的就是愉快心情。

现代意义上的健康已经绝不是单指身体的健康，更重要的是心理的健康。身心愉快才是健康的必备指标。没有心理的健康，没有愉快的心情，既不能称为完整的健康，也会影响身体的健康。

二、人们对疾病产生的不正确认识

　　人们的生活越来越好，大部分人已经不愁吃不愁穿，摆脱了过去吃不饱穿不暖的贫困状态。但是不少人感慨，生活越来越好了，疾病却越来越多了。这是什么原因呢？有人认为，这是一些不良商家制造有害食品，人们吃了有害食品而引发了各种疾病；有人认为，现在的农产品使用化肥农药，存在食品安全隐患，这种隐患也是导致人们疾病越来越多的原因。

　　我认为，这些认识尽管有一些道理，但不完全正确。为什么说不完全正确呢？四十多年前，卫生条件远不如现在好，发病率却并不算高。一个明显的区别是，过去虽然简单艰苦，但是不像现在工作生活压力这么大，节奏这么紧张。比如，过去照明条件远不比今天便利，我上学的时候，家里只有昏黄的白炽灯，学校的照明也远不如现在的各种台灯、日光灯、节能灯好，但是现在城市的初中生、高中生，戴眼镜的一个班级甚至超过半数。过去极少听说癌症、糖尿病、乳腺癌、肺癌、脑卒中（又称"中风"）等疾病，也没有像现在这样为了工作加班加点，为了婚姻、孩子而努力赚钱，常常出现焦虑、失眠等症状。

　　这些年讲"心转病移"课程时，我常问听众，有谁的亲人或朋友得了癌症、糖尿病的？现场超过一半人会举起手，而且举手的比例呈上升趋势，似乎这些严重的疾病已经成了常态。

　　这几年我也去过美国、意大利、以色列、加拿大、迪拜、日本、新加坡、柬埔寨、印度、尼泊尔、马来西亚等二十多个国家和地区。每到一处，我都会与当地的医生交流，了解癌症发病情况。印象最深刻的是，美国癌症发病率比加拿大严重很多——两个国家比邻而居，地理上差别不大，但是美国人的工作生活压力却远远大于加拿大人。在欧洲，意大利是一个生活节奏比较缓慢的国家，人们追求享受生活，不会给自己太大压力，癌症患者相对也少。在亚洲，日本的患病情况就比柬埔寨严重，同样也存在生活压力的问题。日本人惯常有加班文化，人们排遣痛苦也只是在居酒屋里喝一喝酒，实际上并没有真正减轻压力。柬埔寨人的生活相对安逸祥和许多，虽然饮食等状况没有比日本安全、科学，但是癌症发病率却并不算高。

综合比较各个国家和地区的情况，工作、竞争压力是造成紧张情绪的重要因素之一，对身体的健康影响也是极大的。从这些国家和地区人们患病的实际情况来看，疾病的产生与情绪有很大的关系，也就是与心情不愉快有很大的关系。这就印证了世界卫生组织为什么把愉快心情作为身体健康的四大要素之首。

三、不良情绪是身体越来越差的根本原因

2019年，中华中医药学会发布的《2018年全民中医健康指数研究报告》得出结论，影响健康的因素中第一位的就是情志。报告显示，在被研究的人群中，没有焦虑的人患病概率为5.1%，偶尔有焦虑情绪的人患病概率为22.3%，有时有焦虑的人患病概率为46.4%，而多数时间有焦虑情绪的人患病概率达到了51.1%。也就是说，处于焦虑情绪的人患病比率是没有焦虑的人的十倍！焦虑情绪最容易导致肝气郁结，使肝脏功能失调。其中，高收入和高学历的双高人群、一二线城市的女性居民精神压力更大。

据国家卫健委疾病预防控制局发布的信息，截至2017年底，我国精神障碍患者达到2.4亿人，而且这个数字还在逐年增长。从这些研究成果和数据中我们可以看出，不良情绪严重地影响人们的身体健康。

2019年7月15日，国务院发布《健康中国行动（2019—2030年）》方案中提出，心理健康是人在成长和发展过程中，认知合理、情绪稳定、行为适当、人际和谐、适应变化的一种完好状态。精神障碍和心理行为问题人数逐年增多，个人极端情绪引发的恶性案（事）件时有发生。我国抑郁症患病率达到2.1%，焦虑障碍患病率达4.98%。截至2017年底，全国已登记在册的严重精神障碍患者581万人。正是对我国当前面临的心理健康问题、精神疾病问题有着深刻的认识和研究，《健康中国行动（2019—2030年）》才将心理健康问题作为一项重要工作内容。

人的身体不仅是物质的，更受到精神的影响和作用。物质与精神的双重属性决定了身体的状态。看上去有形的物质身体，实际上起决定作用的是无

形的精神。比如生活中我们会遇到——害怕的时候会吓得腿都软了，恐惧的时候会头皮发麻，害羞的时候会脸红，紧张的时候会吃不下东西……这都说明了内心恐惧害怕的精神状态，会导致身体的连锁反应。也就是说，人一旦在精神上有了某种想法，身体上就会有相应的反应。

很多中小学老师或家长在日常中会看到，每当遇到考试，一些孩子就会莫名其妙地"病了"，可是考试一结束，这些孩子的"病"马上就好了，这样的现象很普通，特别是在大城市。这是真的病吗？

我们也常常听到类似的报道——医生不小心把检查报告搞乱了，原来没有癌症的人看到自己的报告上显示癌症，开始害怕与恐惧，很快身体显现出疾病的症状；原来有病的人看到自己的报告上显示身体没有问题，于是感到开心与喜悦，身体莫名地就恢复了健康。这都是因为人内在思想产生情绪，导引身体细胞产生反应的结果——无形的精神思想决定着有形的身体状态。如果思想经常处在强烈的起伏波动的情绪中，即使外在的状况有了很小的变化，也会造成人很大的精神压力，进而带来激烈的情绪反应。

中医理论："百病皆由气生。"《素问·阴阳应象大论》谈道："怒伤肝，喜伤心，思伤脾，忧伤肺，恐伤肾。"张介宾在《类经·疾病类》中谈道："气之在人，和则为正气，不和则为邪气。凡表里虚实，逆顺缓急，无不因气而至，故百病皆生于气。"这些论述说明了情绪对于气血运转的影响，更是具体指明了不同情绪所导致的气机失调对于脏腑器官的伤害。

从现代医学的角度来讲，当人出现过分的焦虑、紧张、愤怒、恐惧、激动、抑郁等不良情绪时，就会波及神经内分泌系统，进而影响到神经递质和激素的正常水平和作用，造成各脏器的功能紊乱及降低身体的免疫力，最终发展为疾病。

西方心理学的研究发现，情绪会影响人的精神健康，经常焦虑、恐惧、忧郁的人会出现神经系统失调的症状；受到强烈、突然的精神打击常会导致精神障碍；心情愉悦可以加快伤口愈合，促进疾病痊愈。

临床研究发现，处于抑郁状态的肿瘤病人，死亡率比心情舒畅的患者高22%。国外还有研究者对肿瘤病人进行了心理干预，受干预组病人的存活时间为 36 个月，没有得到心理干预者仅为 18 个月。可见，人的精神状态对肿瘤的发生发展有着非常重要的影响。

《人民日报》报道，70% 的疾病与情绪有关，恐惧、焦虑、内疚、压抑、愤怒、沮丧……每个人的身体里都有一张关于情绪的地图。研究指出，70% 以上的人会遭受情绪对身体器官的"攻击"，"癌症"与长时间的怨恨有关，常受批评的人容易患上关节炎……

有人做过这样的科学实验：在喂老鼠的食物中加入致癌物质，其癌症发病率仅为 10%；当对老鼠进行能够引起紧张情绪的强烈刺激时，其癌症发病率则上升到 50%。

无论是中医还是西医，无论是心理学还是科学实验，都证实了情绪对健康的影响和作用。

大量临床医学研究表明，小到感冒，大到冠心病和癌症，都与情绪有着密不可分的关系。充满心理矛盾、倍感压抑、经常感到不安全和不愉快的人容易感冒，一着急就喉咙痛；容易紧张的人则常会头痛、血压升高，进而引发心血管疾病；经常忍气吞声的人患上癌症的概率是一般人的三倍。

我曾经接待一位来自大连的朋友。他患有心脏病，希望我陪他到治疗心脏首屈一指的北京阜外医院治疗。在车站见到他时，我吓了一跳：原来开朗、健谈、常运动健身的他，如今却像是一位老者，手捂着胸，一副无力的样子，说话声音微弱，还不时叹气。

他的妻子告诉我，他的爷爷和父亲都是在四十多岁时因心脏病离世。他今年四十二了，上周出差时，半夜里突然感到心脏很痛，后来救护车把他送到了医院，医生依据他对病情的表述，诊断他患上了心脏病。从那天开始，他就陷入了恐惧和焦虑之中，每天茶饭不思，总是说些与死有关的话。一家人也因他的病而失去了往日的欢乐。

第二天，我陪他在北京阜外医院做了全面检查，医生的结论是：他没有心脏病，只是胃有一些问题。但他怎么也不相信这个结果。于是我又带他到人民医院做了同样的检查，结果也是一样的——是胃病而不是心脏病。

他看着两份检查报告，精神一下子就好了起来，说话声音大了，手不再捂着胸，脸上的阴云一扫而光，脸色一下子恢复了往日的红光。

这就是内在思想对身体的影响和作用——心理以为自己生病了，情绪上立刻紧张起来，身体也就跟着出现了患病的症状。而当知道自己没有生病时，心理上放松下来，身体也就自然恢复如初，精神百倍。

人一旦产生不好的情绪，一方面会消耗生命能量；另一方面，通过交感神经系统使心跳增快、血管收缩，导致相关的器官供血、供氧不足，特别是大脑和心肌更容易缺氧。情志的变化影响着人体阴阳气血的平衡和运行。在心情波动的影响下，气血变化不仅具有定向性，还具有位置规律性。剧烈的情绪变化会使人体阴阳失衡，导致气血功能紊乱，损伤人的脏腑，最终影响到人的健康，引发疾病。反过来说，脏腑的损伤又决定和影响着思想，从而左右人的行为和结果，引向不同的生活和命运。

古人在对疾病的研究与调理中，就已经十分强调精神的因素。**当一个人总是忧思郁怒、情感内蕴且哀怒不溢于言表时，当人总是在为取悦他人而舍己所好、常委曲求全顺应他人或现实时，就容易引起肿瘤病的发生。**发病后，如果精神面貌迟迟得不到改观，就会导致疾病的进一步恶化。

心可以欺骗自己，但身体不会说谎。我们每个人的身体里，都有一张情绪地图，它反映着我们的身体状况，忠实地储存着所有的情绪，提醒我们要去面对自己真正的需求。

人常常对一些外在事物耿耿于怀，却很少关注自己的内在情绪，从而造成能量淤堵不畅，我们怎么会不生病？我们"偏袒"物质，忽略情绪，我们忽视的、失衡的都会由疾病来提醒我们。

我的大姐在1999年患上了乳腺癌，做了切除手术。经过治疗后，生活完全自理，各项身体指标基本都恢复了正常。但是在2002年家庭发生比较大的矛盾后，大姐被检查出癌症复发，不久就离开了她所眷恋的美好世界。她的离世让我久久不能平静——既然肿瘤已经被切除，身体指标也恢复了正常，为何只是生气就出现癌症复发而且快速恶化？病的根源是什么？生气为何对人的健康影响如此之大？

健康是人生最大的财富，只有得过病的人才知道健康有多么重要。我们努力地工作、赚钱都是为了享受美好的生活，但越来越常见的亚健康和疾病正吞噬着健康的生命，威胁着人们的生活。无论您拥有多少荣华富贵或者多少非凡的成就，一旦病魔缠身，所有的一切都黯然无光。

健康是一种责任，更是生命的基点。没有了健康，我们曾经的一切都将如梦幻泡影化为虚无；没有了健康，一切财富荣耀都会转瞬即逝。

一个家庭中有人患重疾意味着什么？意味着短则一年、长则数年的治疗和看护；意味着巨额的医疗开支；意味着自己没有了收入，还会给家人造成巨大的财产损失和精神损失……可以说，绝大部分家庭中，只要有一人发生重疾，整个家庭都会陷入困境。

科技的进步并没有阻止病毒的升级，有太多的精英离开了他们眷恋的世界。究竟是什么让我们如此折腰，穷尽一生的财富也难以换回身体的健康？我们在惋惜一个个鲜活的生命离开我们的同时，是否也应该反思一下我们对健康的认知到底哪里出了问题？

我的一个朋友，四十多岁，当过兵，身体健壮。事情发生几天前遇到他还是有说有笑的。过了几天，我接到他的电话说得了癌症住院了。十多天后我出差回到北京，到医院去看他时，他完全变了一个人，身体消瘦，脸色蜡黄，说话颤颤巍巍。仅仅过了一个多月他就去世了——比他严重的人都还在看病，接受治疗，他却不幸被恐惧击垮了。

精神神经免疫学的研究表明，心理失衡会通过大脑引起精神、神经系统、免疫系统和内分泌系统的变化。现代医学更是认识到，肿瘤是一种"心身相关性疾病"。社会心理因素促使肿瘤发生的作用机制主要是通过神经、内分泌和免疫系统这三大方面。

1982年，联邦德国霍姆里在谈到心理因素与癌症相关时指出，长期精神紧张、生活压力过大会使大脑生物电场频频发生短路，发出错误的信号，导致细胞突变而引起癌症。

临床研究发现，总是克制自己、压抑愤怒、有不安全感、不满等情绪的人易患癌症。这是因为情绪会影响人体细胞的免疫功能，当人体的免疫系统和监视、消灭癌细胞的机能受到不良情绪的抑制后，人体就容易患病，直至形成肿瘤。

医学专家曾在小白鼠身上做过实验：母鼠常会舔舐它的孩子，那些被舔得少的幼鼠，压力水平明显更高，这与表观遗传学中与压力相关的基因被标记的更少有关……在幼鼠中，恐惧、压力等学习到的行为可以通过表观遗传机制传递给它们的后代，然后代代相传。这意味着，某些基因的DNA甲基化（能够在不改变DNA序列的前提下，改变遗传表现——编者注）发生在母亲身上后，不会像我们预计的那样在后代身上重置，而是会在胚胎中传递下去。实验表明，情绪对身体的影响不仅仅停留在当下，还会对我们的DNA产生作用。当情绪影响DNA的表达发生改变后，新的模式还会具有遗传效力。

中国工程院院士、中国抗癌协会名誉副理事长、中国医学科学院肿瘤医院原副院长程书钧曾谈道："从科学视角讲，好情绪是可以打败肿瘤的。"他说，"近年来，医学家正在研究一个让人眼前一亮的肿瘤防治方法——快乐。"**俗话说，"笑一笑，十年少"。如果你生气，就给了癌细胞高兴的机会。**

他指出，人体宿主因素的变化不仅影响肿瘤的发生、发展，更会对肿瘤病人的治疗有重大影响。癌细胞原本是体内的"好公民"，但由于种种原因诱发基因突变，不听从"组织"安排，肆意生长、掠夺资源、排挤正常细胞，进而演变为人体小社会里的一颗"毒瘤"。人体是癌细胞的宿主，情绪变化是宿主因素的重要部分。科研人员提示了一条神奇的"抗癌通路"：情绪通过下丘脑垂体系统影响内分泌和免疫系统，从而改变肿瘤发生发展的进程。

当人处在恶劣的心境下，身体就会受到更大的危害。临床研究发现，一旦获知自己患有肿瘤，约有55%的患者会进入抑郁状态，而正常人群的抑郁比例约为17%，这一比例是正常人群的3倍。研究表明，抑郁状态的肿瘤病人，死亡率比心情舒畅的患者高22%。国外还有研究者对肿瘤病人进行了心理干预，受干预组病人的存活时间为36个月，没有得到心理干预者仅为18个月。可见，人的精神状态及整个宿主状态对肿瘤的发生发展有着非常重要的影响。

我们在生活中也能看到，同样是查出了肿瘤，有的人被吓倒了，天天待在家里胡思乱想；有的人想得开，每天去公园锻炼，四处旅游。后者的生活质量和生存时间远大于前者。程书钧表示，肿瘤细胞发展一般需要二三十年，这段时间被称为癌前病变。如果心态好、饮食平衡、生活习惯健康，整个机体状态就能保持平衡，这些潜在的肿瘤就不容易发展起来；如果遇到生活打击或者经常闷闷不乐，癌细胞可能就会快速生长。

中国工程院院士、呼吸疾病国家重点实验室主任、呼吸疾病国家临床医学研究中心主任钟南山说："**疾病的一半是心理疾病，健康的一半是心理健康。**"

现代社会物质生活水平获得提高，但工作生活节奏加快导致人们的精神压力越来越大。我们努力追求物质却忽略了精神，造成负面情绪不断在身体中累积发酵，导引气血产生定向与定位反应，形成身体各器官规律性变化和身体中能量的淤堵，造成免疫力下降，使身体出现各种疾病或者加剧病情。

通过以上分析，我们不难回答"为什么生活水平越来越高，人们的健康状况反而越来越差"这个问题。其主要原因就是人们在强大的工作、学习和生活压力下，产生了各种不良情绪，引发了气血运转失常，造成能量淤堵，最终导致了各种疾病的发生。

情绪是看不见的，却能够对我们的身体产生种种不可思议的作用。我们在关注可见的物质机体时，往往会忽略那些看不见的精神因素的作用。但实际上，这些精神因素对我们身体的影响却无比巨大。

"相由心生，病由心解"，影响我们身体健康的除了加强运动、均衡饮食、提高睡眠质量外，更多的是要关注我们的精神思想——思想产生情绪，情绪作用身体，器官变化导致身患疾病或加剧病情。希望我们每个人都能够多了解一些情绪与疾病的关系，我们就能够尽可能地去化解内在的情绪，提高自愈能力，获得身心健康！

第二章

为什么说心主神明，病由心生？

前文讲解了现代人生活越来越好疾病却越来越多的根本原因，在于工作与生活压力所产生的情绪负担越来越重。

中医《寿世青编》有言："药之所治只有一半，其一半则全不系药方，唯在心药也。"也就是说，身体的疾病药物只能起一部分治疗作用，更重要的是精神状态，能够在心智上得到舒展。随着社会的进步和人类生活水平的提高，人们对健康有了新的认识，已不再局限于单指身体的健康，同时还包括心理的健康。1989 年，世界卫生组织对健康作了新的定义，即"健康不仅是没有疾病，还包括躯体健康、心理健康、社会适应良好和道德健康"。

一、什么是真正的健康？

世界卫生组织对健康提出了十项标准：

1. 充沛的精力，能从容不迫地担负日常生活和繁重的工作而不感到过分紧张和疲劳。

2. 处世乐观，态度积极，乐于承担责任，事无大小，不挑剔。

3. 善于休息，睡眠良好。

4. 应变能力强，适应外界环境中的各种变化。

5. 能够抵御一般感冒和传染病。

6. 体重适当，身体匀称，站立时头、肩、臀位置协调。

7. 眼睛明亮，反应敏捷，眼睑不发炎。

8. 牙齿清洁，无龋齿，不疼痛，牙龈颜色正常，无出血现象。

9. 头发有光泽，无头屑。

10. 肌肉丰满，皮肤有弹性。

从以上十条细则中我们可以看到，前四条是心理健康方面，后六条则属于躯体健康方面。显然，健康不只是一种身体的状态，更是一种生命的境界；不仅仅指躯体健康，同时还包括心理、社会适应、道德品质等方面。它们之间相互依存、相互促进，是有机的结合体。人只有在这几个方面同时拥有良好的状态时，才能算得上是真正的健康。

二、心主神明，病由心生

中医是中华民族的瑰宝，中医典籍《黄帝内经》所阐述的最神秘、最重要的是一种特殊的生命现象，这种现象在中医中被称为"藏象"。事实上，藏象系统的生命表现之一就是人内在的心智。

如果我们把所有的脏器名称罗列出来（肝、脾、肺、肾、胃、肠、心）就会发现，除了"心"之外，其他的器官都有部首"月"。这是为什么呢？根据中医的理论，"心者，君主之官也，神明出焉""藏真通于心""心者，五脏六腑之大主也"，心是其余各脏器的领导者，心就像是真命天子一样，可以"代天行命"，决定人的物质形体的健康状况。这也就是《黄帝内经》讲的"主明则下安，以此养生则寿"。内心安定了，人体内在的系统就会运作良好，整体就会平稳健康。

如果留意一下我们就会发现，人体大多脏器肿瘤发生的可能较高（比如肝癌、脾癌、肺癌、肾癌、胃癌、肠癌等），但心脏却极为罕见。根据中医五藏学说"心主神明"，神明指的其实就是人内在的精神意识思维活动，主宰着人的物质身体的健康。无论一个人的身体差到什么程度，只要他能够让自己的内心真正安定、平和下来，只要他能够真正做到身心安顿、心情稳定，他的身体就会迅速恢复强健。

这也就是"心主神明"的真正涵义所在。"百病成效皆求诸于心"，人的心智才是治愈疾病最强效的药。这也就是为什么有些名医常会对病人提出要求"必须有洗心革面、重新做人的决心"，并称之为"秘方中的秘方"！

西方通过研究家庭关系、社会结构、潜意识、心理活动等对疾病的影响，在20世纪30年代确立了心身医学的科学体系，也是从身体和心智二元论的角度来看待健康与疾病。

在上一章的时候我们讲到，思想产生情绪，情绪导引气血形成定向性与定位性反应，造成生命能量的淤堵，形成疾病或加剧病情。这个观点看上去有些大胆而让一些人一时难以接受，但实际上却不断得到证实：

第一，人不是孤立的、以单一方式存在的，人具有身体、思想、心灵三个层面，这三者相互依存、相互作用、互为因果，共同营造平衡与和谐的生命共同体。

第二，一切事物的存在都有内因和外因两个方面。内因是缘起，外因是条件。

1. 内因是情志所伤，内因通过外因起作用。中医讲，"百病皆生于气，怒则气上，喜则气缓，悲则气消，恐则气下，寒则气收，炅（日光）则气泄，惊则气乱，劳则气耗，思则气结"。

不同的心情能引起不同的疾病，"喜伤心""怒伤肝""忧（悲）伤肺""思伤脾""恐伤肾""惊伤胆"。

"情志之伤，虽五脏各有所属，然求其所由，则无不从心而发。""由"指病的根由，病根就是心，也就是人的心理变化，这就是传统中医理论所讲的

"病由心生"。

2. 外因是六淫邪气：风、寒、暑、湿、燥、火。如果内因不伤，则五脏平和。所谓"正气存内，邪不可干"，身心健康，外因就无从发挥作用，令人产生疾病。

第三，存在就是合理，事物的存在都有其意义和作用。

在我们一如既往地为消灭疾病而不懈努力，耗用大量人力物力时，我们是否研究过它存在的意义和对人的益处？是否能够通过疾病的现象，觉悟到心智、思想、情绪、身体的内在需要，并依此来做出思想和行为的转变？

虽说世间万事万物变化无穷，但却有"天道"——万事万物的运行规律，就像是太阳每天东升西落一般。规律即是永恒的定律。掌握了规律，我们就掌握了开启智慧之门的钥匙。就如每当涨潮或月圆时，人的情绪容易起伏、很多人会生病并且会生重病……外在环境的变化会影响人体，这就是规律。

佛说："万法由心生，心生则种种法生，心灭则种种法灭。"这里提到的"心"是人的思想，而不是物质器官的心脏。只要健康的"心"生了，身体就会健康；相反，如果"心"生疾病，则身体生病。只有当内心中的疾病灭了之后，人才会痊愈。所以我们常常会说：**"最好的医生是你自己，自然最健康，心是最好的良药，人体都有自行修复的机制。"**

23岁的小刘是一位刚刚毕业的大学生，他从小就患有头痛的毛病，一发作起来，常常会疼得要命。为此，他看过很多医生，拍了脑部CT，做了大量检查后，还是看不出哪里有问题，各种治疗对他来说似乎都没有什么效果，头痛病还是会时不时地发作。

我运用"情志疗法"的技术引导他回忆第一次头痛的情景。那时他刚满四岁，因为妹妹的出生，感觉自己越发不受父母的重视，好像妹妹夺去了本应属于他的母爱。为了能够重新赢得母爱，他开始不停地"闯祸"。可这样一来，他感觉母亲越来越不喜欢他了，经常对他非打即骂。这时，焦虑不安的他患上了头痛的毛病，甚至会疼得满地打滚。每到这个时候，母亲就会把他抱在怀里安慰他。在母亲的安慰下，他的头痛就会好转。可是，每隔一段时间，头痛就会复发。

至此，我明白了他头痛的原因所在，于是告诉他："你头痛的发作是为了能够从妹妹那里寻回母爱。正是因为细胞记忆想要寻回母爱，才'创造'了头痛的毛病。这样一来，就能够依靠头痛的发作享受被母亲抱在怀里的温暖了。"

小刘豁然开朗，终于明白了自己头痛的原因。在回忆中，他理解了母亲当时照顾他们兄妹两人的辛苦，也真正理解了母亲其实是很爱自己的。由此，他内在的心结终于打开，头脑变得清明起来。从此之后，他头痛的状况就消失了，再也没有犯过。

人是由身、心、灵组成的。身指物质的身体，心指思想，灵指心灵。人的思想会在大脑中产生图形和感觉，心智就会依据这种感觉创化出相应的身体反应，也就是人们常说的"心想事成"。

2007年，国内引进了美国的一本畅销书《病由心生》。这本书的作者是一位内科医生，他根据自己几十年的行医经验总结出一个规律——**人的病大约80%都是由心理因素造成的，只有20%左右是因为细菌感染等外来因素导致。**

曾经有一个很著名的"死囚实验"：将一个死囚捆绑起来，蒙上眼睛。在他被捆的手臂上方，放置了盛有液体的容器；在他的手臂下方放置了一个小桶。实验开始时，监刑人告诉他："今天是执行你死刑的日子，处死的办法，就是在你的手腕上划一刀，等你的血流光了，你就死了。"

监刑人说完就在他的手腕上用力划了一下，与此同时，让手臂上方的液体滴到下面的桶中。此时的死囚仿佛感觉到手腕的血在往下流，同时还能够听到血滴到小桶中"滴答，滴答，滴答"的声音。过了一会儿监刑人对死囚说："你的血马上就要流光了，你就要死了。"

这时，观察者看到这个囚犯的脸开始慢慢地变白，变得没精神，很快死囚就真的死了。在整个实验过程中，死囚其实并没有流下一滴血，但是检查囚犯尸体死亡的所有症状却都是失血过多——这就是思想对人的影响和作用。

有这样一个案例，有一个人和他的战友关系非常好，以前在部队的时候意气相投，互相照顾，结下了深厚的友谊。有一天，他的战友去世了。他哭得伤心欲绝，心里接受不了这个现实。为什么好好的战友就这样去世了？他对自己说，不能同年同月同日生，为什么不能同年同月同日死呢？战友的丧期过去以后，他继续过自己的正常生活，好像已经没事了一样。但是这件事情在他的心里形成了一颗"种子"，他给予自己一个强烈的心理暗示——我接受不了战友的突然离去，我要和自己的战友一起死。他的战友是罹患癌症去世的，后来他也得了癌症，不久就和战友一样去世了。这件事情给了我很大启示，让我看到人思想的巨大作用，一念之差竟然有可能导致这样重大的人生变故。

很多时候，当某些思想还没有被我们意识到的时候就会被我们的身体先"探测"到，身体就会立刻做出反应。这些深层的、惯性的、无意识的思想源于我们自身所存储的"程序"。我们经常会身不由己地深陷于自己所创建的心智结构中不能自已，这些思想左右着我们的世界观与人生观，影响着我们的健康。

三、身心健康是治愈一切的良药

思想产生情绪，情绪影响思维方式，两者的关系就像是鸡生蛋、蛋生鸡一样，相辅相成，互相影响，互相作用。同样的境遇，有的人会往好处想，带着感恩、包容、理解的心态来面对发生的事情；有的人就往坏处想，都是别人对自己不好，内心充满愤怒、委屈、难受的情绪。不同的思想就会形成不同的行为，不同的行为带来不同的结果。

美国俄亥俄大学曾做过一个实验：给两组兔子喂高胆固醇食物，两组兔子均出现冠状动脉严重阻塞，不同的是，一组兔子每天有人爱抚，另一组没有。结果证实，受到爱抚的兔子发作心脏病的概率，比没有受到爱抚的兔子低 60%。这个实验显示：爱的感受降低了疾病的发作率。

《岳飞传》中笑死的牛皋和气死的金兀术是相反的例子。金兀术是岳家军面对的最强大的敌人，能够擒获金兀术，牛皋自然会倍感欣喜，他的喜到了极点，超出了身体应激反应的极限，结果猝死了。而一向自恃强大无比的金兀术根本就没把牛皋放在眼里，被牛皋擒住使他的不服与激愤淤积到了极点，超过了机体所能承受的极限，结果气死了。

《红楼梦》中的林黛玉寄人篱下、敏感多疑，却与宝玉两情相悦，期望得到老太太的成全。她无意中听到丫头们说"宝玉定亲了"时，当即便头晕目眩，脸色苍白，一病不起，太医治疗亦无效果，反而一日比一日重。一日，当她在昏睡中听丫头们说"宝玉没定亲，老太太心里已经有人了，这个人就在园中住着"时，她认为就是自己，心神立刻清爽了许多，病也渐渐好了起来。可当她得知新娘不是自己时，就又倒下了，最终死于宝玉结婚的当夜。

新疆的阿丽米罕·色依提是中国十大寿星之首，也是世界最长寿的人。她生于1886年6月25日，身体非常健康，不仅听力正常，而且记忆力也很好，现在（2020年）已经134岁了！一位记者采访阿丽米罕问到她的长寿秘诀时，她说："我每天都保持一个好心情，心情好了，自然就少了很多疾病。"

面对疾病，有的人各种求医问药依然痛苦不堪，花尽毕生积蓄也难以重获健康；有的人却乐观豁达，热爱生命、热爱世界、热爱他人，最终却奇迹般好转。

2019年7月，被表彰为"全国模范退役军人"的83岁老人王成帮，多年来为新疆义务育苗栽树百万株。2005年，他被诊断为肺癌，生命只剩下6个月。"我不怕死，就觉得苗圃才刚有些发展，现在死了太遗憾……"他一边做着治疗，一边乐观坚持地在医院过道走路锻炼。半年后，王成帮的病奇迹般好转。他拖着尚未痊愈的身子，又钻进了苗圃地。

57岁的孙克军是徐州一名户籍民警，2006年被查出鼻咽癌，语言和听力出现障碍。为了不影响工作，他每天清晨5点起床"打牙关"。"世界以痛吻我，我要报之以歌！"13年来，除了看病，他没请过一天假，工作成了他的治病良药。孙克军常说的一句话是："我是人民警察，要干到干不动为止。"

癌症被称为不治之症，但是对王成帮和孙克军来说，他们没有被癌症吓倒，而是面对癌症，依然让自己的生命焕发光芒。

真正的医学重在是否符合自然，是否顺应规律，能够从多角度、多维因素，从生命观入手来研究、观测、认知疾病与自然、社会、家族、心智、思想、情绪、内在需求等。

美国医师特鲁多的墓志铭"有时去治愈，常常去帮助，总是去安慰"，强调的是对病人不仅是物质医疗的治愈，更要有人文关怀。

人们经常会祝福别人说"祝你好运"。其实，只要我们顺应天地节律去养生、养心，就会走"运"；如果我们不能够顺应规律，反其道而行之，就会背"运"。"心主神明，病由心生"。对于健康更重要的是从人的思想、情绪、能量、心智来探究，找到疾病与生命的关系，才能让人真正达到平静喜悦的状态，才能提升身体的自愈能力，获得健康快乐的生活。

第三章

情绪对健康的危害有多大？

《人民日报》曾经报道，70%的疾病与情绪有关：癌症与长时间的怨恨有关，常受批评的人易患关节炎，女性对家庭的不满容易引发妇科病……每个人的身体里，都有一张关于情绪的地图——恐惧、焦虑、内疚、压抑、愤怒、沮丧……每一种不良情绪都会伤害相应的脏腑。情绪对身体器官的"攻击"虽然不一定是显而易见，却都是危害深重的。

一、情绪可以改变身体的物理表现

美国曾做过这样一项实验，把生气的人呼出的气体溶于水，然后注射到小白鼠体内，结果小白鼠很快就死了。这项实验说明，人在生气后体内是会产生毒素的。人伤心、难过、感动、特别喜悦时会落泪，馋了会流口水，愁了可能会一夜白头，身体会出现本不应存在的胆结石、肾结石……这些都是情绪变化导致身体变化，形成的物理表现。

容易生气的人往往都是跟自己过不去的人——心理学家通过病例分析发

现，生气 1 小时造成的体力与精神消耗，相当于熬夜加班 6 小时。人的情绪得不到释放，会导致血压升高、胃肠紊乱、免疫力下降，引起皮肤弹性下降、色素沉着，甚至诱发疾病。因此，生闷气是对自己施加酷刑，是一种不断自我压抑、自我束缚的情绪表现。

研究证明，70% 以上的人会遭受情绪对身体器官的"攻击"，消化系统、皮肤是重灾区，类似于珍珠贝在受到沙子的侵袭时，会分泌出大量的物质来保护自己，由此也就形成了坚硬且闪光的珍珠。而人在遭受情绪困扰时，就会产生定向与定位性反应。也就是说，不同的情绪会影响所对应的身体器官。比如：当人心生恨意时，就会影响心脏；与父母较劲，就会影响颈椎等，后面我会更深入地解读。

当生命还处在孩童或胎儿阶段时，人对情绪的感知更为敏感和强烈，此时所遭受的情绪刺激会长期留在身体里，影响孩子的成长发育和生命活力。

美国生物学家布鲁斯·立普顿博士研究单细胞超过 30 年，他发现，细胞的状态由外在刺激所决定。当人处在情绪压力状态时，细胞就会进入防御状态而不是生长状态，脏腑的生长激素及机制都会关闭，免疫系统也会关闭，潜伏在身体内的病毒就会有机可乘，使健康细胞发生变异。也就是说，**人内在的恐惧、焦虑等情绪会让身体的细胞由正常生长状态进入保护状态，从而失去正常功能，这等于切断了生命的源泉。**

国外某医院的研究人员对一所学校的 1021 名孩子进行研究时发现，621 名孩子发育比较迟缓。深入研究后研究人员发现，发育迟缓的孩子在哺乳期时大多都曾有过父母双方感情不和、妈妈情绪波动剧烈的经历。

人在生气的时候容易造成肝郁气滞，有的人甚至会产生血瘀的情况。这时，母乳的颜色甚至成分也会发生相应的变化。孩子吃了经受负面情绪影响的母乳后，心跳会变快，变得烦躁不安，有的甚至晚上哭闹、不睡觉或者是消化不良等。所以，母亲的负面情绪不但影响自身的身体健康，同时还会影响后代的健康成长。

我们的身体是世上最精密的仪器，它聪明无比，为了适应生存的需要，时常会让我们自己把不开心的、无法忍受的经历给"忘掉"，但事实上，我们并不会真正忘记。这些情绪的种子依然存储在我们的记忆库中——这个记忆库就是我们的身体。这也就是为什么当我们的身体受到某种刺激时就会激活我们对过去的记忆、情绪甚至行为。我们常说"触景生情"，当类似的状况、情景出现时，这些就会触动我们的神经，唤起我们过去同样的情绪感受。

这些由过往经历而形成的情绪，如果没有被及时地释放，就会累积在我们的身体中，形成能量瘀堵，让我们的身体出现紧绷、酸痛或是肿胀现象。通则不痛，不通则痛。久而久之，瘀堵增多就会形成我们身体的病变，比如内部脏器的损伤、疾病或是细胞病变。

自然界中，所有的动物都拥有平衡体内能量的本能。我曾经看过一部纪录片，一只北极熊在雪地中缓慢地行走。走着走着，它感觉到了背后的异常。当转过头去看到敌人时，它的神经开始迅速紧绷，马上以最快的速度向前跑去。这个现象大家都理解，这是因为碰到了威胁而促发的求生欲望使它快速地逃跑。可是，当它跑了一段时间后回过头来发现敌人并没有追赶，它安全了，于是停了下来。接着，它做了一个非常有趣的动作：它以四肢着地的姿势，开始疯狂地甩动自己的身体。其实，这就是身体的本能使它把受到威胁后的情绪反应通过身体动作释放出来。

这种状况下，北极熊就像一个受到惊吓后很恐惧的人，它的身体快速地不断抖动是为了释放之前的惊吓情绪——直到情绪释放完之后，抖动才停下来——纪录片中的北极熊又恢复到了之前的缓慢步伐。北极熊正是通过这样的方式释放情绪，使身体重新恢复到平衡协调的状态。

其实，人类也能够像北极熊一样，通过身体的动作自然地释放存储在自己心智中的恐惧、焦虑等情绪。但是，随着人类的进化，特别是随着年龄的增长，人越来越注重自身的形象，不愿意通过自己身体的动作与声音的发泄来自然地释放内在的情绪，总是有意地把负面情绪压抑在内心里，戴上各种斯文、有礼貌、淑女、文明的面具。我们习惯了压抑我们的内心，即使在自己的身体、心情极度不舒服的情况下，还对别人说"我没事"……

生活中看到太多的人不愿意让自己像北极熊一样自然地释放内在的情绪，久而久之，多年来压抑的负面情绪就会对我们的身心造成明显伤害，不但让我们产生心理疾病或是身体病症，还会影响我们内心的状态、个性与生活方式。

二、情绪影响人体气血的平衡运行

人一旦产生情绪，一方面，会造成身体耗氧；另一方面，通过交感神经系统使心跳增快、血管收缩，导致相关的器官供血、供氧不足，特别是大脑和心肌更容易缺氧。也就是说，情志的变化影响着人体阴阳气血的平衡和运行。

2016年我在常州举行公益演讲的前一天下午，一位女士坐着轮椅由她的先生推着来到会场。她在一年半前中风，右边身体麻木，走路艰难，右脚无法抬起，右手也只能艰难地抬起一点，走路需要家人搀扶挪动脚步，不能完整讲话，只能发出婴儿般"呀呀"的语音。我从她丈夫的口中得知，她丈夫几年前借给自己的亲戚五万元做生意，但是这位亲戚一直没有还钱。女士知道后多次为此生气发火，就在一次大怒后倒地不起，送到医院被诊断为中风。

中风多是由于气血逆乱、脑脉痹阻或血溢于脑导致，以突然昏仆、半身不遂、肢体麻木、口舌歪斜等为主要表现，起病急、变化快。

上述这位女士中风就与丈夫在处理借钱问题时导致大怒密切相关。看似是当下的一次吵架，其实在前面的生活中早已埋下伏笔，多次生气导致身体气血失衡，本就紊乱的身体一经怒气刺激，立刻出现强烈反应，中风后受苦的还是自己。试想，如果这位女士没有多次生气发火，能够保持良好的心态，气血就不会失去平衡，那么她还会中风吗？

剧烈的情绪变化会使人体阴阳大幅度失衡，导致严重的气血功能紊乱。情绪越强烈，对身体的刺激性越强，带来的伤害越大。

所以我们首先要有一个处事不惊、不乱、不急、不怒、不恼且淡定的心态，才能保有健康、快乐、积极向上的良好情绪，永怀一颗宁静致远的心。在此，谨以宋代无门慧开禅师《无门关》的一首诗偈与大家共勉：

春有百花秋有月，夏有凉风冬有雪。
若无闲事挂心头，便是人间好时节。

三、情绪干扰免疫系统，引发各种疾病

情绪是免疫系统的无形杀手。科学家发现，身体组织中一些负责携带并传送信息的化学成分会受到情绪的影响，不同情绪下细胞机能会有所改变。所以情绪的变化，短期内看，会引起免疫力下降使人感染小病小疾；长期来看，会导致身体抵抗严重疾病的能力变弱。

科学家巴尔特鲁斯博士对 8000 例癌症患者进行调查后发现，患者被检查出癌症前 1~2 年大多出现过忧郁、焦虑、失望和难以解脱的情绪变化，大多数患者是在失望、孤独，或者受到其他沉重打击、精神压力倍增的情况下发病的。

据医学科学家调查，在经历了人生不幸剧变之后，80% 的人会在两年内生病。人们做过对比试验，在体质、年龄、生活条件相似的两组人中，近亲眷属发生丧亡的一组人员，其死亡率要比相似年龄对照组高出三倍。我的母亲在 2007 年 1 月 28 日去世，我的父亲相隔 100 天也因病去世，就符合这个研究结论。母亲身体由于中风和糖尿病，导致生活不能自理。父亲九年无微不至地照顾母亲，父亲的免疫系统还能保持正常；母亲去世，父亲的情绪波动剧烈，免疫功能迅速崩溃，而且在短时间内难以恢复。从免疫细胞的数量来看，与平常没有太大变化，但问题是它们都不工作了——这种情况就会造成原有疾病显著加重，致使父亲很快因心脏病与器官衰竭而离开人世。

美国著名的精神神经免疫学科学家甘蒂丝·柏特（Candice Pert）在科学

上取得了一项重大的研究突破，她发现那些包含情绪的分子分布在人体全身，也就是说，情绪对应我们的五脏六腑，存在我们的全身各处。

美国"网络医学博士"网站和美国"关爱网"等多家媒体综合相关研究发现，生气不仅会伤及心肝肺等人体重要组织器官，而且会增加癌症和猝死的概率，缩短寿命。

1.伤心脏

哈佛大学医学院一项为期20年的跟踪研究发现，与善于控制情绪的人相比，爱发脾气的人罹患心脏病而死亡的概率较不爱生气的人高出19%，爱生气的心脏病患者死亡率则增加24%。

2.伤肝脏

美国弗吉尼亚大学的一项研究发现，生气会导致慢性丙肝病人病情加重。

3.伤肺脏

美国马萨诸塞州史密斯学院生理学专家贝妮塔·杰克逊博士及其同事完成的一项研究表明，年龄越大，越容易生气，肺功能也越差。生气时情绪激动过度，呼吸急促，甚至出现过度换气，结果造成肺泡持续扩张，得不到正常放松和休息，导致肺脏功能失常。

4.伤肠胃

纽约西奈山医学院医学教授马克巴比亚斯基完成的研究发现，生气会引起交感神经兴奋，导致胃肠血流量降低，蠕动减速，食欲不振，严重时还会引起胃溃疡。

5.皮肤愈合慢

美国《大脑、行为和免疫》杂志刊登俄亥俄大学一项研究发现，脾气暴躁的人，身体自我修复能力更差，伤口愈合也更慢。

6. 致癌

生气憋闷是导致癌症的"快捷方式"。美国生理学家爱尔玛博士完成的研究发现，长期生气导致的内分泌功能紊乱和人体的免疫功能低下，使得癌症更容易发生。

7. 猝死

《美国心脏病学会杂志》刊登耶鲁大学蕾切尔·兰帕特博士完成的一项研究发现，生气会对心血管健康产生负面影响。怒发冲冠时，肌肉中血流量高出正常水平，导致心脏供血减少，引发心肌缺血、心律不齐、大脑缺氧、气短甚至猝死。

8. 折寿

美国杜克大学医学中心专家约翰·巴尔福特对118名参试大学生进行的25年跟踪调查发现，对他人敌视程度高的参试者，50岁前死亡的概率高达近20%。相比之下，"敌视度"低的参试者，50岁前死亡概率仅为5%。

四、情绪降低认知和思维能力

思想产生情绪，情绪又影响思维方式，情绪是生命能量的最大消耗。我们会发现，人发脾气过后会显得身体无力，甚至在发脾气过程中遭遇病情或死亡。细胞记忆中存储的情绪越多，人再次遇到相同或相似境遇时所产生的反应就会越明显。情绪存储的时间越久，对人的作用和影响就越大。情绪会侵蚀人的身体细胞，破坏人的脏腑器官，影响并作用于人的心智，使人常常因此而失去理智。

当我们努力压抑、控制这些情绪时，那些可以用于达成目标和创造物质生活的生命能量就会被极大消耗。随着时间的推移，甚至会导致人过早失去生命，并在这个过程中将自己的思维模式传递给下一代，严重的还会对社会及他人造成危害。

累积的情绪记忆会造成人思想的错误与局限，影响人的行为和结果，同时也导致了身体的很多疾病，阻碍美好生活的实现，限制内在本我的发展，让人失去了许多本应享有的幸福与快乐。

更重要的是，当我们带着早期残缺的自我形象，并且一直认同和相信那是真实的自己时，就会被恐惧、担忧所驱策，如同进入了漩涡，既无力自拔，也无从选择。那些存储在心智中的负面情绪如果得不到有效清除与化解，它将因缘相续，如影随形，使人一直沉浸在烦恼与痛苦的思想之中。

身体的每一次不适或病症，其实都是我们内在的求助，是我们的警钟。我们总是习惯于看表象，却往往忽视了自己内在最深层的渴求：有人总是习惯于大把地吞胃药，却不去想寻找让自己压抑和紧张的根源；有人总是习惯于给自己出红疹的皮肤上涂抹这样那样的药膏，却意识不到这其实根源于自己内心的愤怒；有人总是习惯于不断地与各种妇科疾病对抗，却根本不曾意识到这其实来自于夫妻或亲子关系的不和谐……

我们的身体是具有智慧的。在一定的条件下，它能够自动地排除累积的负面情绪，使中央神经系统中失调的能量恢复正常。然而，随着社会的变迁，我们从远古过渡到如今的高科技信息化时代，同时也渐渐地远离了自然，远离了我们的大地母亲。现在的我们越来越偏向用头脑与逻辑生活，偏重于外在的形象而非内在的直觉，所以又怎么可能会静下心来聆听身体的智慧？

2019年5月，"心转病移"课堂上的一位学员，从来上课的飞机上就开始胃疼。因为忘了带胃药，所以几天课程中胃都不舒服。她患有多年胃病，中间有一段时间没有犯病，但是结婚有孩子以后又经常犯胃病。

课程到第四天的时候，她希望能够进行情绪的处理。我指出她胃病的原因在于不接纳，结婚、生孩子以后犯胃病说明根由出在家庭里。她承认自己不接纳丈夫，觉得他不顾家，有很多缺点。我引导她重新认识自己与爱人和家庭的关系，她忽然发现是自己要求太完美了——丈夫也有很多优点，也很不容易，是自己要求太高了，家庭应该是包容和理解的所在。在转念的一瞬间，她的胃突然就暖起来了。那一刻，她觉得太神奇了，几年来困扰她的胃病，一下子烟消云散。

课程结束后,她不论是喝酒、喝冷饮、吃冰箱里拿出来的水果都不再有问题,胃病一直没有再犯——以前她可是连常温的矿泉水都不敢喝的。

更重要的是,她对爱人和孩子的态度也发生了很大转变。以前回到家会无意中把情绪带给孩子。孩子也因此变得有脾气、不高兴,有时甚至无故就会把茶几上所有的东西都推到地上去。她改变以后,孩子也变好了,变成一个阳光开朗、人见人夸的小朋友。

思想与情绪是相互作用的。遇到同样一件事,不同人会有着不同的看法、理解和认知。而情绪又会制约着思想,让人执着在当时的情绪中。生活中可以看到,很多夫妻、朋友的关系,出现问题不是当下而是过往的情绪累加到了极点,造成了关系的破裂。

我们每个人在成长的过程中都会受到这样或那样的内在创伤。而在我们觉得委屈、恐惧或是生气的时候,通常会被命令"不准哭!不许发脾气……"所以这些情绪就会被压抑下来,形成我们的生命障碍,阻碍我们生命能量的流通。这些形成生命障碍的情绪如果得不到清除和化解,就会像种子一样扎根在我们的细胞记忆中,只要条件适宜,就会生根发芽,随时影响我们的生活和命运。所以有时候我们会因为某一场景的触发而无缘无故地发脾气。其实这些情绪并不一定是我们当下的情绪,而是缘于我们内在细胞记忆的"种子"。正是这些情绪"种子"为我们带上了一副愤怒、怀疑或是恐惧的面具,去看这个世界时,又会为自己增加新的心智障碍,如此循环往复,陷入难以逃脱的窘境。

身体是我们最忠诚、最真实的朋友,是帮助我们觉察的最好伙伴!它就像是我们内在的"显示器",向我们展示内在各种各样的状况,以提醒我们通过了解它而去找到解决根本问题的办法。所以,人必须正视自己的疾病,懂得去深入思考疾病产生的根源,才会拥有更健康、更快乐的生活。

第四章

影响我们一生的"情绪"是怎么产生的？

在生活中我们常会体验到，为了一点小事或一两句口角，有人就会出现生气、愤怒、委屈的情绪，小则动怒，大则动手，甚至绝交。但回头想，一点小事怎么会引发这样大的情绪？后悔万分却覆水难收，无法补救。

情绪对人的一生影响重大，想要免除情绪的伤害，就需要科学地认识情绪，了解情绪的发生作用。

一、情绪是什么？

情绪，是多种感觉、思想和行为综合产生的主观认知感受，同时会伴随着很多外部表现。人们在成长、受教育与社会化的进程中，都遇到过有需求但没有得到满足、无意中受到外界伤害、做了后悔的事情、该做而没有做的事情等，导致了恐惧、憎恨、愤怒、悲伤、失落、怨恨、内疚、害怕、自责等心理感受，这些心理感受通过外在的形式表现出来，就是情绪。

简单来讲，情绪有喜、怒、忧、思、悲、恐、惊等多种状态。不同的情绪在人的身体上会产生不一样的反应，如喜则手舞足蹈、怒则咬牙切齿、忧则茶饭不思、悲则痛心疾首等。

情绪更会干扰我们的思维，影响我们正常的气血运转，带来身体和心理的双重影响，甚至带来疾病。

二、情绪是如何产生的？

在研究情绪对人的影响和作用的过程中，我详细研究了心智科学、中医基础知识、心理学，特别是唯识学所谈到的眼识、耳识、鼻识、舌识、身识、意识、末那识、阿赖耶识对人的作用，我才真正明白了情绪产生和形成的过程，也懂得了人的执着、烦恼的真正缘起。其实，人在当下的情绪往往大多与更早以前的细胞记忆有关。在幼年或更早以前，人在经历中所形成的情绪犹如"程序"一样，只要被类似的外在环境条件"点击"到，就会再次运行。而且相同情绪的感受会形成累加的状况，对人的伤害一次比一次深。

经过多年研究和处理个案：我发现许多当下的情绪都能够在更早以前找到根源，而且这个情绪一直伴随着人们的成长过程，也就是说，人们当下的情绪与自己在大学、中学、小学、幼儿时期所发生类似事情时产生的感受是相同的。

我们每个人都活在自己心识所呈现的世界里，外在的世界是一面镜子，反映和呈现的是自己的内在与思想，也就是心智。

情绪记忆来源于眼、耳、鼻、舌、身、意在人生经历中所吸收和接受的内容。这些内容储存形成细胞记忆，影响和决定着我们的思想以及由此而导致的行为，而行为的结果往往就关联着人生的命运——人们每当遇到一件事情，就会通过眼、耳、鼻、舌、身、意形成细胞记忆，"刻录"着我们所看到、听到、闻到、尝到、触到的经历。最后一项"意"指的是意识——我们平常思考、判断、分析的指挥中心，它接受前"五识"所输入的信息做判别、研读、分析，运算后决定行动。

所以说，人的第一印象非常重要，因为它会像一个程序一样存储在人的细胞记忆中。当我们见到某人时，如果他给你的第一印象是很好的，那么，即使将来他不小心触犯了你，你还是会对他有好感，或者很容易宽恕他；但是，如果他给你的第一印象不是太好，即使他做了一些对你有益的事情，你还是会留存不好的感受。

比如，当人们第一次到麦当劳，看到汉堡的外形是喜欢的，听到服务员的热情声音，闻到汉堡散发的香味，手拿它时所感觉到的松软感等这一切，就好像电脑编制了一个程序，通过眼识、耳识、鼻识、舌识和身识输入了我们的心智中，最后形成了一种美好的感觉，存储在细胞记忆里，当下一次想吃东西又看到麦当劳时，就会自动调用出来，并付诸行动。

反之，如果你在一家餐厅用餐时产生了不好的感受，下一次再路过这家餐厅时就会将上一次经历所形成的感觉从细胞记忆中调用出来，从而绕道而行。

凡是成功的企业宣传都是注重人的内在感受，它们会把这种感受当成优良的"种子"，储存在客户的细胞记忆中。一旦条件成熟，客户就会自动购买他们的产品。一个人对别人的感觉与印象也是这样的，绝不要忽略"先入为主"的重要性。

人们在经历中产生情绪，就会形成与这件事情相关的细胞记忆。我们去年、上个月、上个星期或者几天前，中午和谁吃的饭、吃的什么一般很容易忘却，但小时候被父母打过的经历或者家庭中父母的争执，我们都会在不同程度上回忆起来，有着历久弥新、久久不能忘怀的"烙印"，即使过去几十年却依然很清楚。这就是情绪对于行为产生影响的效力。很多人认为那只是一场经历，是一时的情绪，但是人的心智运作机制会导致当有相同的事情发生时，就会依据上一次的经历形成认知，产生结果。

人的行为来自认知，而认知都由过往经历所形成。比如，一个人从小家庭条件拮据，父母总是对孩子说家里没钱，要节约花钱，这样的思想灌输给孩子，就会在孩子的内心深处形成对钱的紧张与恐惧的认知，以后即便有钱，也会异常保守。

人的记忆不仅包括成年、童年、幼年的，甚至还包括胎儿时期的记忆。其实，怀孕期间家庭成员的言行对胎儿的影响是很大的。在现实中，我们往往会认为"孩子小，不懂事"，其实，孩子只是身体和语言表达能力与大人有着一定的差距，而从人的心智来讲，孩子与大人一样，都是有所觉知的。父母的喜怒哀乐、一言一行都影响着孩子思想的形成和人格的表现。

细胞记忆犹如电脑存储资料，所以在东方智慧中常被称为"种子"。无论这些种子是好是坏，是善是恶，都如电脑程序一样，在类似的人、事、物出现时，就会被激活并运行，因此常常会造成人的非理性行为。 犹如"黑色星期五"病毒，只要每个月13日是星期五，病毒就会被激活而运行起来。我们都知道这只是个程序，但是由于它的存在影响了我们的日常工作和生活，所以被称为"病毒"。人的内在也有相同的机制：在经历中产生过情绪就会形成细胞记忆——种子。人的心智会把种子当成是自己"本心"的选择，因此就常常造成人的非理性行为，坚持认为错的即是对的。

当人受伤后出现昏迷状态，此时他的眼、耳、鼻、舌、身、意都停止运作。尤其是意识已无法实现分析及判断的功能，但是人的心智此时仍在运作。心智会把人昏迷时所发生的一切，都输入记忆中，储存为"种子"。这个时候，因为人已经没有了判别分析能力，所以对当时所发生的好坏对错会全盘接收。

有一次，某公司创意部总监将要被领导辞退，来找我咨询。他本来在谈着一个600万元的大项目，已经差不多可以收尾了。因为双方都非常重视这件事情，所以合作公司到他们公司来敲定最后的合同，并准备在下午两点半举行一个小的签约仪式。对于他来说，这也意味着将顺利拿下一个大订单，所以非常开心。仪式前的午餐中，大家喝了一点酒，之后他觉得需要休息一下，下午再自己直接去签约现场。于是他找了一个库房睡着了，并且将手机调成静音状态，以至于时间到了但所有人都没有办法找到他。更重要的是：当时所有的签约资料和合同文本都在他那里。睡醒以后，他得知合作公司负责人来到签约现场后发现没有合同，从而对公司产生了极大的不信任，取消了合作。整个公司从领导到普通员工都对他万分气愤。

交流中，他说起自己生活中有很多次这种经历，甚至会莫名其妙地在公交车上坐着睡着了。我意识到他思想里有这样的细胞记忆，某种情境唤醒了他过往的记忆——他记起签约当天下着雨，而且自己睡觉的时间和下雨有着某种联系，于是我开始用"情志疗法"引导他回忆小时候的一幕场景。

一年夏天，他去公园游泳。几个孩子一起玩闹，把他抬起来扔到水里，他一下子呛水沉下去了。幸好这时候有人把他拉了起来，抱到岸上以后开始抢救。

在他的记忆中，当时天下着小雨，旁边很多人围了上来。有人开始打电话给急救中心，有人告诉他躺着别动……这时候的他因为呛水，其实已经进入无意识状态了。他的细胞记忆形成了："下雨，躺着别动"的文件包。他开始闭上眼睛休息，然后半紧张半无意识地睡着了。于是在之后的日子里，当再次遇到下雨天的时候，他会形成一种应激反应——躺着别动，这样是最安全的。

经过个案调理以后，他找到了自己问题的根源，释放了对应的情绪，当再次进入雨天的情景时，他发现自己已经没有想要睡觉的欲望了。

在"心转病移"课程中，我常常会问大家："有谁怕蛇吗？"每次课程都会有人举手。甚至我问："如果那是一条死蛇，你也知道不会对你造成任何伤害，扔到你身边你会怎么样？"多数人都会回答"马上跑开"，而且常常是一副紧张的样子，甚至有的人还会双手抱头，紧绷着身体。这就是细胞记忆存储在我们生命中的结果。比如，我们小时候学过骑自行车、游泳，即使过去三四十年，遇到需要骑自行车或是游泳的时候，还是会驾轻就熟。生活中常听到的"触景生情""睹物思人"也是这个道理。

母体子宫对胎儿而言，是一个狭小的空间，只要母亲遭受挤压等外力作用时，就很容易使胎儿进入紧张、恐惧等无意识的状态。母亲对孩子、对丈夫、对公婆的态度与情绪也都会直接影响孩子未来的心智成长与命运状况。简单的说，孩子在母亲肚子里犹如一张白纸，所有的经历都会形成日后的细胞记忆。很多人会说，孩子很小，既没有完整的思想，也没有语言表达能力，怎么可以记得或者知道自己在母亲肚子里的事情？如果我们懂得细胞记忆的原理，就知道这是完全可能的。在我十多年的研究和处理个案中，一些孩子的早期病，如胆小、怕黑、怪异举动、焦虑、忧郁、自杀倾向等，往往都与孕期妈妈的经历有一定的关联。

人在手术时全身麻醉或受重伤失血过多等过程中，都可能会进入无意识状态。这时，在我们身边所发生的任何事，包括声音、影像、温度、气味、颜色等全部都会输入心智里。日后这些种子，只要遇到符合当时所发生的条件时，就会"发芽"，并快速地被引发出来，作用于我们自身。我们就会"无缘无故"地感到不舒服，甚至生病，或做出许多非理性的行为来。

英国著名网球明星吉姆·吉尔伯特牙疼，身边的人多次劝她去看牙医，她都拒绝了。后来，她实在是难以忍受，没有别的办法，只好去看牙医。为了安抚她的情绪，牙医诊所准备了全套的救护药品和器械，甚至包括氧气和急救措施。但不知道为什么，她就是觉得非常紧张，以至于无法安坐在椅子上。后来医生用尽了所有办法才让她稍稍放松下来，勉强坐上了牙科专用的椅子。接着医生开始按照正常的程序给她打麻药，可是刚刚打完麻药却发现她死了。这件事情在当地引起了巨大的轰动——深受大家喜爱的一位明星就这样毫无征兆地死在了牙科的椅子上。经过多重严格的检查认定：医生除了给她打麻药之外什么都没有做，而且药品和器具都没有任何问题，整个过程完全符合治疗程序，但她就是这样说不清道不明地死去了。

在深入调查这位明星的成长经历后，人们发现了她死亡背后的原因：在她六岁的时候，她的母亲患上了糖尿病，在一次拔牙后血流不止，死在了牙科医院的椅子上。她当时就在母亲身边，目睹了母亲去世的全过程——这一幕场景深深地印在了她的细胞记忆里，所以她一直不敢拔牙。

当她不得不去牙科就医时，这一幕场景又在她的脑海中浮现，她的内心充满了恐惧。当她坐上治疗椅，关于母亲的死亡记忆所形成的"种子"被唤醒，她的细胞记忆导致她的身体做出符合程序的行为——在牙科椅子上死去。

既然人的细胞记忆可以从胎儿时期就存在，那么是否还能有更早以前的记忆痕迹呢？我沿着这个方向思考，人既然有遗传基因，那么这个基因不应该只包括人的相貌特征和对某一知识的偏好，也应该有情绪的记忆。很多人在经过某一过程后，常会有一种身临其境却又如梦如幻的感觉，像是看了一场电影，只不过电影里的主角是自己。这个过程中，有的场景令人愤怒或悲伤，有的令人恐惧或害怕，还有的让人倍感失落……重要的是——这些记忆中的情绪都与当下现实生活中的情绪有着很大的关联性。

通过唤醒细胞记忆，可以将一个人更早以前带有情绪的记忆找到和释放掉，结果这个人会感到有一股能量或暖流从自己的后背升起，并且脸色也会比以前好很多，心情也由开始时对这件事情的生气、愤怒、想到对方给自己带来的痛等转变为平静、淡定、感恩，进而理解对方。我看到很多人在经历过情绪的释放、清除和化解后，身体状况有明显的提升，生活也出现改变——情绪减少了、亲密关系改善、婚姻幸福了，事业与财富很大程度的提升，对此我既欣慰又感动。

我将这种处理情绪的方法称为"情志疗法"。这个过程不仅是唤醒人对情绪的记忆，更重要的是让人在这一过程中对生命的现象以及因与果的关系有更多的认识，特别是从经历中回顾人生，懂得疾病与健康的关系，从中看到疾病的成因是违背了规律，是缺乏敬天爱人所造成，也看到疾病是生命的提示，是觉醒的开始，"大病大提醒，小病小提醒"。人们需要从这些经历中懂得宽容、感恩，尊重生命经历中的人、事、物，以提升思想境界，获得幸福的生活。

在生活中，人们的某种愿望没有得到满足，受到伤害或者做错某件事情时，都会导致恐惧、憎恨、愤怒、悲伤、失落、怨恨、内疚、害怕、自责等情绪。这些情绪存储在细胞记忆中，当现实生活中再次遇到类似的情景，人的思维系统就犹如"一朝被蛇咬，十年怕井绳"一样，再次做出同样的反应。即使遇到的只是"井绳"这样类似蛇的状况，也会重复"被蛇咬"感受。如果上一次的反应是逃离，当下生活中也会出现逃离的行为；如果上一次的反应是进击，在现实生活中也会出现攻击对方的行为结果。

在"心转病移"课程上，我问大家小时候有谁被父母打过。很多人会举手。我继续问："还记得当时父母是怎么打你的、当时发生了什么事情、是拿什么东西打的、动作是什么样子……"几乎所有人都能回忆起，即使小时候那次被打的经历已经过去几十年甚至是大半辈子了，但还是记忆犹新，有的人还会引发出小时候的情绪。小时候发生过的事情，在成年以后看似都被遗忘了，但当时通过眼、耳、鼻、舌、身所经历到的一切，都会与情绪一起始终留存在我们的生命中。在意识层面，我们觉得自己应该是理性的、友善的，很多事情应该可以理解、早已看淡甚至忘却的，但细胞记忆中留存的情绪会让我们无所遁形，情绪发作起来变得不可理喻，难以接受。

通过这十多年的研究和个案处理，我清楚地看到：如果情绪不能有效地清除与释放，人就会继续重复上一次的经历，影响现在的生活、事业、婚姻、财富、健康及亲子关系。

经常会有一些优秀女性的婚姻生活不如意甚至一直未婚。她们很优秀，也不缺乏追求者，但是对家庭、婚姻有着恐惧的记忆，所以，即使遇到心仪的人，很多人还是因为细胞记忆作祟，与幸福失之交臂。其中，一位美丽的女硕士走进了我的课堂。

女硕士刚满32岁，各方面条件都很优秀，但讲到自己的婚姻状况时十分难过。"心转病移"课程上，她告诉大家，自己有一个谈了五年的男朋友，原本准备今年春节结婚。喜帖已经发给了亲朋好友。可是在婚礼的前一周，她与未婚夫为了布置房间发生了争吵，她夺门而出，并告诉男方：婚不结了。同时，她也告诉了父母。父母气愤地砸烂了家里的盘子、碗等。父母为她的婚姻操碎了心，原本期待着可以完结这件揪心的事情，现在还有十几天就办喜酒，亲朋好友也都要来了，现在居然说不结就不结了。父亲当时告诉她："你这次不结婚就永远不要结婚。从今以后，你的婚事我再也不管了。"这位女士当晚就从家赶回了北京工作的地方，心里别提多难受了。

说到这里，她低头痛哭，既有分手的难过，也有对给父母与亲友造成伤害的自责，更有一种无法面对这样结果的难受。

我问："追你的人很多吧？"

她说："是的。"

我又问："遇到过十分心仪的优秀男士吧？"

她说："是的。"

我接着问："你不敢和他结婚吧？"

她惊讶地说："对。"

我总结性地问："遇到越是对你好又非常喜欢和心爱的人，你一定会逃离，最后将一段美好的感情生活给'折腾'没了，自己痛苦，对方也难过。"

她认真地想了想，回答道："是的。"

我引导她回忆起小时候的一段经历：她的父亲年轻时脾气不好，与母亲经常因为一点小事就大发脾气，而且会摔东西。小时候，每次看到父亲摔东西的样子她都觉得非常害怕，恨不得夺门而出。她逐渐意识到，当时的情绪形成的"种子"，让她日后只要见到、听到父亲或者其他人在家里摔东西，都会出现恐惧害怕的心理反应和行为上的逃离。也正是因为这个情绪"种子"，当未婚夫与自己发生矛盾时，因生气而随手将拿在手里的杯子摔到地上的那一刻，唤醒了她过往的细胞记忆中对家的不安全感，让她本能地产生了逃离、不结婚的下意识反应——这种反应她自己都难以控制。看似匪夷所思，其实都是情绪产生细胞记忆所引发的结果。

人的身体由细胞组成，而细胞中存储着过往经历形成的独特情绪记忆。所以，每个人都会形成自己特有的生命状况。在这几年的课程实践中，学员能够从个案中清楚地了解和看到情绪对财富、健康、婚姻、亲子关系等方面造成的影响和伤害。

在人的记忆中，存储的人、事、物大多与情绪有关。心理学家弗洛伊德也发现和证实，人的行为每时每刻都受制于细胞记忆的影响，而细胞记忆的形成，很大程度上来自于人在生命过往中所存储的情绪。

我们的细胞记忆中所存储的情绪越多，人遇到可以触发相同或相似情绪的机会越大，反应程度也会更激烈。不少人的暴力行为和倾向，一些人的自杀行为，都是与早年经历在细胞记忆中所存储的情绪有着直接的关系，只要条件符合，就会产生反应，并导致不良的结果，这些行为对社会的和谐与安定、对家庭的和睦与幸福以及对周围朋友的影响都是巨大的。

许多人在婚姻、事业、人际关系、财富、健康等方面苦苦追求，百般努力，却终究无果，甚至落得烦恼伤痛，殊不知问题的根源其实在于自己——我们所有的记忆不曾真正消失，都以细胞记忆的方式存储在我们的生命中，左右着我们的思维方式和生活状态。

美国《实验社会心理学杂志》上曾经发表一项研究成果，科学地向我们阐述了为什么人们总是"越想忘的越忘不掉"。美国北卡罗来纳大学的心理学家基思·佩恩（Keith Payne）组织并参与了这项研究，他和同事经过科学的观测和实验后发现：情绪记忆是最难刻意忘掉的。

主动忘却是一种适应性的表现，随着时间的推移，人们常常会忘掉错误的认识、朋友的旧电话号码或更改前的会议时间……这样的主动忘却有助于大脑记忆存储系统信息的更新。然而，内在的伤痛却并不是时间所能磨灭的。所有经历中产生的情绪都会留下烙印，它会形成情绪种子存储在人的心智中，只要条件符合，就会生根发芽，作用于人的生活与工作中，时间越久，伤痛越深，影响越大。人们在生活中所形成的心结会形成身体能量淤堵，导致产生疾病或加剧病情。

"走过就会留下痕迹。"很多事情看似已经过去了很久，可当我们触碰到那件事情、那个时间点时，当时的情形依旧会历历在目，当时的情绪就会被唤醒。即使我们经过时间的洗礼或自己调整了处事方式，但是情绪还是会影响和作用于我们现今的生活，导致我们在同样的经历中不断地重复。

第五章
情绪怎样导引气血产生定向与定位反应？

情绪有正面作用，也有负面作用。强烈的情绪刺激或积压的情绪会影响气血的正常运行，产生定向与定位反应，最终作用于身体的相应部位，形成病变。

一、情绪导引身体气血变化的规律

情绪让原本顺畅运行的气在身体内冲撞游走，在某些部位产生淤堵，就会导致气不足。《素问·阴阳应象大论》说："怒伤肝、喜伤心、思伤脾、悲伤肺、恐伤肾、惊伤胆。"这表示不同情绪与不同器官具有定位性。《素问·举痛论》说："怒则气上，喜则气缓，悲则气消，恐则气下，寒则气收，炅则气泄，惊则气乱，劳则气耗，思则气结。"这说明不同情绪具有导引气血流动的定向性。

我通过十多年研究与个案分析，总结出情绪作用于身体的具体机制：人的思想变化会产生情绪，情绪会导引气血产生定向性与定位性反应，形成身体对应器官规律性变化和能量淤堵，造成免疫力下降，使人生病或加剧病情。这种作用机制并不是随机的，而是有规律可循的。

情绪对身体的作用具有定向性。不同情绪对应着身体的不同部位或器官。反之，当身体出现疾病时，我们可以推断出是哪些情绪导致的，从而进行精准的判断与清理。身体不同部位疾病所对应的部分情绪，如下所示：

高血压： 盼望好结果，但事与愿违，产生的后悔、委屈、紧张、害怕、担心、恐惧等情绪。

脑血栓： 爱生气、爱激动、爱较劲，看不上、看不起、看不惯别人做的事情，认为自己的观点是对的，产生愤怒、怨恨、生气等情绪。

颈椎病： 看不惯或看不起父母、领导、权威、老师等比自己有能力的人并与之较劲等情绪。

甲状腺： 与同辈人，如亲人、爱人、闺蜜有委屈、窝囊、生闷气、压抑等情绪。

糖尿病： 有想控制局面、控制进程、控制下滑等想法，所产生的着急心切、焦虑不堪、烦躁、恐慌、委屈、生气等情绪。

心绞痛： 盼望着好的结果，在处理事物当中带有急、气、恨、怕、怨、恐惧、不爱自己、不能原谅自己与他人、争强好胜、不能容人等情绪。

冠心病： 在处理人、事、物的过程中，有着不合理、不公平所产生的气、急、恨、亢奋、想不通、生气、怨恨、后悔、愤怒等情绪。

白血病： 与钱有关的内疚、恐惧、害怕、焦虑，做过与钱有关的对不起、坑害、陷害、欺骗、欺诈等事情，有觉得钱花多了、不该花的多花了、花了冤枉钱等情绪。

胆结石： 为"对与错"过分较劲并总认为自己的观念正确，总是坚持自己的想法、观点，与对方较劲等情绪。

哮喘： 大多来自幼年，父母对孩子管教严厉，孩子因被爱窒息、限制、压抑住自己，不哭泣、不能正常表达自己的观点、想法而产生的情绪。

肺部： 对未来前途、命运、事业、财富、家庭等产生的担忧、忧伤、紧张、悲伤、保护、害怕、无助、想不开、被限制、被压抑、有话说不出来、无法表达或不能表达等情绪。

痛风： 与钱有关的对于前途的担心、焦虑、恐惧、不知所措、拿不定主意、被卡住等情绪。

肝炎： 出于好心，为得到好的结果去做事，结果失败、上当受骗、别人不理解，产生愤怒、窝囊、委屈、冤枉、急、气、恨、怕等情绪。

腰椎：对某些重大事件难以承受，或有自己承担很多家庭、事业和他人的重担却没有得到别人认可等情绪。

胃痛：对某些人、事、物、生活、工作、事业、经济压力不能接受，不愿接受，接受不了，产生怨、恨、怒、悔等情绪。

肾病：对以前选择的人、事、物担心、后怕、后悔，两性之间感情关系所产生的埋怨、委屈、愤怒、担忧、后悔、怨恨，还有因情感而产生不想让其他人知道的隐私，而产生的情绪。

乳腺增生：因情感而产生的委屈、自责、焦虑、失落、怨恨；在教育孩子的过程中，总是期望过高、求全责备、失望不满等情绪。

子宫肌瘤：与母亲的关系问题、与丈夫的情感问题、对孩子的担忧、与房子有关等情绪。

肿瘤：曾经因生活状况有过轻生的想法，说过"死了算了""活着还不如死"；生活中遇到压抑、悔恨、冤枉、难过去的事情；对别人给予自己的伤害恨对方，不能原谅对方，也不能原谅自己，不爱自己，委屈自己，内疚、悔恨、后怕等情绪。

不同疾病与情绪的对应关系，既来自中医理论的基本判断，更是大量实践案例积累经验所得。精准掌握这种对应关系，当面对疾病的时候，我们就能够迅速而准确地定位到患者潜在的情绪问题，运用"情志疗法"引导其讲出情绪产生的情景，进行有针对性的情绪释放，快速、有效地改善身体状况。

2018年10月初，我在美国举办"情志疗法"讲座时，一位63岁的女士举手提问。她说自己患有风湿性关节炎，走路十分艰难。我也观察到她从座位上站起来都很不容易。膝盖对应的情绪是对前途担忧、不知所措，对艰难、艰苦的忍受。根据判断，我问她："在你12岁的时候发生了什么事情，让你对前途担忧，不知所措？"她想了一下哭了起来，说："当时我和父母吵架，被父亲赶出家门，在外面流浪一个多月才回家。"我问她在外面流浪时有什么样的情绪。她回答："很难过，很委屈，不知道怎么办。"说着说着就大哭起来。我通过"情志疗法"引导她说出了当时发生事情时的情绪后，让她在教室中试着小跑一圈——当时她不敢相信：自己多年来风湿走路都不便的膝盖，居然可以试着跑动了。在大家的鼓励下，她从开始的慢走，到快步走，最终做到了慢慢小跑。在教室跑了两圈后，她感动地哭了，说："膝盖过去很冷，刚才释放完情绪，感到热了，从来没想过还能再跑起来。"她双手合十表示感谢。

膝盖对应的情绪是对前途命运的担忧，通常女性右边膝盖对应的是家庭相关情绪，左边膝盖对应的是事业相关的情绪。掌握了这种对应关系以后，就能够比较快地引导患者回忆起某种情绪，起到事半功倍的效果。

二、多数疾病都能找到对应的情绪

多数疾病的背后都有致病的情绪因素，如果不能有效化解情绪因素的影响，那么调理就不会取得良好的效果。这也就是为什么很多病做了大量调理甚至有的手术切除病变后还是会一再发作的重要原因。疾病既是物理的病变，也是情绪的病变。双管齐下，才能够彻底治愈，还身体以健康。

1.颈椎病

在一次公益讲座中，我遇到患颈椎病多年的林先生。他坐下后，我把手放到他的脖子上，感到他整个人十分僵硬，头不能向后仰，甚至头一转动，颈椎的骨节就会发出响声。林先生自己就是做健康调理工作的，虽然经常进行各种理疗，但是稍一坐久，就会觉得难受。

我问他："有什么事情使得你和父亲较劲、生气？"他听了以后十分惊讶，反问我："您是怎么知道我和父亲较劲的？"其实这只是因为人的病不会造假，有什么病，就会有对应的情绪。

通过引导，他讲出了20多年前家里发生的事情。这件事情导致他一直怨恨父亲，即使父亲已经离世多年，这件事也早已过去，但是对父亲的怨气还未消除。每次提到父亲，林先生就有一股怨气，心中愤愤不平。

颈椎病对应的情绪是看不惯或看不起父母、领导、权威、老师等比自己有能力的人并与之较劲；对人、事、物、社会、政策、形势的变化、观点不能接受，看不惯，后悔自己没有去做而产生暗地较劲的情绪有关。

当他说出了对父亲的怨恨与较劲的情绪后，在我的引导下，林先生的情绪终于释放出来，他从内心深处理解了当时父亲的良苦用心。此后，林先生试着转头，颈椎不再有明显的不适感了。

2.乳腺增生

多年来，我接触过许许多多的女性乳腺疾病的案例。这类疾病看似普遍，但对女性的健康与生活有着很大的影响。

乳腺疾病所对应的情绪有：因情感而产生的委屈、自责、焦虑、失落、怨恨等情绪；在家庭关系中所产生的不平情绪、对哺育关系产生的不平情绪、教育孩子时产生的不平情绪等。

首先，婚姻生活不顺会导致女性产生焦虑、忧郁等情绪，难以化解。负面情绪、低水平的婚姻质量与乳腺增生密切相关。其次，对于哺育关系相关人的不平情绪也会作用于乳腺，如对父母的不理解、怨恨，对兄弟姐妹的不平衡、攀比等心态，都会影响体内气血运行。最后，教育孩子过程中，对孩子总是期望过高、求全责备、失望不满等情绪，都会反过来作用在自己身上，让身体难以承受。

在"心转病移"课程上，有一位46岁的女学员，大学本科学历，从事保险工作，家中有一个孩子。她在某人民医院的检查结果显示：左侧乳腺BI-RADS分级为3级，右侧乳腺BI-RADS分级为4a级，情况较为严重。我问她在家庭中有什么感到不开心的事情。她说很委屈。我接着问："谁让你感到委屈？"她告诉我是因为家中最权威的姐姐。姐姐对她非常好，在家里担当较多家庭事务，特别是父亲离世后一人承担了所有家庭重担，但同时总是以自己的方式和爱的名义来要求她。特别是干涉她的婚姻，总是看他的丈夫不顺眼，也造成了双方的很多矛盾，最后两人以离婚而告终。

接下来我引导她释放积压多年的情绪，一段时间后，她渐渐平静下来。课程结束后，她再次去同一家医院进行乳腺彩超检查时，其双侧乳腺 BI-RADS 分级已降为 2 级，增生状况明显改善。

女性对情绪的感知是最为直接，也最敏感的。生活中方方面面的情绪最后都会作用在身体上。 必须正确地认识人、事、物的关系，才能在日常生活中形成豁达、乐观的生活态度，减少情绪的困扰。

3.失眠

很多疾病的根源都在于思想所产生的情绪。不解决这个问题，我们不论如何改变外在、如何改变环境，都很难有办法让人真正好起来。近年来，"心转病移"的课堂上，出现了越来越多的医生学员。他们从事外科或者临床等工作。但是在工作中同样有很多的困惑——按照标准的流程给病人开了药、进行了治疗，可是效果常常并不理想。经过"情志疗法"的学习后，他们找到了解题的新思路，更加深刻地认识到了"心病还需心药医"，在原有的治疗体系中，补充了有力的新方法。

下面是一位医生学员运用"情志疗法"帮助孩子处理情绪问题的案例：

这位学员的朋友有两个孩子。大女儿今年 19 岁了，与母亲出现了很严重的沟通问题，几乎是天天吵架，还出现了严重的失眠。以前这位学员面对这样的情绪问题时，针对失眠只能按建议服用一些药物。但是在系统的"情志疗法"学习后，她知道这种情况背后有着严重的情绪问题，需要清理疏导。

学员与女生聊天时，发现高中时她的父亲不幸因癌症去世，这件事情对女生的影响非常大。一提到父亲，女生就情不自禁地失声痛哭。父亲去世时，女生正好在准备高考，明明非常难受，却要压抑自己的情绪。进入大学以后，觉得高考不理想，自己要加倍努力，而且怎么努力都觉得不够。逐渐就出现了失眠的状况，每天到半夜三四点钟才能勉强入睡。女生陷入了困境，回家见到母亲也感到充满了抗拒，忍不住闹脾气。

了解女生的想法后，这位学员运用"情志疗法"，为女生做了情绪释放和处理，一步一步把孩子内在的恐惧、害怕、伤心、愧疚和不被妈妈信任、认可的情绪释放出来。当所有的情绪释放完以后，孩子轻松了，开始笑了，身体也温暖起来。这时候孩子再回忆父亲，回忆以前的事，终于能够接受了。

"情志疗法"的技术学起来并不复杂，但是效果却显而易见。很多学员已经运用"情志疗法"帮助到周围的朋友、家人，既帮助了别人，也鼓舞了自己，感受到了助人为乐的幸福。

情绪是对生命能量的最大消耗。每一个情绪的背后都链接着过往的类似经历，刺激我们的神经，作用于我们的身体，直到我们的身体再也承受不住，最终以疾病的形式来提醒我们，让我们洞见自己与自然法则相背离的人生观、价值观。

情绪日积月累地作用于我们的身体，打乱身体正常的气血运行，让原本通畅的身体变得淤堵起来。如果不及时清除或者化解情绪，那我们的气血运行就难以回归正常，我们的身体也就难言健康。

第六章
如何走出情绪困扰？

> 在前面几讲里，我们了解了什么是情绪，情绪对人的心智和身体有哪些影响，也知道了情绪的巨大负面作用。可是有些情绪就是怎么也控制不住，忍不住要生气、要郁闷。那到底怎样才能摆脱情绪的困扰呢？

一、通过释放、清除与化解，走出情绪困扰

人的行为来自思想，而思想由过往经历所形成。在我们生命繁衍和进化的过程中，往昔经历所产生的一切情绪都会被存储在细胞记忆中，无论是一分钟前的，还是几年、几十年前的，甚至千百年前家族遗传的情绪，都会穿越时空，对我们现今的生活和命运产生作用。

人在经历中产生情绪，会同时在我们的身体中形成细胞记忆，以不同的形式在生活中留下"烙印"，这就是情绪对思想产生的影响。不要认为那只是一场经历、一种情绪，人的心智运作机制会使人在日后遇到相同感觉时，会依据上一次经历所形成的认知引导身体产生行为，并由此导致相似的结果。

人一旦启动了这些"种子"，轻则会"睹物思人"，重则成"惊弓之鸟"。由此，人的工作与生活就会被这些"种子"所深刻影响。过去的事情在时间上是过去了，但是一旦在生活中看到、听到、闻到、尝到、感受到"文件包"中的要素时，相应的情绪就会启动，或开心，或愤怒，或伤心，或恐惧。这

些情绪导致的行为，通常都会使我们偏离理性的选择。

更重要的是，许多人并不知道什么事物是与自己的"种子"相关的，所以当这些情绪甚至行为发生时，以为所呈现的就是真实的自我。随着时间的推移，这种错误的自我不断得到强化，即使变得越来越极端和偏离正轨，也会执拗地以为自己在追求真实的自我。其实这个"我"是被不同的"种子"引导和限制着的，是过去带有情绪的经历所影响的，是自己始终没有走出来的某种困境。

有的人知道什么会"触动"自己，有意识地在生活中避开或当情绪被启动的时候努力压制，这是"堵"而不是"疏"的选择，其实也是在消耗我们自身的能量。因为要压制一种情绪的负能量，需要调动更大的正能量。这些能量本来可以用在更积极的生活上。

最为严重的，因思想而形成的自我认知，会导引着思想再次形成情绪，加剧能量的淤堵，导致疾病或者加重病情。正因如此，即使有着对美好生活的追求，人也会因为不自觉地受控于心智程序的影响和作用而很难改变自己的现状，并形成错误的自我认知的思想意识。

有什么样的思想就会有什么样的行为与结果，而不同的结果就会形成人的不同命运。只有疏导情绪，才能把多年压抑的话说出来、释放掉，还原本真的自我，从而改变人的生活与命运。

我在惠州做演讲时曾谈到父母对孩子的教育行为很多都是来自于自己的经历。突然，一位身材魁梧、脸色灰暗的四十岁左右的男士跑上讲台，对我说："老师，我想起小时候，做军人的父亲每次看到我不听话时都会这样用手抓着我的头往墙上撞。"他一边说一边用手抓起了自己的头发，做着往墙上撞的动作，眼中满是怒火，脸上愤恨无比。接着他将自己的头发掀起，让我看他头顶上的伤疤。

我请他演示当孩子惹他生气时他是怎么打孩子的。这时，他继续握紧拳头做出了抓住人的头发往墙上撞的样子，只是这次他的脸上不再有刚才的怒气了。我问他："父亲打你的时候，你感受如何？有什么情绪？当时想对父亲说什么？"他说："我非常害怕，也很恐惧，很想说'不要再撞我的头了'。"我让他接着做出用手抓住孩子的头发往墙上撞的动作，并不断重复"不要再撞我的头了"这句话。当他重复这个过程到第六遍时，内在的情绪一下子就爆发出来，之前的平静变成了愤怒，到最后居然大声叫喊起来，在场的六百多人被这一情景震惊了。

看着他用手抓住自己的头发声嘶力竭地喊叫着那句话，我知道，即使只是不到五分钟的时间，对于他来说，却是完全的释放与解脱。一个人被压抑的情绪如果没有得到正确释放，那么，一旦遇到相同的情景，就会将那深藏的情绪再次激发出来。这也就是为什么很多人遇到一些看似平常的事情时却会表现出令人难以想象的反应。谁又能想到，早年经历中产生的情绪会一直蕴藏在细胞记忆中影响着我们的生活？自己被父母打过的经历会如此完整地复制到自己孩子的身上。更为可悲的是，作为家长，我们很多人还总会为自己的行为赋予爱的名义。

经过情绪释放后，他慢慢平复下来。这时我问他："现在你能理解你打孩子时孩子的心情吗？"他说："他也是恐惧和害怕的，一定也很想对我说'不要再打了，我很害怕'。"他禁不住哭了起来。不同的是，他这次哭不是因为唤醒了自己被父亲殴打的回忆，而是为自己的行为给孩子造成的伤害而自责。

我为他的勇敢和觉悟感到欣慰，上前和他深深地拥抱。台下爆发出热烈的掌声。大家共同见证了一次超越——一位父亲以无比的勇气成功地阻止了自己的不幸在孩子身上的再现。那天原定两个小时的讲座讲了四个小时。

情绪的改变就是这么简单。一瞬间，自己和他人都实现了转变，重要的是，要树立正确认识情绪的观点。

情绪宜疏不宜堵。很多调查显示，女性的平均寿命要比男性长，其中一个重要的解释就是，女性比较善于释放自己的情绪，比如疯狂购物、哭泣或者吵闹之类的；男性往往出于面子、尊严等考虑，选择压抑自己的情绪，最终不在沉默中爆发，就在沉默中灭亡。

面对情绪问题，我们最应该采取的态度是直接面对。认识到我们情绪产生的根源，采取正确的方法消除和化解情绪，减轻情绪对我们身体的影响，让自己回到孩童般健康自然的状态。

二、找到源代码，就能修改程序

我们知道，计算机的运行是由软件驱动，而软件最终的实现是由0、1组成的源代码编译而成。前面我们讲过，人的命运来自行为，行为来自思想。而思想很大程度上受制于情绪。情绪是由经历中的眼、耳、鼻、舌、身、意所编制的细胞记忆所启动。也就是说，要改变现有状况，就要回到眼、耳、鼻、舌、身、意所存储的记忆点。

通过多年的探索和研究，我了解了情绪形成的原理。在这条路上，一方面，我们需要不断修炼自己的内心，提升自己的思想维度。当人的思想维度提升的时候，看待事物的角度自然就不一样了。就好像小时候我们会觉得难以接受的事情，随着年龄和阅历的增长，看到了更多的事物存在的规律，自然就会减少对一些事情的执着，对事情有更全面的理解，也能找到更多的解决办法。

另一方面，我们可以找到那些存在于心智中的障碍，将影响健康、事业、财富、婚姻、亲子关系等发展的"种子"有效清除。这样我们就可以更快、更轻松地前行，把我们的能量有效导引到建设美好生活的道路上。以后即使再有相同的事情发生，生命也不再循环往复于过往的情绪中，就能够放下急切躁动的心，冷静平和地分析问题、处理问题。这种连续性的改变，不仅能调节我们身体的气血运转，更重要的是，让我们的生命走向更高的层次。

2019年，"心转病移"课堂上有一位中医医师，家里是祖传中医。但是，她的胃不舒服已经长达九年，在家里不能吃凉的，即使水果也不能吃。一家人对她非常好，也顺应她的生活状况，全家都不吃凉食物，水果、冷饮都不买。

病是身体的语言，是无法造假的。有什么样的疾病，就会有什么样的思想与细胞记忆。胃病对应于有着不接受的情绪。她和母亲之间的关系很紧张，一直怨恨母亲，不愿意和她说话，即使说话，语气也很差。"情志疗法"互相练习的时候，学伴帮她释放了小时候对父母的不能接受的情绪。当时她的胃就变得暖暖的——她说这是一种久违的感觉。在练习以前，她很多年不敢吃水果；练习结束后，我们现场拿来水果请她试吃，她开始还是有些担心。我告诉她："你的程序已经修复，可以按照你九年前的样子吃水果了。"于是她开始小口地吃，后来大口吃，边吃边说："真好吃，九年没有吃到这种感觉了。"课程结束后，她向大家分享了自己的改变。从那天开始，一家人又可以一起吃水果、冰淇淋了。她的孩子看到母亲的改变，也主动要求参加心智教育的课程学习。

当计算机程序出现问题，我们会找到"源程序"进行重新编译，给予新的软件信息，形成一个新的程序，计算机就会执行新的运行方式，人的心智也是如此。只要找到情绪发生时的经历，采用科学有效的方式进行化解和释放情绪，犹如重新编译软件一样改变原有信息，那么，因为这件事情所执着的思想也会随之改变，思想的改变造成生命的改变。

存储在人心智中的内在情绪一旦得到释放、清除与化解，原有情绪刺激所产生的影响和作用就会被削弱或清除。当人的思想不再禁锢于那种情绪时，人的行为也将得到相应的改变。行为的改变就会使我们在现实生活中得到精神能量的提升，会使人七情平和。

王女生因与丈夫过不下去要离婚。一次偶然的机会，她走进"生命智慧"课堂。我问她："丈夫最让你生气的是什么？"她说，在跟丈夫吵架时，最令她生气、最让她感到心痛的就是丈夫的摔门而出。每当听到门"砰"的一声响时，她便会心如刀绞，随之就会感到恐惧和害怕。

于是，我通过"情志疗法"引导她回忆早年致使她产生过这种恐惧和害怕的情绪经历。她猛然记起一幅场景：6岁那年的某一天，她赶鸭子回家，突然电闪雷鸣，下起了大雨。她一个人赶着一群惊慌四散的鸭子，周围找不到任何可以帮助自己的人。她既害怕把鸭子弄丢，又被轰隆隆的雷鸣声吓得恐惧万分——当时的她真是"叫天天不应，叫地地不灵"。对于一个年仅6岁的孩子来说，她恐惧到了极点，而最让她感到害怕和恐惧的就是那"轰轰"的雷声。

当我引导王女士"回到"那个时间点时，王女士抱着头，紧张地蜷缩着身体，不停地发抖，喊着"我好害怕，好害怕"。我问她："让你感到最害怕的是什么？"她说："是'轰轰'的雷声。"经过一番情绪释放之后，王女士渐渐平复下来。此时，再让她回看自己6岁时的那段经历，就像是在回看电影一样，只有当时的过程，却没有了恐惧的情绪。她来时紧张且灰暗的脸上也慢慢泛出了红润。

我问她："在这个过程中，你学到了什么？"王女士笑着回答说："我每次和丈夫吵架的时候，只要他一摔门而走，我听到那个摔门的声音后，就会感到极度害怕和恐惧，所以就会越加用愤怒的方式来对待丈夫。此时我才明白，原来那是因为自己小的时候曾经有过害怕和恐惧的种子。每当自己听到那个摔门的声音时，这个种子就会自动启动小时候害怕和恐惧的感觉。这其实是我自己的事情，跟我丈夫是没有关系的。我学到了要懂得宽容，有问题从自己身上寻找答案，而不是一味指责对方。"

接着，她想到自己从小到大都十分害怕下雨和打雷以及类似的声音，而每当有这种情况出现时，她就会感到无比害怕、恐惧和不安，随之而来的就是心慌和愤怒。为此她还有过多次和别人大吵的状况——而这一切原来都源于小时候的那次经历。

这个一直作用于王女士生命中的情绪点一经疏通，存储于她细胞记忆中的情绪种子就得到了化解与释放。王女士回家后再听到摔门声时，也就没有了负面情绪，心脏的疼痛也悄然消失。更有意思的是，后来她与丈夫发生争吵时，丈夫也再没有出现过摔门而走的情景。由此，两个人的关系也从要离婚变成了相互谦让、彼此尊重和相亲相爱。

"走过就会留下痕迹。"很多事情看似已经过去很久，可当我们回忆到那件事情、那个时间点时，当时的情形依旧会历历在目，相同的情绪依然会不断滋生。即使我们经过时间的洗礼有了一定的改变，情绪还是会影响和作用于我们当下的生活，导致我们在同样的经历中不断地重复。

我在美国、加拿大、迪拜、意大利等国家和地区教授课程和访问、交流。通过接触世界各地的先进理念和大量的实践案例，我总结提炼了一套较为成熟的"情志疗法"，帮助人们根据当下的事件中产生的情绪，找到以前引发情绪的细胞记忆源程序，进行释放、清除和化解，从而消除人们在事业、财富、婚姻、健康和亲子关系等方面的障碍。

人的心情平淡且从容时，就会拥有平静、淡定的思想和相应的处事态度、行为准则。即使遇到"不顺"的事情时，也能坦然面对，并从多个角度来考虑问题，拥有直抵事物本质的能力，提升掌握自己命运的智慧。

中篇

第七章
如何走出现代生活中的焦虑？

现代人生活与工作的压力越来越大，我经常会听到朋友们说起自己时常焦虑或者失眠。这些看上去不是大病，但实际上却困扰着很多人的日常生活。焦虑、失眠等对人的精神带来很大影响，使人难以很好地投入到工作和生活中去。这无疑会使人们的情绪越来越差，反过来进一步加剧焦虑与失眠，从而形成恶性循环。

一、焦虑的症状及原因

焦虑是人们日常生活中经常会遇到的一种情绪，比如突然接到领导通知，让自己上台发言，由于缺乏经验，就会不由自主地紧张、担心甚至害怕。这就是焦虑，是我们人类自身的一种保护性生理反应。但是，过度的焦虑就不再是正常的身体反应，而是一种病态，失眠就是其表现症状之一。

焦虑、失眠这些症状都是神经症的表现。神经症大致可以分为焦虑症、抑郁症、强迫症、恐怖症、疑病症、神经衰弱等。在我国，20世纪50年代到70年代，神经衰弱几乎把焦虑症、抑郁症等大多数症状包括在内。如今，神经衰弱的概念在世界范围内的外延要小得多，美国已经基本不用神经衰弱这个概念了，而改用慢性疲劳症。

愿望与现实的冲突是我们内心紧张焦虑的源泉，过多的焦虑会引发焦虑症，焦虑其实是一种精神痛感。正常的焦虑是人所需要的，也就是说，精神的痛感如同肉体的痛感，在正常的度上都是人所必需的。如果肉体没有痛感，刀刃触及手面人也不会有反应，反而可能给人带来更大的伤害。如果精神上没有痛感，比如没有关于危险的焦虑感，如同兔子见了狼还悠哉游哉，那也不是一种好的生活状态。但是，任何精神上的痛感过度了，就和身体上的痛感过度了一样，就变成了疾病。比如说，皮肤如果穿衣服摩擦一下都痛得叫起来，手握一下栏杆都觉得钻心疼，这种敏感肯定是疾病，焦虑症其实就是过分敏感的精神痛感。人的很多心理障碍，从某种意义上讲都是过分敏感、过分夸张的精神痛感。

有这样一个实验：一个关猴子的大笼子里，通往高处的铁索上有猴子最爱吃的香蕉，但是铁索通了电，每当猴子触摸铁索，就会被电击，猴子们围着铁索团团转，想上去，又不敢，结果越来越焦虑，很快就累倒了。

真正折磨猴子的是，当它处在想上铁索又怕被电击的冲突中时产生的焦虑，三番五次之后，猴群就因为过度焦虑垮掉了。

工作是人们的重要需求之一，然而当你工作过度，对工作产生了畏惧，整日处在想工作又不敢工作的冲突中，就会和围着通电铁索团团转的猴子一样，先是焦虑，然后累倒。人在为工作、为生存焦虑时，其实常常是在为钱焦虑。

从心理学来讲，每个人内心深处都压抑着潜在的人格，平时它被理性人格压制着，一旦理性人格因为醉酒或其他原因暂时松懈时，潜在人格就会冒出来。

即使在理性人格不松懈的情况下，潜在人格也会在一定程度上支配我们，比如，焦虑症患者总有许多不该有的莫名的焦虑。这些人理性上都知道不该这样，却难以控制自己的病态表现，这就是压抑的潜在人格在和理性人格作斗争。

焦虑症除了和患者生存环境、工作压力有关，有的还可能源于童年的精神创伤以及其他种种因素。

如果我们不能积极地面对自己的焦虑，焦虑的症状就会越来越严重，当焦虑的严重程度和客观事件或处境明显不符，或者持续时间过长时，我们的焦虑就会由生理性转变成病理性，形成焦虑症，医学上也称其为焦虑障碍。

焦虑症不仅会让人感到非常不安和痛苦，同时还会引起人身体方面的不适感。患者通常会在紧张不安、提心吊胆中，发生心慌、气短、口干、出汗、颤抖、面色潮红等反应。有些人也许能够明确地说出令自己焦虑的事件，但很多人根本说不清楚自己为什么会如此焦虑。

焦虑症患者通常会出现喉咙异物感现象，病人总是会有"如鲠在喉"的感觉，但反复检查，却根本查不出问题。

那么，人为什么会患上焦虑症呢？主流医学认为，这与人自身的遗传基因、个性特点、躯体疾病等都有关系，也有可能因为受到不良事件的刺激而发作。因为这些因素通常会引起人体神经系统和内分泌系统出现紊乱，导致人体内神经递质失衡，最终导致焦虑症的出现。

医学专家通过研究发现：焦虑症患者往往会有 5-HT（5-羟色胺）、NE（去甲肾上腺素）等多种神经递质方面的失衡，而抗焦虑的药物可以使这些失衡的神经递质趋向于正常，从而有效地缓解人体的焦虑症状，促使人的情绪恢复正常。

但是，如果我们从情绪与疾病对应关系的角度来看，人体神经递质的失衡是"果"而不是"因"，药物的运用往往治标不治本。

真正引起人体神经递质失衡并导致人们如鲠在喉、食不下咽的"因"，往往不是人体本身的问题，更不是人食道的问题，而是人对某件事物所产生的焦虑情绪，是存储于人细胞记忆中的情绪"种子"。 这个"种子"的形成也许源于婚姻的失败，也许源于工作的不顺，也许源于人际关系的不和谐，也许源于孩提时代的一次意外……

我曾遇到一位企业做得有声有色的标准成功人士。我们第一次见面交流时，他逻辑清晰、语言流畅、非常健谈。但是一提到第二天要在大会上讲话，他就很局促焦虑。第二天，我们一同参加一个大型会议，他要在五百多人面前上台分享企业成功之道，但还没有上台，他就十分焦虑紧张，一副不知所措的样子。

大会结束后，我问他是否在早年的经历中有什么在台上感到难受紧张的事情。他不假思索地说起小学时发生的糗事。

他说："当时我是班长。那天下午，全校各班作文演讲，老师让我上台演讲。不巧的是，那天中午我吃坏了肚子，马上到了演讲的时间，肚子又开始痛了。还没有来得及向老师解释，校长就广播让我们班代表上台。肚子实在难受，本不想上台，但是老师严厉的目光瞪着我，我只好硬着头皮走到台上。结果，我刚读了第一句就开始拉肚子。当时是夏天，我穿着短裤，屎尿一下子从腿上流了下来。校长看到后对我大声呵斥，说'这是舞台不是厕所，你这个没有出息的人赶紧下去'。同学们哄堂大笑，老师很严厉地斥责我，说我给班里丢脸，班长的职位也被撤了，从此同学们就经常为这件事情取笑我。"说着说着，他委屈地哭了。

之后，我用"情志疗法"引导他走出了对上台演讲的恐惧与焦虑。三个月后，他发给我一个在台上自如发言的视频，说自己已经完全克服了对上台演讲的恐惧，不再为在公众面前演讲而焦虑了。

显然，这位朋友的焦虑其实是典型的由过往经历的细胞记忆所造成的。

二、清理细胞记忆，有效减轻焦虑状况

如果我们能够很好地运用细胞记忆的运作规律，找到并清除造成焦虑、紧张的"种子"，就能够有效改变焦虑的状态。在这里，我说的焦虑是一种状态而不是病。

随着人类大脑的不断开发，人类的思维与判断能力也不断得到提升。人不仅要处理当前所面临的事情，还会受到过去发生的事情的影响，更要为将

来可能会发生的事情做好心理及各方面的准备。

当一件事情发生时，如果产生了情绪，就会在身体中留存下细胞记忆的"种子"。日后再度出现类似经历时，细胞记忆的"种子"使然，就会自动运行并产生结果，而且会再次将类似的结果记录在心智中，形成新的心智结构，影响和作用于人的思想与行为，也就是最终的命运。比如，在生活中对一个人有着不满情绪时，第一次可能只是不满，可是几次同样的事情以后，就会形成气愤的情绪或做出过激的行为。

很多人吵架常常不是因为当下的某一件事，而是对此类事情已经忍让很久或一直没有有效沟通、得到解决，才会最终发展为忍无可忍。情绪就像计算机中的病毒一样，随时消耗着人的生命能量，把人的思想禁锢在产生情绪的那个时点。情绪是思想的能量，思想是性格的写照，性格是命运的诠释。

林先生一直不敢坐电梯。只要一坐电梯，他就会心里发慌、焦虑、呼吸急促，甚至会喘不过气来。在与他交流的过程中，我了解到，四年前，他在乘坐电梯时，恰好遇到电梯故障，把他与另外一个人困在电梯里。由于电梯空间密闭，救援人员又迟迟不来，他们越来越紧张，越来越恐惧。林先生不由自主地想起看过的被故障电梯围困而死的相关报道，于是开始心里发慌，在急促的呼吸中越来越喘不上气来，最后瘫坐在地。不久，救援人员赶到，把他们及时送往医院。虽然经过医院的诊断，他们的身体并无大碍，但从此以后，林先生就患上了电梯焦虑症。只要一进电梯，林先生就会觉得憋闷，甚至浑身发抖，感觉自己就像快要死了一样。

米先生害怕堵车。只要一遇到堵车，他就会十分焦虑。所以，他在开车时会随时收听交通广播。只要听说自己想要走的路堵车了，他就会立刻掉转车头，宁肯绕远，也不想自己被困于车流之中。在与他交流的过程中，我仔细地探索了米先生害怕堵车的根源。原来，几年前他要去美国出差，没想到路上遇到了交通事故。原本到机场的时间很宽裕，但是因为严重堵车，到机场时，已经停止值机（更不幸的是，当日无其他航班）。然而，米先生手中带着所有重要文件，与他同行的同事因为等他也未能成行。由此，公司错失了努力一年的重要商业合作机会。此后，米先生就产生了堵车焦虑症。

现实生活中还有很多类似的情况，比如有人不敢坐长途车，有人不敢坐飞机，有人不敢离家太远等。我曾遇到一位男士，他每次搬家都必须住到医院急诊室对面——每当看见医院"急诊"两字时，他才略感安心，不再担心自己突发疾病不能及时送医。

随着人类医学的发展与进步，虽然目前的药物对焦虑症的控制有一定的疗效，但多数只能起到缓解的作用。要想根除人们的过度焦虑，必须深入内在去探讨：究竟是什么原因使人们的身体积累了如此大的负面能量，从而导致患上了焦虑症？

多年来，我运用"情志疗法"疏导过不少较为特殊的焦虑情绪个案。

甲经常会用几个小时反复思考之前自己所遇到的人、事、物，以及所说的话。他会反刍式地琢磨自己或别人的做法，以及所说的话到底对不对？对别人来说好不好？在不断重复的思考中，时间也在不停地流逝，以至于他根本没有时间和空闲去做任何事情。强迫性思考几乎占据了他所有的时光，让他的生活与工作都一团糟。

乙只要看到好人好事或者好的新闻报道，就会在心里骂脏话。他自己也知道这样做是不对的，事后往往会很自责。可是越内疚自责，他就越像是着魔似地继续之前的行为。在无法自制中，他整个人被自己内在的巨大冲突与罪恶感折磨得筋疲力尽。

焦虑症在行为上的症状是大家所熟知的，我们经常会在日常生活中碰到。比如，明明已经关上天然气阀门了，却仍会一再检查到底关没关好；或者明明已经锁好车了，可刚走几步还是会再按一下遥控的锁车键；刚刚洗干净手，却还是一再地重复洗手；从座位上站起来时，总是会重复检查自己座位的周围，看自己有没有掉东西……这种行为上的强迫症患者，每天花在这些强迫性的重复行为上的时间通常都不少。

我们常常会因为在现实生活中碰到类似的人事物而触发曾经的痛苦情绪，使自己在相同情绪的折磨中始终无法释怀，甚至会因为内在情绪的存在，而将自己所担心的事、害怕会发生的事，不断地投射到我们的未来。于是，我们开始烦恼不已，没有精力专心做事，在惶恐不安中总是有一种随时会大难临头的感觉。不久之后，我们就会被医生确诊为焦虑症。

对于焦虑症患者而言，最为快速的解决之道就是服用抗焦虑的药物。可是药物只是能够暂时缓解患者焦虑的症状，却难以从根本上解决问题。要想从根本上改善焦虑的症状，就要准确找到细胞记忆的"种子"，通过"情志疗法"的疏导，清除影响健康的细胞记忆。

焦虑本身就是一种情绪，这种情绪变得越来越严重时，就成为焦虑症。走出这种焦虑的困扰，一方面，需要我们学会不断地放松自己；另一方面，也需要我们走出过去的情绪障碍，没有包袱地轻装前行。

第八章

长期压抑会带来精神崩溃吗？

世界卫生组织预测：癌症、艾滋病和抑郁症将成为人类未来的三大疾病杀手。在这三大疾病中，抑郁症牵连范围最广且影响深远，甚至有专家认为，未来会发生全球性的忧郁狂潮。到底会不会这样呢？

一、抑郁症的含义及病状

　　2016年9月16日，年仅28岁的男星乔任梁在上海家中离世，警方调查后排除他杀，让人们产生了无尽的惋惜。据乔任梁的多位好友透露，其生前精神状态不佳，一直靠药物睡眠。难以想象，这个看似"豪爽、乐观"的大男孩，却在生前饱受抑郁症的困扰。

　　随着社会的飞速发展，竞争压力越来越大，因抑郁而自杀的报道也让人触目惊心。抑郁症又称抑郁障碍，以显著而持久的心境低落为主要临床特征，是心境障碍的主要类型，主要表现为心境低落与其处境不相称。情绪的消沉可以从闷闷不乐到悲痛欲绝、自卑，严重的发展到悲观厌世、自杀倾向或行为等。

　　抑郁症患者的思想通常较为消极，语言模式通常是"我"而不是"我们"。有些患者会出现入睡困难或者莫名其妙地早醒，然后就再难以入睡的现象。刚患上抑郁症的人可能会变得爱发脾气，但深度抑郁症患者却连脾气都懒得发了，他们总是对生活充满着深深的失望和沮丧，内心深处总有一种无名的力量，侵蚀着身体的能量。面对身边的一切事物，他们总会有一种极度的无力感，对任何事都提不起兴趣，缺乏面对生活的勇气。有些患者会觉得生活索然无味、了无生趣，从而萌发轻生的念头。有些患者甚至会出现一些幻觉，总感觉有一种声音在让自己离去。

抑郁症就像一个潜伏在世间的杀手，悄无声息地吞噬着患者的求生意志。可是，抑郁症真的有那么可怕吗？抑郁症难道不能被治愈吗？

精神科的专家会把抑郁症比喻为"精神的感冒"，这告诉我们，抑郁症是可以调理的，也是可控的。可为什么还会有那么多人因为抑郁症而走向生命的终结呢？因为大多数人在患上抑郁症后，都很少考虑情绪的问题，而是习惯性地依赖上了药物的治疗。殊不知，外在的压力很容易会引起内在情绪的变化，甚至会影响药物的疗效。

2016年7月，《大脑、行为和免疫力》（BRAIN, BEHAVIOR, AND IMMUNITY）期刊上公布了一项医学研究成果——压力大的环境影响抗抑郁药的疗效。

实验者通过在不同环境下对小鼠应用抗抑郁药物氟西汀，得到了如下研究结果：在对症治疗21天结束时检测海马中前炎性细胞因子如白细胞介素的（IL）-6、IL-1β、肿瘤坏死因子（TNF）-α和干扰素（IFN）-γ，以及抗炎细胞因子IL-4、转化生长因子（TGF）β的表达。与对照组相比，氟西汀能够显著降低压力状态下TNF-α和干扰素-γ mRNA的表达，对丰富环境下二者的表达无影响。而IL-1β正好相反，在丰富环境下，氟西汀能够显著上调IL-1β mRNA的表达，但在压力环境下则没有这种变化。

这表明：在丰富环境下，服用氟西汀会增加小胶质细胞前炎性介质，包括iNOS、CD86、IL-15、IL-1β和IL-23等的基因表达；并降低抗炎因子Arg-1、YM-1、IL-10等基因的表达，但在应激环境下服用氟西汀则会产生相反的效果。

这项研究结果发布于2016年第29届欧洲神经精神药理学会上，引发大家的广泛讨论。实验证明，单纯地依靠服用药物治疗抑郁症是远远不够的，而且没有良好的环境，服用药物反而会适得其反。也许药物能够把你放到旅行的航船上，但大海波涛汹涌还是风平浪静，才能决定你是否喜欢这次旅行。

不良情绪不仅会影响身体，还会对服用药物的疗效产生影响。这就是为什么在高压环境下的娱乐圈中抑郁症频发的原因之一。因为压力大的环境会使患者产生负面情绪，容易使抗抑郁药物产生相反的效果。可见，抑郁症的良好治疗需要把药物治疗与心理调理结合起来。想让抗抑郁药物更好地发挥作用，要先改变抑郁症患者内在的心境。

记得在一次医学学术会议上，有位医生感慨地说："现在的人啊，其实大多都死在无知上！"对于我们每一个人而言，明天和意外，你永远不知道哪个会先来。但无论发生什么事情，无论我们生了什么病，都不能单纯地依赖药物治疗。人体是一个系统，我们不能抛开人的心智、思想、情绪、能量等，把人体当作单纯的器官来治疗。人的身心智是一个有机的整体，有着千丝万缕的联系。正所谓"境随心转"，内心的改变才是根本。

二、抑郁症的原因

从病理学的角度来看，医学专家通常会告诉患者，抑郁症源自脑中血清素下降，血清素的下降会导致人对任何事情都提不起劲，在生活和工作中总感觉沮丧无力。但是，我们关注抑郁症不能仅仅从生理指标的角度去认识，更应从物质身体和精神思想的二重属性出发，回归到内在的精神世界，来理解抑郁症的成因。

从小到大，我们所受的教育都是要表现好，要追求完美，要勇敢，要坚强……为了追求完美，我们努力地付出，我们发奋图强，从不敢表现出自己的一点点胆怯和感伤。可是，七情六欲本是人之常情。当我们付出努力而没有收到预期的结果时，当我们一味地表现自己却忽略了内心的真正感受时，当我们开始压抑自己的情感，无法释放的情绪积存于细胞记忆时，我们的内在不知不觉就发生了变化——成长过程中的挫折与苦难带给我们的沮丧与无力感会不断累积于内心。即便我们外表坚强，但累积在细胞记忆中的负面情绪终有一天会使我们光鲜亮丽的外在形象轰然倒塌，我们会发现，自己原来是如此脆弱。看似微不足道的情绪，居然成为压垮我们神圣生命的"稻草"，实乃"冰冻三尺，非一日之寒"。

1.早年成长经历带来的情绪压抑

香港演艺界巨星张国荣因患抑郁症而跳楼辞世已经十多年了。这位当之无愧的绝世巨星，不仅重情重义，还热衷于慈善事业，却因抑郁症早早离世。

张国荣出生于一个大家庭，在10个兄弟姐妹中，他是最小的。父亲因跟母亲感情不合很少回家。母亲在照料家里生意的同时，也因婚姻的不如意而很少顾及众多子女。张国荣从小和家里的佣人住在一起，除了大姐外，与父母及其他哥哥姐姐都没有很亲密的感情。

在一次采访中，张国荣谈到自己童年的经历时说："我是个有点怪的孩子，不像个孩子，又不太说话，从不被人注意。我家虽然并不是什么特别大的家庭，可是客人来的时候，从不会有人意识到我的存在。不知道是不是天生就是这种性格，或许是不知什么时候形成的这种性格。一直非常孤独，又没有倾诉自己感受的对象。"

从张国荣的回忆中我们不难看出，他的童年是暗淡消极且孤独的。这些经历对他的影响很大。更重要的是，父母婚姻的不和谐也严重地伤害了他。从小，张国荣就深感婚姻之不可信任，看见别人结婚反而会伤心大哭。成年后的张国荣更是时时把"婚姻是一种无形的负累"等这一类的话挂在嘴边。"我不敢相信婚姻。因为我家里离婚很多，我爸爸和妈妈关系不好，从小时候开始我就看到哥哥和姐姐离婚，所以我对自己结婚这件事也完全没有信心。我对结婚没有好印象，所以也许一辈子不会结婚。"

抑郁症源于人长期压抑的情绪，与人童年的成长环境有着很大的关系。如果一个人小时候没有得到应有的温暖和关爱，就会在其心智中形成孤单和冷漠的性格。从能量上讲，人小时候本应得到更多的能量来保证成长，保证有勇气和自信面对外在的事物，拥有开朗、胆识、魄力等积极的人生态度；能量的缺失会使人形成恐惧、失落、忧郁等负面情绪。张国荣罹患抑郁症即跟能量的缺失有着密不可分的关系。

抑郁症是一种常见的精神疾病，它不是心胸狭窄，也不是品质低劣或意志薄弱，它是一种心智障碍。人在面对这种障碍时，就像是一部动力强劲的汽车遇到高墙阻碍，百般努力也还是很难冲过去，即使冲过去了也会导致车损或报废。心智结构中的障碍几乎是难以避免的，每个人在成长中都会遇到需求没有得到满足或者受到心灵伤害的事情。有些人可以很好地处理这些障碍，但有些人受到的负面影响过多过重，就会不断积压在心里，最终造成严重的心智障碍，甚至带来身体的病变。

也就是说，脑中血清素下降是"果"而不是"因"。赛斯说"情绪的改变会引起荷尔蒙的改变"，是我们内在的情绪引发了脑中血清素的下降。

"生命智慧"一阶课程上，一位母亲十分焦急，她两岁孩子得了抑郁症。我在解读"种子"的产生原因时问她："怀孕时，你对孩子有什么样的想法？"她喃喃地说："当时我刚结婚不到三个月就怀孕了，孩子的父亲总是出差，聚少离多，我的工作压力也很大，还没有体会到多少新婚的快乐，就被很多琐事困扰，经常烦恼和吵架。当时常想，要是没有这个孩子多好。"我问她："你和丈夫吵架时，说的最多的话是什么？"她回答："我的丈夫说话比较啰嗦，我吵架的时候会大声对他说：'你少说话，闭嘴！'"

孩子的细胞信息最早来自母亲的思想、情绪、语言等，母亲为孩子种下的"种子"，会随着年龄的增长而开花结果。母亲的思想、母亲的情绪、母亲说的话，都有可能形成孩子的细胞记忆。"闭嘴"的强制感受，传导到孩子，就可能表现为抑郁症状。

对于抑郁症，人们大多时候只是看到表象，没有透过现象看到本质或根本没有这方面的意识。**人的成长是连续的叠加，而不是片段的分隔。**孩子的抑郁，很多是更早以前的经历才会导致今天的结果。

2.家族问题带来的抑郁症

"生命智慧"课堂上有一位移民加拿大的学员,儿子在加拿大被诊断为自闭症,从专家组办公室出来后,她抓着爱人的手不停地问:"怎么会是这样?怎么办?怎么办啊?"她的爱人是个单纯善良的人,平时总是开心的样子,轻松地安慰说:"没关系的,我们多挣点钱,至少他将来有房子住。等我们不在了,老二还可以照顾他。"可是第二天下午,她接孩子从学校回来,远远地看见那个昨天还假装轻松安慰自己的人直直地站在门口张望,满眼是掩不住的担忧和泪水。

为了医好儿子,她在加拿大花了十多万元,还找了权威的心理学家,可他们都说孩子很难治愈,甚至终身服药。她依然不死心,专门学习了心理学,自学了很多医学知识,还给儿子换了三所学校,最后加拿大政府拨款给她配了一位单独的老师辅导孩子。为了儿子,她付出了自己所能付出的一切,却没有看到儿子有所好转,这让她痛苦无比。她说:"从来没有一种痛苦这样深入骨髓,如影随形。"

后来,她在妹妹的推荐下,回国参加我的"生命智慧"课程。课堂上,她一直问我,孩子的问题到底是什么?我让她不要着急,对她说:"我所见过的患自闭症的孩子,他们的父母和自己的父母关系不好,你认同吗?"她说:"我不认同。"

我问:"那你的母亲飞到加拿大帮你带孩子,你为什么把她赶走?"她说因为妈妈怎样怎样,她才赶走妈妈的。我说:"老人家飞了那么久才到你那里,为一点小事你就和母亲吵架,还要赶母亲回去,你觉得这样应该吗?"

我继续对她说:"你是一个非常聪明、非常棒的人,为了支持你去英国上学,父母把房子抵押后给你凑齐了20万元。可你却不懂得感恩,甚至还觉得父母不够支持你。看着你拿了20万元头也不回地走了,你知道父母有多伤心吗?他们连房子都抵押了,难道还不够支持你吗?还有,你是不是一直都在顶撞父母,为了一点小事就生父母的气?⋯⋯"

面对我的质问,她一点点醒悟过来,眼泪就像断了线的珠子一样不停地落下来,哭成了一个泪人,不停地说:"我错了!我真的对不起妈妈,对不起我的父母……"她彻底觉悟了——课程结束后，她向父母说着"我爱你们"，还郑重地向父母道歉，忏悔自己曾经的过错。看到她的转变，她的父母落泪了——"女儿从来没有对我们这么亲切过。"

在课程上，我为孩子的抑郁症做了个案。通过个案了解孩子与父母的关系，阐释人来到世间要完成的使命，以及自己得病能够给父母带来的觉醒等相关因素。

课程结束后，她飞回了加拿大，带着这种能量与儿子朝夕相处了一段时间后，发现一切都开始发生变化了：那个常常神游的"自闭症"孩子突然不神游了，他忙得没空理大人，自己做数学题、写汉字、弹琴，自己刷牙、洗澡、换衣服。他和楼下的小丫头形影不离，他们一起弹琴，一起玩想象的游戏，一起聊天。他为妈妈弹钢琴并要求妈妈带自己去钢琴吧，还与妈妈一起给姥姥姥爷打越洋电话……儿子的变化让她激动不已，她哭着告诉父母："原来，孩子的问题都是我造成的，我错了！我会通过自己的努力改变一切的！"

人都是生活在系统中的，有着属于自己的序位关系。如果一个人不孝顺父母，对父母没有真正的感恩之心，就不可能接受自己，也不可能真正感恩身边的人，感恩所有与他有链接的人，这就必然会产生一种堵塞的能量，从而阻断自己及下一代与整个家族的链接。 当我们认识到自身的问题时，真心地忏悔与改变，就会疏通能量的堵塞，激活自己与父母、家族的链接。

生命是如此奇妙，在我们的世界里，一个人的改变居然可以影响到这么多人，特别是对孩子的影响更是举足轻重。作为父母，我们需要的就是一种对自己存在的接受和肯定，一种对自己生命力量的追寻，一种谦卑、感恩和爱！

多年来，我所遇到的抑郁症、自闭症孩子的母亲，大多都是对他人缺乏关爱与帮助，特别是与自己父母关系中很多程度上有较劲。更多的时候只知道一味喋喋不休，对很多人很多事看不惯、看不起，少了对他人、社会的感恩心，很多时候活在自己的世界里。

曾经有一位母亲来上"生命智慧"课程，想解决孩子抑郁症的问题。我问她："孩子的问题与父母有关，你认同吗？"她所答非所问，回答我的都是其他事情。我想告诉她关于孩子抑郁症的问题，她却不停地打断我的话。与同期同学相处也是不管不顾，从不考虑别人的感受，总是打断对方的交流，或者说的完全不是大家交流的话题。试想，成年人与她的沟通都十分困难，朝夕相处的孩子怎么能够忍受？不抑郁都很难。

　　太多的放不下让我们心有挂碍，阻碍着我们的付出。我们放不下对父母亲人的怨恨，我们牢记着他人对我们的伤害，却不知道我们所看到的往往只是事物的表象。当我们擦拭掉内心的阴霾，才明白原来所有的一切都是为了保护并成全我们，被爱与牵挂包围着的我们却浑然不觉，反倒因为自己内在的执着而产生了这样那样的情绪，阻断了能量的传承与链接，给自己、给下一代造成疾病的困扰和生活的痛苦。

三、运用"情志疗法"，化解抑郁症状

　　人是由物质身体与精神思想组成的，抑郁症是人在精神层面出现了问题，到医院去看病都是看心理科或神经科，而不是内科、外科、骨科等。既然属于精神问题，就要从精神角度去认识，才能找到解决问题的方法与途径。

　　在对"情志疗法"的研究与实践过程中，我发现许多抑郁症患者都经历过让自己放不下、无法面对、思念过重、内心悔恨的事情，更重要的是，没有地方或者方法一吐为快，将自己的压抑和委屈说出来、讲清楚，长期内心压抑、纠结，最终形成忧郁的状况。

　　想要治愈抑郁症，患者要学会勇敢地正视自己的内在心智，承认并接受自己的脆弱，敞开心扉把自己内在积累的痛苦与无助释放出来，接受最真实的自己，如此才能够真正清除内在心智的障碍，收获生命智慧和身体的健康。

　　2016年，深圳的一位母亲因为女儿患上抑郁症走进了心智家园课堂。女儿的抑郁症非常严重，十分依赖妈妈，不能出门，在读的大学也只能先办理休学，在家休息。她们也曾去过不少医院就医，但是无法从根源上解决问题，而且孩子非常抗拒去医院。在不知所措的情况下，朋友推荐她走进了"生命

智慧"课程。

孩子的问题都是父母的问题。心智家园的课堂上一直坚持的做法就是，带着孩子疾病困惑来上课的家长，首先解决自己的问题。"生命智慧"一阶课程结束后，这位母亲开始反思自己的问题：女儿很漂亮，学习也很好，为什么最后会变得抑郁？她发现自己身上有很多状况，在一步步把优秀的女儿推向抑郁的深渊。她把自己的一切寄托在女儿身上，所以对女儿的要求非常高，希望女儿样样都完美，最后孩子却崩溃了。她决定改变自己，不仅仅是思想上改变，更重要的是拿出行动来。

心智家园每年在春节、中秋等节日都会慰问孤寡老人。2017年春节，她参与了广东地区的慰问活动。其中一位年近60岁的老人让她感慨良多。老人年轻的时候很漂亮，但是50多岁就中风了，儿子不在身边，丈夫也去了国外，只有自己一个人和保姆生活。老人看到心智家园的人到来，忍不住哭了。她看到这个景象，心里想："自己老了会不会也变成这样？自己的苛刻会不会把最亲最爱的人都赶走？"她觉得这位老人的状况为她敲响了警钟——必须改变对女儿的严苛做法。

当她开始改变对孩子的态度之后，孩子也发生了变化，敢出门了，甚至提出到斯里兰卡做志愿服务。从斯里兰卡回来后，女儿对她说，妈妈我要回学校了，我可以再上课了。那一刻，她心里既惊讶，又惊喜。惊讶的是，自己的改变真的带来了孩子的改变；惊喜的是，女儿终于从痛苦中走出来了。

她的一位朋友是精神科医生，一直关注着孩子抑郁的情况。当看到她女儿健康、开朗、阳光的样子时，朋友感到不可思议。

看上去不可思议的事情，其实道理却非常简单。精神的问题来源于人内在的心智，心智一经调整过来，精神的障碍也就不复存在了。

在我经历的个案中，赵先生的抑郁症也是一个很典型的例子。

赵先生被诊断为抑郁症后，医生给他开了三个月的药。他吃完药后就不再忧郁，不再沮丧了，生活开始变得快乐和美好起来。可是，第二年秋天时，他的抑郁症又犯了，每当看到秋天的日落黄昏，他就会变得很沮丧，觉得人生了无希望，于是他又去找医生，医生又给他开三个月的药，他吃完又好了。可一到秋天，抑郁症就会复发……每年的春天、夏天、冬天他都没事，只要一到秋天，他就会抑郁，连续多年都是这种状态。这让他很不理解，难道这药就管一年？每年秋天都要吃药吗？

后来，在朋友的介绍下他找到了我。为了帮他找到真正的病因，我运用"情志疗法"对他进行了引导。原来，赵先生的细胞记忆中有着在更早以前的某个秋天日落时有过死亡、痛苦、绝望的经历。所以，每逢秋天日落黄昏时刻，他就很容易"触景生情"，引发不适。当清除了内在的情绪种子之后，再到秋天时，他不再感到抑郁，也终于不再需要服用药物了。

很多疾病是人的内在所创化的一种现象，心智问题有的是当下形成的细胞记忆所造成的，也有的是更早以前的细胞记忆形成的。心智障碍的清除，情绪的处理也不仅仅是停留在当下，往往要追根溯源，进行多次释放。

在"心转病移"课程中，胡女士因患有抑郁症而无法胜任企业给予的任务，最后失去了工作。

我问："在患抑郁症之前，生活中发生过什么令你痛心、难过的事情？"她马上低头哭了，然后告诉大家："我的母亲去世了。"我问："你最想对母亲说什么？"她说："对不起妈妈！"随后大声地哭起来。看得出来，她对母亲有着深深的内疚和无法表达的压抑。

心情平复后，她告诉大家，自己性格执拗，从小与母亲较劲不和。母亲让自己做什么事情时，一定伴随着批评。她人生中几乎没有得到过母亲的鼓励和表扬，所以从小叛逆。23岁时，她与同班男同学交朋友，母亲不但不同意，还当众羞辱了她的男朋友，让她无地自容。后来，母亲给她介绍了几次男朋友，她都拒绝了，也由此与母亲更加交恶。她喜欢的，母亲都反对；母亲看上的，她都不见。她直到36岁才嫁给了一位有孩子、年龄与父母同岁的男士，生了孩子两年后却又因感情不和而离婚了。其实她也知道，母亲去世前一再为她的婚姻担忧，也后悔对她太多的控制——其实母亲从小生活压力大，与她父亲的婚姻出现了问题，所以没有给胡女士更多关怀，对她的管控也是自己对前途的担忧和爱她的表现形式。可是，因为关系僵持，母女一直没有机会交流这些感受。

母亲去世时，胡女士恰巧在外地，没能守候着母亲做最后的道别。回想这些经历，胡女士内心非常悔恨、自责。对自己之前所做的——无论是在母亲病床前没有好好尽孝，还是在过往的生活中与母亲较劲，甚至嫁了母亲很不愿意接受的丈夫，她都无法原谅和接受自己的做法。而且母亲去世后，除了孩子和一个生活在其他城市的哥哥外，她再没有其他亲人，所以内心常常充满着悔恨与孤独。回味自己的人生，每每黯然落泪，无法释怀。逐渐的，她患上了抑郁症。

课堂上，我运用"情志疗法"帮助她再次回到与母亲离别的时间点，对母亲说出了当时的难过和遗憾，还有这一生对母亲的怨恨、委屈等情绪。这些情绪释放后，她的脸色变红润了，不再是低头委屈的状态，说话声也大了很多。两个月后，她再次出现在课堂时，穿着鲜艳的服饰，笑声朗朗，走路时步伐坚定自如，再也不是抑郁症的样子了。

抑郁症是长期压抑后的崩溃。病人的内心中一定有着强烈的情绪刺激，有着强烈的不能接受的现实痛苦，于是形成对自我的关闭，成为"保护态"。所以，调理抑郁症的关键是让患者由"保护态"转变为"生长态"，引导患者从新的角度认识生命、认识生活，重新找到生命的意义与价值，最终完成对患者心智的改造与重塑，从而摆脱抑郁症的困扰。

抑郁症在现代社会越来越普遍，是一种令人痛苦又不知所措的精神疾病。心理辅导能够起到一定的安慰舒缓作用，但是，要想从根本上摆脱抑郁症的困扰，还是要回到原点，运用"情志疗法"释放压抑的情绪。

第九章

缺乏安全感为什么容易造成弓形背？

有些人在生活中缺乏安全感，总是担心自己会受到外来的攻击，因此整天忧心忡忡，处于恐惧和害怕的情绪之中。这种害怕和恐惧的情绪积累就有可能导致背部弓形，这是为什么呢？

一、背部症状与情绪的关系

现代心理学认为，情绪是指伴随着认知和意识过程产生的对外界事物的态度，是对客观事物和主体需求之间关系的反应，是以个体的愿望和需要为中介的一种心理活动。情绪包含情绪体验、情绪行为、情绪唤醒和对刺激物的认知等成分。

人们在过往经历中所产生的情绪，会像种子一样存储在细胞记忆中，而人们的生活、行为、习性，以及在生活中所发生的种种问题，包括身体的疾病，许多都是由细胞记忆存储的情绪而主导的。人的心智会依据内在的情绪衍生出相应的疾病。知名的癌症肿瘤专家雷久南博士在医治病人的过程中发现，疾病的治愈如果仅仅依靠对身体的治疗是不够的，是治标不治本，必须同时从内在着手，化解情绪，才能彻底清除病因。

情绪虽然看似真实，却不是人的身体与生俱来的一部分，也不是某个人或某种外力强加在我们身上的，而是某些特定的因缘聚合在一起的时候才产生的。

2018年，我在山东日照与做健康管理的朋友进行交流。会场上，我注意到一位四十多岁的女士，佝偻着身体坐在马扎上，低着头，很艰难的样子。

经过询问，我得知她平时主要是借助一部小推车，双手扶车才能走动。而且，这样驼背已经有三十年了——从开始比较严重的低头，到后来脊柱变成弓形，现在只能佝偻着，连说话也是有气无力。

接着，我问她小时候家里遇到过什么重大灾难。听到我的问题，她坐在小马扎上，佝偻着身体，使劲仰起头看着我。我蹲下来对她说："虽然那些经历过去很久，但是你的记忆还在，那些害怕、委屈还在，说出来会舒服很多，你的身体也会因此而好转。"她低下了头，陷入沉思。过了一会儿，我继续对她说："当时你很小，想到那个事情是什么感受？"她声音微弱地说道："害怕，恐惧。"我让她重复这句压在心中几十年的话。她的声音由弱变大，随之情绪不断升高，两分钟以后变得非常激烈。

原来，她的父亲因无法忍受当时生活的煎熬，选择在家中自杀。母亲简单安葬了父亲，一周后也喝农药身亡。她小小的年龄就承受了巨大的灾难，还要担负起照顾5岁妹妹的责任。随后，她们被赶出家门，她只能拉着妹妹沿街乞讨，从小让人看不起，也很自责照顾不好妹妹，担心生活中的动荡，面临随时可能出现的恐惧。而正是这种害怕和担心，导致了她脊柱弓形。

多年来，不论是在"生命智慧"还是"心转病移"的课堂上或个案处理中，我都会从当下的情绪入手，找到造成烦恼的情绪种子，也就是早年类似的情绪感受。这个情绪一旦得到有效释放、清除和化解，人也就不会再执着于自己当时的思想，一旦认知改变、思想改变，行为也就随之改变，身体的痛苦也会减轻或消失，人的生活与命运也能够得以提升。

身体的状况是人们内在的呈现。一个人内心喜悦，就会表现为眉头上扬，面带微笑，走路轻松、仰头挺胸、甚至趾高气扬；一个人内心纠结、痛苦，就会眉头紧锁，低头不语，步履沉重。人在喜悦开心的时候，喜欢穿亮丽服装用心打扮自己；悲伤的时候，喜欢穿深色衣服。在多年研究中，我发现一个人的整个脊椎如弓形，常常能够说明这个人容易委屈，缺乏安全感，或内在的愤怒、生气没有得到释怀，脾、胃、肾容易出现问题。就如人们遇到攻击或恐惧时就会蜷缩身体，积蓄能量准备反击或逃离。动物也是如此，当遇到危险时都是弓起脊背，准备随时发起攻击。

日照的那位女士就是长期处于缺乏安全感和自卑、担心、害怕的情绪中，导致了脊椎弓形，不便于行。可以想象，恐惧害怕的情绪给她带来了多大的痛苦。

另外，有些人的大椎穴处有厚重隆起（俗称"富贵包"），这表示积压着愤怒、恐惧、要求完美、不能低头、认输、较劲等情绪，容易引发甲亢、高血压等疾病；腰腹部赘肉，肩胛区厚重，腿细，表明委屈、抱怨、防备心强，内分泌容易失调；腰椎板硬，主要受恐惧、烦躁、焦虑等情绪影响，易产生无力感、无奈感，会引发抑郁症、焦虑症、肾虚、肾炎、腰椎间盘突出、宫寒、膝盖痛、失眠、男性功能等问题；后背肩胛之间隆起、板结，说明有压抑、焦虑、委屈、抱怨等情绪，容易引发胃病、消化系统疾病。

二、背部弓形的"情志疗法"调理

日照的那位女士通过"情志疗法"的技术引导，经过四十多分钟的情绪释放，终于释怀了那些委屈、恐惧、压抑、痛苦、寄人篱下、被人欺辱的情绪。随后，我继续用舒缓能量淤堵的调理手法，经过三十多分钟的调理，她已经可以在会场上直立行走了。她眼含热泪，拿起话筒告诉大家，自己很多年没有这样身心轻松了。她为大家唱了一首歌，表达对身体向好的喜悦之情。

活动结束后，我问她，再想到那些不堪回首的往事有什么感受？她想了想说："都过去了。以前不堪回首，现在可以回想那段历史，并且不再有当时的担心、恐惧、害怕和愤怒了。"

人的情绪压抑会使身体扭曲变形，情绪的释放也能够重新还身体以舒展。心转则病移。这样的经历虽然是个别的，但是从这个过程中，我们可以看到思想、情绪和身体疾病的关系。当情绪得到释放，思想随之转变，身体也会逐渐好转，生活也将改变。

新时代健康大师赛斯一度强调：如果只是时间因素并不会令人衰老。人之所以会变老，是因为人的心智停止了成长。我们知道，医学上有一种疾病被称为"精神性侏儒症"，这是一种很特殊的疾病，一般发生在受到重度虐待的儿童身上。由于长期生活在缺乏关爱的环境里，他们内在的负面情绪在越积越多的情况下就会抑制生长激素的分泌，最终导致身高不再增长。

按照医学理论来讲，孩子的生长激素应当按照DNA上的遗传基因正常分泌，但是，由于这些孩子的内在设定了"自己是不被关爱的小孩"的程序，这种内在的力量竟然超越了传统基因的力量，最终打破了人体的平衡，改变了人体的结构，使其身高不再成长。这也就意味着，当人害怕自己生病或者预期自己一定会生病时，这种信念完全有能力产生超越人体循环或传统基因的力量，从而打破人体的平衡或造成基因的转变，让人真的生病。

由此可见，人内在的思想和信念对人身心健康来讲是多么重要。从医学角度来看，人的皮肤差不多每个月换新一次，胃壁每五天转化一次，肝脏每隔六个月就会全部更新，骨骼每三个月就会重新生成一副新的骨骼。医学研究认为，人体的完全更新需要七年。也就是说，每过七年，人就会拥有一个全新的身体。这也就是在告诉我们，人体不是一部僵化的机器，而是处在不断变化之中的思想的载体。

我在"生命智慧"课程中解读十二个规律"思想决定论"中谈到：物质的形成源自于思想，当思想改变时，物质也会改变。当对一个思想的执着不断地延续，就会形成物质表现的循环——想法是"因"，循环是"果"。当与思想相应的物质毁灭，为了延续原来想法的存在，思想就必须再次创造相似的物质存在，来证明自己的存在，如此周而复始形成了生命循环。

情绪不是与生俱来的，是我们自己生成的、唤起的。事实上，情绪即是痛苦。无论是直接还是间接的情绪，往往都生起于自私，也就是说，都与执着于自我有关。情绪会导致身体和心理的反应，会破坏人的脏腑，脏腑的损伤又影响着思想的形成，进而影响人的行为，左右着结果，形成了"命运"。

当一个受到委屈、紧张、恐惧、担惊害怕时身体就会形成紧缩的保护态。

有什么样的思想就会有什么样的身体反应，反过了也是如此，一个人的身体状况也就是内在思想的投射。

我遇到过不少人后背拱形犹如"锅盖"，这样的人通常过往经历中有压抑、委屈、恐惧等情绪，身体选择了蜷缩的样子来自我保护。在"心转病移"的课程上，43岁的吕先生就是如此。当我问他小时候与父亲的关系时，他看上去十分难过。当我用"情志疗法"唤醒他曾经的记忆时，他能够想到的都是父亲对自己的严格要求，甚至可以说是严酷。在他的记忆中，父亲从没有赞扬过他，无论做什么都是不停地打击他，即使有一次他得了全班第一名，兴高采烈地回家向父亲报喜时，还是被父亲冷言嘲笑："有本事你每次都考第一。"吕先生虽然习惯了一次次的打击，但是那一次心里还是难过气愤到了极点，觉得父亲的这种挫折教育让自己完全无法接受，自己太渴望鼓励和认同了。

为了让他能够了解父亲这种教育方式的原因，我用情志疗法让他看到了父亲早年的经历。他的父亲是一位厂长，工作非常认真努力，但是工厂不幸发生了事故，他所有的努力都变成了泡影，自己也成为"阶下囚"。自此以后，父亲做事就日趋小心谨慎，对自己的孩子也格外严苛。

吕先生理解了父亲的经历，放下了对父亲的怨恨，自己的身体也开始感受到温暖，变得放松很多。在不断地打嗝中，吕先生排出了很多怨气，后背原来明显的"锅盖"看上去小了很多，脸上也有了笑容。

细胞记忆中存储的情绪越多，人再次有了相同或相似感觉时反应也就会越大。很多人有暴力行为或倾向、自杀行为等，大多是与早年的经历在细胞记忆中所存储的情绪有直接的关系——只要条件符合，就会产生前面经历中的反应，并创造不良的结果，对社会的和谐与安定，对家庭的和睦幸福，对亲朋好友的影响都是巨大的。每个人的背后都有着无数与之相关的个体链接，看似只是一个人或一环出现问题，其实直接和间接造成的影响往往比当事人更大。

在要求别人做某件事时，若对方没有达到自己的要求，人们通常第一次还会和颜悦色地提醒或指点；当对方多次被提醒后依然没有达到自己的要求时，人们难免就会生气甚至勃然大怒。我们常会看到一些人因为某件小事而大发雷霆，其实，导致生气发怒的并不一定是当下的这件小事，可能是此前有过很多类似的情绪，累积存储在心智中，形成了一种生命的程序。

每经历一次类似或相同的情境或事件，"程序"都会被再次强化，情绪的作用力就会更大，产生的结果和伤害也会更加严重。一些人抱怨、发怒、生气、绝望、自杀、对他人的无端伤害等，都是内心存储着与此类事件有关的情绪作用的结果。

许多人在婚姻、事业、人际关系、财富、健康等方面苦苦追求，百般努力却无结果，甚至落得满身心的烦恼伤痛。殊不知，问题的根源在于自己生活在一个由自己过往经历所创化的程序中。我们的人生经历所产生的情绪会随时随地地编制到生命程序中，自动储存和运行。除了人、事、物、时间、地点有所不同，同样感觉的事件总在不断发生，相同的结果总在重复，相同或类似的烦恼与痛苦总是如影相随。

实验研究证实，人在生气时，体内的免疫细胞活性会下降，人体抵御病毒侵害的能力减弱，因此容易受到病毒的侵害，导致疾病；人在情绪不好时，体内还会分泌出一种毒性的荷尔蒙，对人体产生不利的影响，使人容易患上慢性病甚至癌症。

人在喜、怒、哀、忧、惊、恐、思中经历着生、老、病、死。从人出生的第一声哭喊，到临终时的最后一丝气息，情绪就像身体的血液一样，贯穿于人的每个部位和细胞。当血液新鲜和正常时，人就会有一个健康和有活力的身体；当血液浑浊或出现有害物质时，人就会有不适的症状和反应；血液浑浊长久或有害物质积聚到一定程度时，就会形成病变，导致细胞组织的破坏和死亡，人就会生病或死亡。所以，人们去医院看病或正常体检时，常常先要对血液进行化验，通过对血液物理变化的指标来判断身体的疾病程度。

人的情绪活动是以气血作为物质基础的，而身体则是气与血状态的表现体。当人感到害羞时脸会变红，害怕时脸会变白。情绪活动所导致的这种变化，东方文化称之为"气"，西方称之为"能量"，其实本质相同，只是所用的表达词汇不同罢了。

这些年，我看到越来越多的人患有"富贵病"，在大椎穴的位置出现隆起的"富贵包"。大椎穴好比人体经络气血通行的十字路口，有承上启下的作用。如果大椎穴不通，会堵塞六阳经和督脉，气血不能上行于头部，从而引起头晕、头痛、失眠、健忘等现象。

我所接触到的几十位"富贵包"患者，她们都有一个共同的情绪特征，对领导或者父母、婆婆等有较多的不满情绪，不愿低头，不愿顺从。比如41岁的郭女士，她经常会头晕，"富贵包"十分明显。当我问起这些年和谁总是较劲，不能也不愿意低头时，她马上回答是母亲。母亲对她的管教她就是不服，总是和母亲较劲。

人的身体忠实地反映着内在的思想，当她不愿对母亲低头认错、不停地和母亲较劲时，身体就容易出现"富贵包"的现象。在"心转病移"二阶课程中，我结合情绪的处理，运用"舒缓能量淤堵的调理手法"，为郭女士进行"富贵包"调理。一方面，找到她不能接受母亲对自己严厉的情绪，通过"情志疗法"进行释放、清除；另一方面，通过手法调理她的肩、手臂肌肉与神经系统。在两种方法相互配合下，她的"富贵包"有了很大缓解，对母亲的怨怒也消失了，能够从新的角度理解母亲对自己的爱。

关于情绪与人的身心健康，中医理论讲得非常透彻，其中就有著名的七情致病学说。人有七情，属于精神活动范畴，包括喜、怒、思、忧、悲、恐、惊等情志情绪的变化。正常的情绪波动一般不会危害人的健康，但强烈的情绪波动或长期情绪消极，可能引起过度的或长期的精神紧张，使人的健康受到影响，容易引发一系列疾病。

人的思想无不受到情绪的影响或左右。二千五百多年前，释迦牟尼在探究人的生、老、病、死，以止息人的痛苦时，找到了答案——情绪是人生最大的苦，是人生痛苦的根源。人不能了解和掌握生命现象的规律，所以产生了贪、嗔、痴思想，以致产生执着于自我的情绪。情绪即是痛苦，走出情绪困扰，才能不给身体带来痛苦，才会有更加幸福的人生。

当今社会，人们的压力比较大，"安全感"这个词成为越来越多人的诉求。

很多人在原生家庭里缺乏安全感的经历，会形成恐惧、害怕、委屈、压抑的情绪，进而演变为身体腰背部的疾病，影响一生。通过有效的情绪处理和对过往经历的重新认知，人们可以改变内在害怕和不安的情绪状态，有效地缓解疾病症状，也能够帮助自己更加从容自在地面对生活。

第十章

肝病与哪些情绪有关？

根据相关报告，我国将近 1.2 亿人是乙肝病毒携带者，其中 3000 万人是乙肝病人。国际癌症研究机构（IARC）资料表明，2018 年，全球肝癌新发人数超过 84 万人，因肝癌导致的死亡人数约为 78 万人。其中，约一半的肝癌新发病例发生在我国。肝癌给我国带来了极为沉重的疾病负担。

著名诗人汪国真因肝癌去世，终年 59 岁；

北京电视台台长王晓东肝癌去世，终年 51 岁；

长春知名主持人王天雷因肝癌去世，终年 44 岁；

重庆电视台知名记者彭坤子因肝癌去世，终年 41 岁；

香港知名演员、主持人沈殿霞因肝癌去世，终年 62 岁；

台湾歌手、演员安钧璨因肝癌去世，终年 32 岁……

是什么导致了中国人如此严重的肝病状况呢？

一、肝病的种类

情绪对机体的作用和影响是全方位的，由内及外，由表及里。《三因极一病证方论·五劳证治》有曰："五劳者，皆用意施为，过伤五脏，使五神（即神、魂、魄、意、志）不宁而为病，故曰五劳。以其尽力谋虑则肝劳，曲运神机则心劳，意外致思则脾劳，预事而忧则肺劳，矜持志节则肾劳。是皆不量禀赋，临事过差，遂伤五脏。"也就是说，情绪对人的伤害会直接伤及人体内的脏腑，而且不同的情绪所刺激和伤害的脏腑器官也会有所不同。

常见的肝部疾病有肝炎、肝硬化和肝癌。肝炎有甲型肝炎、乙型肝炎、丙型肝炎等。如果肝炎不能及时治愈或控制，伴随着肝部细胞的持续发炎和死亡，健康的肝脏就会逐渐地被疤痕组织所取代而发展成为肝硬化。而不断加重的肝硬化，就容易发展成肝癌。

二、肝病产生的情绪缘由

为什么这么多人有肝的问题呢？

《灵枢·邪气脏腑病形》有言："若有所大怒，气上而不下，积于胁下，则伤肝。"《素问·举痛论》也说："怒则气逆，甚则呕血。"《素问·阴阳应象大论》中说："暴怒伤阴。"《素问·四时刺逆从论》说："血气上逆，令人善怒。"《灵枢·本神》说："肝气虚则恐，实则怒。"《医医偶录》说："怒气泄，则肝血必大伤；怒气郁，则肝血又暗损。怒者，血之贼也。"历代中医典籍对肝病的归因都落脚到怒气郁结上。

《素问·灵兰秘典论》中，曾这样形象地给各个器官定位："心者，君主之官也，神明出焉。肺者，相傅之官，治节出焉。肝者，将军之官，谋虑出焉。胆者，中正之官，决断出焉。膻中者，臣使之官，喜乐出焉。"其中对于肝的描述是"将军之官，谋虑出焉"。这样，从肝的不同功能中，我们就可以定位出肝病的由来。

肝——"将军之官，谋虑出焉"

将军：统领指挥，指挥别人。如果被别人指挥，就会心有不甘。

肝主谋虑、主疏泄，主生发，主藏血。肝主变化，主筋，怒伤肝，酸入肝，开窍目。

怒伤肝：肝有释放疏泄能力。定位是当肝受到压抑不能释放，产生窝囊、委屈、冤枉等情绪会伤肝。

酸入肝："酸"的情绪伤肝及全身脏腑功能。伤感、艰难、辛酸、担心、害怕、后悔、无奈、可怜、可恨等消极心理，能在身体里生出大量酸性物质（乳酸），造成血黏稠、血脂高、血流缓慢、血管硬化、血压高等症状。

由此可见，**患肝部疾病的人大多都有着相对来说受到压抑的个性，有很多时候把心事藏在心里，不想告诉别人，或者觉得告诉别人也不起作用，只会增加对方的负担。**过度的压抑积累到一定程度，结果只能是"不在沉默中死去，就在沉默中爆发"。压抑不住时就会大怒，严重时甚至会造成失去理智的行为，到最后出现不可弥补的后果。我们所有人在生活中都曾经有过生气、发脾气的现象，自己也清楚地知道"生气是魔鬼"，但就是在事情发生时难以克制自己。特别是当生气或发脾气后，自己仔细回想一下，为了当时那点事情、那句话，实在是不值得。

喝酒伤肝是大多数人的共识。但如果是开心地喝酒，犹如内蒙古草原上边喝边唱，喝酒是快乐喜庆之事，那就不会过多影响肝脏；可如果是喝闷酒，借酒消愁，那就会对肝有很大损伤。

我的一位同学是教授，长得一表人才。他的父母都是老师，从小对他的教育格外注重待人接物的礼仪，因此他也非常大方得体。然而，同学的孩子出生后，妻子患上了产后抑郁症，脾气变得越来越大，对他的不满越来越多。

有一次，妻子听到一位女同事给他打电话，心情变得十分恶劣，开始不依不饶地追问，并且大发脾气。同学认为妻子小题大做，不愿意与她辩解，选择了自己默默忍受。大家聚会时，即使妻子当众责怪他，一点儿面子也不给，他也是选择把委屈都压抑在心底，从来不表现出生气或愤怒的情绪。更因为他恪守父母对自己的教诲，所以从来没有跟任何人讲过这些事情，对待每个人都是彬彬有礼。没想到，同学在52岁的时候患上了肝癌。

一天，我和他聊起来，问他有什么让他很委屈的事情时，他马上想到了妻子对他的冤枉和无端的谩骂，委屈地哭了很久。

知道这个情况后，我与他的妻子进行了一次深入沟通。她十分后悔与自责，认识到自己多年以来从没有考虑过他的感受，一直因为他的善良与忠厚而觉得自己可以随意发泄，释放情绪。特别是自己总是当着孩子或者别人的面对他发脾气，甚至在他的父母面前埋怨他。

现在她才意识到，他的忍让、不说话，其实都是对情绪的压抑和对生命的压制。同学身上那些本来可以用来好好生活的生命能量，却被用来对抗妻子施加的一次次情绪压力。他好好的身体，在长年累月的能量消耗中，终于垮了。了解到这一切，他的妻子追悔莫及。

在生活中，我们经常看到这样的夫妻：丈夫讲道理、细致严谨，妻子快人快语、开朗豁达。通常都是前者的身体容易出现问题。这很大程度上就是因为过多的压抑，缺乏情绪释放的认知与方法。

显然，这位同学就是情绪长期受到压抑而导致了肝病。如果他的妻子与他心平气和地沟通，或者他主动与妻子沟通，及时化解和释放情绪，也许就是另一番光景。

部分肝部病症与情绪的对应关系归纳如下：

第一，在生活中遇到窝囊、委屈、冤枉的事情不能释怀，并由此产生恐惧、愤怒、怨恨等情绪；

第二，认为自己有能力但没能够发挥出来，或者认为自己能力强却不被重用，从而产生压抑、愤怒等情绪；

第三，小时候看到、听到父母争吵、打架、离异，或者被父母指责、打骂时希望得到支持、关爱、帮助却没有得到满足的情绪；父母不能够正确与孩子沟通、压抑孩子、不尊重孩子、不能听孩子表达内心的想法，导致孩子感觉被侮辱、贬低，或因身体受到伤害形成愤怒、委屈、焦虑、自责、压抑等情绪。

三、肝病的"情志疗法"调理

一位很成功的企业家，不幸在 53 岁时患上了肝癌。他来咨询时满脸通红，脖子上青筋凸起，额头上有明显的川字纹，一副雄赳赳气昂昂的样子，但右手捂着肝的位置，让人能感觉到他对痛苦的压抑。

我问他："最近遇到什么事情让你很不开心？"他说："我的副手带着几个人辞职了，他们用在我这里学到的技术开了家新公司，而且把我公司的客户带走了。我过去对他们这么好，在他们最困难的时候帮助他们……"说着说着，他已经怒气满面，愤恨至极。

我接着问他在更早以前还有什么愤怒与生气的事情。他马上想到，39 岁时，他借钱办了一家公司，却被一个朋友骗了，最后血本无归，还欠了很多债。在讲述这件事情时，他的情绪再一次涌了上来。

等到他的情绪平稳后，我继续问他更早以前还有什么愤怒与生气的事情——就这样，我又找到了他的第三个情绪点——6 岁时，他的父亲向朋友借钱做皮毛生意，可买回来的皮毛却发现是次品，好好的生意变成了亏本买卖。当时村里很多人借了钱给父亲，春节时都到家里来讨债。父亲和他们发生了口角，那些人就抄起东西打他的父亲和母亲。年幼的他看到这一幕非常愤怒，心里充满了仇恨。于是我用"情志疗法"的技术给他进行情绪释放。

经过一个小时的"情志疗法"后，他的脸色好了很多。那些久远的经历，看似已经过去了很多年，其实都储存在我们的细胞记忆中。日后遇到类似的感受就会不断重复循环，负面情绪就会一直攻击身体，进而出现病理反应。我坦诚地告诉他："如果你还是像过去一样动不动就生气，不愿意接受、不能够原谅，这些情绪就会一直影响你的肝脏，造成持久的伤害和作用。"

经过情绪处理后，他逐渐理解了这些道理，从刚来时一脸严肃的样子，开始放松下来，回想起自己一些开心的经历，脸上的笑容渐渐多了起来。我再问他肝脏是否还很难受，他告诉我舒服多了，感觉一些积累的怨气排出去了。之后，他又进行了两次调理，肝脏的症状明显好转。

不论是外在的怒气，还是内在的压抑委屈，这些情绪最终都会反映在我们的身体上。 释放自己内在的压抑，既是对自己生命的尊重与爱护，也是社会进步的一种需要。

不少慢性肝炎患者都有着无法对家人言表的无奈、烦闷的情绪，由于内心无法释怀，郁结难当，于是导致了肝病。 这也跟中国的传统有关。中国人通常都有较为强烈的家族观念，特别是男性，不仅要承担养家糊口的责任，更是要背负家族的期待，对自己也抱有很大希望。在如此大的压力之下，男性通常都会努力打拼，甚至加班熬夜，希望获得成就，获得家庭、家族和朋友的认可。可是，当所承受的压力超过肝脏所能够承担的负荷时，或是在追求实现更高价值获得认可的过程中遭遇挫折时，肝脏就会因不断消耗而逐渐发生病变。

因此，面对肝炎病人，除了用传统的手术、药物治疗等手段帮助病人缓解病痛外，更应该深入病人的内心，研究到底是什么情绪导致了病人现在的状况——到底是工作压力太大无法承受？还是对自己的要求太高难以实现？还是为了家庭过上更好的生活？

在调理肝部疾病的过程中，应该先为患者做心理疏导，帮助患者释放心中的压抑、愤怒、内疚、焦虑等情绪，提升自身免疫力，让其减少或者不再受到情绪的困扰，有助于提高效果。

在对情绪理论十多年来的研究和个案处理中，我十分清楚地看到，每个人都有需要得到宣泄的怒气。很多人以为事情都过去很多年，自己早就忘记了，甚至因记忆久远也一时不容易想起，可是当我采用"情志疗法"时，当事人会发现，那些尘封在岁月中的往事仍然历历在目，仍然能让自己或愤怒生气，或伤心委屈，甚至歇斯底里。当这些压抑多年的情绪一经释放后，当事人再回想起以前的场景，就不再有之前的情绪了，而是以旁观者的心态来面对，心境平和了许多。

那些看似微不足道的事情，或者难以忘怀的经历，最终导致的结果和产生的影响却可能巨大且深远。面对肝病，一方面，我们可采取情志疗法积极调理；另一方面，我们平时也要注意调整自己的情绪，以防范风险治"未病"。

第十一章
失眠多梦与情绪有何对应关系？

每年 3 月 21 日是世界睡眠日，根据中国睡眠研究会发布的《2017 中国青年睡眠现状报告》，有 24.6% 的居民在睡觉这件事情上"不及格"，高达 94.1% 的人睡眠质量与良好水平存在差距。本次调查范围纳入了 10 岁至 45 岁的人群，共调查了近 6 万人。从整体的睡眠状况来看，76% 的受访者表示入睡困难，其中超过 13% 的人甚至感觉处在痛苦状态，只有 24% 的受访者表示睡眠整体状况不错，而只有 11.2% 的人能"一觉到天亮"。可见，失眠已经成为困扰很多人日常生活的一个重要问题。那么，到底是什么导致了失眠？怎样才能解决失眠问题呢？

一、失眠的症状与原因

失眠是患者因睡眠时间不足或质量不好，影响白天社会功能的一种主观体验。西医确认失眠的临床表现为：

①睡眠潜入期：入睡时间超过 30 分钟；

②睡眠维持：夜间觉醒次数超过 2 次或凌晨早醒；

③睡眠质量：多噩梦；

④总的睡眠时间少于 6 小时；

⑤日间残留效应：次晨感到头昏，精神不振，嗜睡，乏力等。

中医认为，失眠是由于情志所伤、肝气郁结、心火偏亢、气滞血瘀、痰火内扰、胃气不和等，导致脏腑气机升降失调，阴阳不循其道，阳气不得入于阴。气血不足导致虚火上浮、脏腑功能紊乱、邪气阻滞、气血阴阳平衡失调、心肾二脏水火不能互济、阴阳失交而引至神志不宁，是发生失眠的基本病理原因。

我通过对大量个案的研究发现，除了生理的原因外，失眠还与思想有关。人的思想中有想不开的情结时，就很容易越想越想不开，越想不开越睡不着，于是辗转反侧，夜不能寐。

通常，引起失眠的情绪原因有如下几个方面：

第一，遇到事情想不开、想不明白。遇到不顺利的事情，认为是别人给自己所造成的，想有好的结果，但总是事与愿违；

第二，对自己做的事不认可，怀疑自己做的事会对别人造成伤害或影响；

第三，做了不该做的事，怕被人知道、被人发现、怕有不好的结果；

第四，对心爱、心仪、想得到的人、事、物产生的想法、思念、担心、害怕、恐惧、怀疑、嫉妒、愤恨、恼怒、失落的情绪。

俗话说：日有所思，夜有所"想"。人们对白天想不通、想不明白的事情，到晚上还会持续式地继续想，如果总是想不完、想不开，就会形成忧思，为思所困，以致胡思乱想。最终，思虑过重，造成失眠。

二、失眠的"情志疗法"调理

"解铃还需系铃人。"既然失眠常常是由人的想法造成的，那么我们就应该从"想"入手调理失眠,而不是单纯地改变我们的身体——那样的话,就是本末倒置,缘木求鱼。

2016年夏天,为了调理女儿的失眠,人到中年的张女士专程从内蒙古来到北京。

张女士的女儿14岁,就读于一所条件很好的中学。然而,自从开学分班后,女儿就开始出现失眠的状况。以前每晚十点半女儿就会准时入睡,分班后,张女士发现,女儿早上起来时的眼圈发暗,还不断打着哈欠,好似一夜无眠。女儿几乎每天上学都是无精打采的。

以前女儿放学回家总是欢声笑语的,如今却没有一点精神。到医院检查后,医生告知女儿患上了失眠症。张女士很心酸,不知道怎么办才好。几个月下来,中药、西药试过不少,可女儿的情况仍不见好转。特别是服用安眠药后,女儿晚上是睡着了,可白天上学还是无法专心学习,甚至有几次居然趴在课桌上睡着了。为此,老师还找了两次家长。以前女儿的学习成绩在班里名列前茅,现在却直线下降。最让张女士心焦的是,尝试了无数的方法,可女儿的精神状况还是不见改善。

从张女士的介绍中我认为,她女儿的内心中一定有着一个"心结",让她一直挂碍。因为心智会依据思想引导身体进行反应,心有挂碍就会形成越想越想不开、想不通、想不明白的情绪,甚至有的人还会从联想到产生幻想,会将很简单的事情想得极为复杂,甚至恐惧害怕。我将这些规律告诉张女士并教导她如何引导孩子述说心中隐藏的事情。张女士明白后,连夜坐火车赶回了内蒙古。

第四天早上,张女士打来电话,兴高采烈地告诉我:"女儿前天和昨天都没有失眠,晚上十一点入睡,早上六点半醒。她没有吃任何药,每天都很有精神,她的失眠真的好了!"

接着她讲述了自己按照我教给她的方法去做的过程。

回家后,张女士对自己这几个月为女儿事情着急的心情忏悔,让自己的情绪恢复平静。吃过晚饭后,她削好了苹果拿到女儿的房间,放了一首我送她的轻音乐，就和女儿聊起了家常。张女士说起了自己结婚前曾经隐瞒的一件事，并告诉女儿：人人都会犯错，只要面对，就可以得到原谅和宽恕。慢慢的，在她的引导下，女儿也说出了压在心里几个月的秘密。

原来，女儿对原班级里的一个男同学很有好感，但分班后两个人就不在同一个班了。女儿很喜欢那个男生，却又不知道该怎么表达，就写了一封信，在分班时交给了那个男生。可是过了几天，那个男生却没有任何反应和回应。女儿很后悔，几次想找男生要回那封信，可男生每次见到她就跑，也不跟她说话，这让女儿感到无奈、难过和失落。她很担心男生将那封信公开，更怕别人笑她单相思。为此，女儿夜不能寐，不断幻想着未来的各种结果，心中充满各种的后悔和对未来的不安——自己的单相思让人抓住了把柄，对于一个14岁的少女来讲，人生遇到这种事情却没有人可以诉说，失眠也就成了顺理成章的事。

了解了女儿的这个心结后，张女士告诉女儿：不论遇到任何事情，都要正确面对。在母亲的建议和支持下，女儿主动找了那个男生，在学校的操场上进行了沟通。女儿告诉了男生自己对他曾经的好感，以及这几个月以来因为给他写的那封信而茶饭不思，还患上了失眠症。交流之下才知道，原来男生也很腼腆，收到那封信后不知所措，再加上学校明确禁止谈恋爱，所以每次一见到张女士的女儿就马上逃跑和回避。

在友好沟通的过程中，双方从开始的不自然、尴尬，到有说有笑，最终雨过天晴。双方都为自己的行为向对方道歉，都觉得学习是现阶段最重要的事情，大家要在学习上相互鼓励加油。第二天，男生把信还给了女儿。从那以后，女儿就不再失眠了，睡眠恢复了往日的香甜。

失眠属于精神思想的范畴。日本禅师梦窗疏石有偈："眼内有尘三界窄，心头无事一床宽。"当我们不再执着于结果的表象，能够透过现象直达事物的本源时，就能够从中找到失眠的原因，并将它化解和清除，从而获得优质的睡眠。

《心经》有云："心无挂碍，无挂碍故，无有恐怖，远离颠倒梦想，究竟涅槃。"当我们不再心生恐怖，当我们远离胡思乱想时，就能够圆满无碍。所以面对失眠的人，我们不是一味地劝慰别人想开一点、多往好处想，而应该帮助他人找到内在的负荷。这样才能够真正地解决问题，真正地帮助他人做到"心无挂碍"。

2017年，我在迪拜访问交流时，一位54岁的中年男士说他常年失眠，多方求医，甚至多次前往德国看病，但医生给出的建议都大同小异，让他服用安眠药。即使如此，他还是常常晚上不能入睡，只能不断增加安眠药的药量。在接下来的询问中，我明白了他失眠的根本原因。

我问："你失眠多长时间了？"

他说："6年了。"

我问："失眠前的一个月里，你的生活中发生了什么令你难过或者放不下的事情？"

他想了想说："我的孩子出了车祸。"

我问："孩子出车祸时你在哪里？是不是一个晚上？"

他说："当时我在家里，大概是晚上十一点左右。我接到电话，说儿子开车在高速公路上因为疲劳驾驶，发生了追尾。"

我问："听到这个消息，你当时有什么情绪？"

他开始哽咽："我很难过。我为了第二天能够早点把事情处理完，所以才催促儿子连夜开车赶回来。其实他白天工作很忙很累，我不应该催他，我很后悔。"

我用"情志疗法"的技术，让他"面对儿子"说出了自己的愧疚、悔恨、思念以及父亲对孩子的爱。他滔滔不绝地说了很久，还用手势在不断地忏悔。

把他当时所积压的情绪处理完之后，我问他："现在想到孩子出车祸的事情有什么感受？"

他说："没有痛苦难过的感受了，现在可以很平静地接受。"

我问："想到这件事还愧疚吗？"

他想了想回答说："没有了，一切都过去了。"

我问："你现在的身体是什么样的感受？"

他回答："身体很轻松，头部也很放松。"

说到这里，他笑了起来，表示自己很久没有这样轻松的感觉了，现在十分舒服。

第二天，我在与其他人交流时，他笑容满面地走了过来，一副开心的样子。我看到他很奇怪，问他："你昨天说今天要出差，怎么没有去？"他大笑着说："都怪你，昨天给我做完了调理，回家很快就睡着了，也没有像平时那样吃药，而且是一觉睡到了早上九点钟，飞机都起飞了，我也去不成了。"他紧紧握住我的手说："谢谢你，东方的智慧帮我走出了多年的失眠问题。"

一个多月后，我收到他的邮件："简直不可思议，一个情绪释放和调理，我的失眠居然完全好了，原来我想的是可能当时好一会，过一段时间还会反复，但现在观察一个月还是好好的，不吃药，也没有失眠，太感谢你了，感恩！"

越是严重的失眠，背后就有着越强烈的情绪。 单纯的自我疏导，很难从这种情绪中走出来，很难彻底想明白。通过情志疗法的处理，能够帮助人更加清楚地看到自己的情绪，处理自己内心的愧疚、委屈或者不满，进而改变过往的执着，头脑自然也就变得清明了。

失眠在很多人看来是小事，其实小事不小。它给人带来很多影响，如烦躁、精神不振、郁郁寡欢等问题。但是只要我们找到失眠的情绪根源，通过情志疗法释放情绪，就能够较为有效地解决失眠问题，提高睡眠质量，保证身体健康和心情愉快。

第十二章

为什么爱较劲的人易患脑血栓？

提到中风大家都不陌生，据报道，我国每年发生脑中风的人数高达200万人。很多上了岁数的人容易中风，而中风发作速度较快，前一刻还好好的，后一刻就突然晕倒，不省人事；即便是得到及时救治，很多人也会出现后遗症。

一、脑血栓形成的医学原因

很多中老年人白天好好的，受到刺激后，夜间却突发脑溢血，救治后也会留下后遗症。这种疾病不仅会对患者的身体健康产生严重的影响，更会对患者的家庭造成很大的负担。

医学上通常认为脑血栓的形成有三方面原因：

第一，源于病人生活习惯中的不良行为，如吸烟、酗酒、摄入高脂高糖饮食、缺乏体育运动等。现代医学统计发现，这些行为通常会加重脑血管内的动脉粥样硬化。而动脉粥样硬化的斑块会使血管变得狭窄，加上血管表面粗糙不平，斑块最终会破裂出血，由此激活体内的血液凝固系统形成血栓。

第二，根据血流动力学的原理，当人的血压下降时就会使血流的速度减慢，由此，血液中的某些成分就会沉淀在血管壁上形成血栓。

第三，当人体的脂质过多、脱水、纤维蛋白原增多时，人体的血液黏稠度就会过大，血液中的血小板就会聚集形成脑血栓。

所以一般认为，有家族病史，特别是父母和祖父母都患有脑血栓的人，或者高血压病人，特别是高血压比较严重的病人，都是易患脑血栓的人群。脑血栓的原因仅仅是这些吗？中风以后除了饮食作息要注意，还有没有其他调理途径？

二、脑血栓形成的情绪因素

如果单从医学观点来看，这些是通过大量临床分析得出的科学结论。但是，这其中却忽略了一个形成脑血栓的重要因素——情绪。

临床实验证明，脑血栓的发病原因与人内在情绪有着密切的关系。

美国心脑血管疾病的医学专家就情绪对脑血栓等心脑血管疾病的影响进行了研究，为此他们还专门做了情绪对脑血栓形成概率的实验。

实验挑选了100位平均年龄在44.6岁的未患有脑血栓的高危人士，又选了100位平均年龄在54岁的脑血栓患者。为了保证实验的准确性，所有人的饮食、作息习惯、用药情况都基本相同。三个月后，工作人员将这200人分成了两组开始跟踪观察。

一组是情绪容易激动、低落、忧愁、烦闷的人，另一组则是情绪比较平和、乐观、开朗的人。经过长期的跟踪对比后，发现结果差异非常明显：之前没有患脑血栓的易发人群中，情绪忧愁低落者患脑血栓的比例是那些性格开朗者的6倍；在已患有脑血栓的人群中，性格开朗乐观者已有80%的患者大都恢复得很好。与之相反的是，那些整天情绪低落的脑血栓患者几乎没有好转。

当然，我们仅凭这次实验无法确切地说情绪对脑血栓的影响究竟有多大。但是，通过这次实验，我们可以清楚地看到，情绪平和、性格乐观对脑血栓患者的康复作用不可小觑！

我们用心观察就会发现，现实生活中，脑血栓患者一般具备四大特点：第一，爱较劲；第二，自己有一定的能力却没有得到重用；第三，易怒，易激动；第四，别人在自己眼中缺点多，优点少。

我的母亲一次生气后倒地，送到医院后诊断为脑血栓，从生病到去世只有短短的九年时间。她就是对生活中的一些事情看不惯，爱较劲。她是一个有能力的人，但总觉得不得志。古人称此病为"痴病"。"痴"，病字旁加个知识的"知"。患这种病的人很多都是有一定知识和能力，而且自恃才高，看不上别人。其实这也是一种平衡，是自然界的规律。看不起别人、爱较劲，那么有多少"知"，就有多少"痴"。

实际上，生活中很多事都是平衡的结果。平衡讲的是不过分，不走向任何一个极端。在平衡状态下，我们的身体才能够平和地运转。一旦出现情绪波动，身体就会通过自己的语言向我们的思想发出信号，告诉我们需要矫正自己的想法和态度。**身体的语言往往就是疾病——它通过疾病来外化我们内在看不见的思想，让我们正视自己的内在，平衡自己的心态。**

我有一个同学是老师，很有能力，但特别容易激动，一看到学生做错了题，就会对学生嚷。结果，这位同学在四十多岁的时候，有一次对学生动怒时突发脑血栓，瘫痪在床了。如果他能够从自身出发来探讨发病原因，就会明白自己为什么会得脑血栓。

部分脑血栓与情绪的对应关系归纳如下：

第一，爱较劲，爱激动，爱管闲事，看不惯别人，为了一些事情耿耿于怀，每每想起就会愤怒、生气；

第二，总认为自己的观点对，看不上比自己年轻或自认为没有自己有能力的领导，在家或者在单位做了心不甘情不愿的事情，心里不服也不愿意做；

第三，自己有本事，也很能干，也爱逞强；对别人不服气；在社会、单位、家庭中都想表现自己。

三、脑血栓病的"情志疗法"调理

2016年我在广州进行公益讲座时，46岁的张先生被人搀扶着来到讲台上，告诉我他患脑血栓 5 年了，平时都是靠轮椅代步。我看到他的左手紧握成拳像是随时要与别人战斗的样子，人的外在表现都是内在情绪的反应，这样的状况表示他的内心曾经遇到令自己极为愤怒的事情，感觉下一秒就要用拳头出击对方。

我问他，五年前你的生活中出现了什么令你愤怒、生气的事情，至今让你难以释怀？他想了想就开始讲述。十多年前，他在一家很有名的外企担任中方经理。当时喜欢上一位美丽贤惠的来自云南的白女士，他花了很多精力说服她到广州公司工作，并帮助白女士办理了广州户口。本想工作安定后就开始追求白女士，不曾想，董事长却"先下手为强"。每次公司去 K 歌，董事长都要他先买单离场，还经常让他开车送他们一起去吃饭、听音乐。这些都让他难以忍受。更令他愤怒的是，董事长和白女士结婚后又出轨了，而且在企业经营不善时，带着另外一个女人回美国了。

之后两年里，他在国内努力打拼，企业状况开始好转。这时候，董事长又回到中国，给所有人加薪鼓励，唯有对他既不加薪又不鼓励，还批评指责。说到这里，他情绪非常激动。我问他想对董事长说什么，他非常愤怒地大喊道："我要打死他，打死他。"我说你可以加上动作发泄愤怒，于是他紧握右拳头，弯曲右臂，迅速向前出击——看得出来，他对董事长的情绪积压已久。我继续用"情志疗法"让他释放因这件事情而引发的愤怒、生气、委屈的情绪，他也哭得声嘶力竭。对董事长的怨怒与仇恨都在嚎啕大哭中得到了释怀。

当他的这些情绪处理完之后，我问他再次想到这一幕幕的经历有什么感受。他微笑着对我说："都过去了。"我问他想到董事长现在有什么感受。他说："都过去了，没有恨了。"我问他现在是否还想打董事长。他想了想说："不想了，真的过去了。这些年每每想到或是看到美国的报道宣传，或者只要听到美国这个词就会马上出现对美国的憎恨反应，现在没了。"我笑了笑，对他说："既然不恨了，打开你的左手吧。"他迟疑了一下，右手抬起到左手的位置，慢慢地打开了五年来一直紧握着放在胸口的左手，他激动得落下了兴奋的泪水。现场的人看到这个情景也热烈鼓掌。他告诉大家，这五年自己都是紧握拳头，今天是第一次左手可以这样打开，现在整个身体感觉放松了许多。

不难看出，情绪的变化对脑血栓的形成有着很大的影响。较劲等情绪严重地影响着气血的正常运转，容易导致中风，破坏我们的身体健康，降低我们的生活质量。但只要我们了解了情绪与脑血栓疾病的对应关系，并运用情志调理的方法，学会放下，就能够找到治愈脑血栓的可能。放下失落带来的痛楚、放下屈辱留下的仇怨、放下无休止的争吵、放下没完没了的辩解、放下对情感的奢望、放下对金钱的贪欲、放下对虚荣的纠缠……只有当机立断地放下那些次要的、不切实际的东西，世界才能够恢复平静美好的样子。**唯有放得下，才能腾出手来，抓住真正属于自己的快乐和幸福！**

疾病就像是我们在现实生活中看到的大树及其果实一样，长成什么样的大树、结出什么样的果实都是由树种决定的。同理，不同的思想情绪也会生成不同的疾病。我们知道，当我们将树连根拔起时，种子也就不复存在，自然也就不会再长成树并结出果实了，其实，对于疾病的调理也是这个道理。

我们所看到和感受到的疾病就像是树的树叶和果实一样，而人内在的心念就好比是树种，情绪就好比是树干。当我们的身体出现疾病时，我们完全可以从树叶找到树干直到树种，将不良情绪连根拔出。没有了树种和树根的存在，树叶就会枯萎，树干也就不会再生长、开花、结果了。内与外的兼修，心理才会平衡，身体才会健康。

常言道，"退一步海阔天空"。其实，适时地放下是一种人生的哲学，是一种智慧的选择。当我们懂得了"放下"的真意时，也就能够理解"失之东隅，收之桑榆"的妙谛。黄叶离开树干，是为了春天的葱茏；蜡烛放下完美的躯体，才能换来一世的光明；心情放下凡俗的喧嚣，才能拥有一片宁静。"放下"既是一种理性的表现，也是一种豁达的美。

第十三章
为什么亲属关系紧张容易患甲状腺病？

常见的甲状腺疾病有甲状腺功能减退症、甲状腺功能亢进症、甲状腺结节和甲状腺癌等。目前，我国有近两亿甲状腺疾病患者，且近年来发病率呈上升趋势。人体内甲状腺虽然很小，但是肩负着生产与调节身体激素的重要作用。甲状腺出现问题，不单是这个部位的问题，还会影响到整个身体的正常运转。

一、甲状腺疾病与部分情绪的对应关系

有经验的心内专家都知道，有的临床疾病看似是心脏问题，但治疗效果不明显，那问题很可能是出在诊断上——这些患者有可能是甲状腺问题，而且这种情况多出现在女性患者身上。甲状腺机能衰退会导致心脏病，尤其以心力衰竭最为常见，所以经常会被误诊为心脏疾病。甲状腺分泌的甲状腺激素有控制心脏活动的功能，对心脏跳动、血液循环、心脏收缩都能起到调节作用。所以甲亢会引起心动过速和房颤等心脏异常，并加速心力衰竭。

甲状腺出现异常与人在生活中所产生的情绪有着很大关系，甲状腺疾病患者多是女性和偏内向的人。人通常会有"喜、怒、忧、思、悲、恐、惊"这七种情绪，研究表明，如果人的七情太过，就会对气血和脏腑的正常功能

产生很大的影响。比如，在强烈或长期持久的情志刺激下，人体的生理、脏腑气血功能就会发生紊乱，从而导致疾病发生。也就是说，情志不遂——即情绪，是影响我们身心健康，导致疾病发生的重要因素。

甲状腺是人体最大的内分泌器官，形似蝴蝶，犹如盾甲，故以此命名。甲状腺通过制造甲状腺素来调整身体各部分使用能量的速度，制造蛋白质，调节身体对其他荷尔蒙的敏感性。所以甲状腺是内分泌系统的一个重要器官。内分泌系统和人体其他系统（如呼吸系统等）有着明显的区别，却和神经系统紧密联系，相互作用，相互配合，被称为两大生物信息系统。没有它们的密切配合，机体的内部环境就不能保持相对稳定。

许多人不知道甲状腺位于何处，但"粗脖子病"对大多数人来说并不陌生，其实"粗脖子病"就是甲状腺肿大。甲状腺有问题的人在脖子处会出现淤堵状况，而造成淤堵很常见的原因就是有对应的情绪。

我曾经遇到一位37岁的女士，小时候被母亲打了一次，当时的情绪一直留在记忆中，于是常常为了一点小事就和母亲顶嘴吵架。长大后，她喜欢上一位做服装生意的温州小老板，对于这桩婚事，她的母亲极力反对，可是叛逆的她义无反顾地决定离家远嫁。在与父母商量如何办婚礼的时候，母亲生气地说："你嫁给他，以后不离婚才怪。"这句话深深地刺痛了她。没过两年，他们果真感情不和离婚了，她十分难过，也很郁闷，认为这都是母亲"诅咒"的结果。回到老家后，每次想到婚姻，她都十分难过。可是母亲总摆出一副先知的样子告诉她："我早就告诉过你不能嫁给他。你不听我的，现在离婚了吧。"她无话可说，自己生闷气，不久就患上了甲状腺结节。

显然，生活中这样的案例很多。生气所产生的情绪会在身体的相应部位形成能量淤堵——甲状腺疾病大多是因为与亲属较劲、放不下而导致的。俗话说："人生在世，不如意者十有八九。"我们所遇到的烦恼和痛苦，大多是因为自己有着不能接受的情绪。如果这些情绪得不到释放，就容易患上甲状腺疾病。

部分甲状腺病与情绪的对应关系归纳如下：

第一、与同辈人，如亲人、爱人、闺蜜有委屈、窝囊、生闷气、压抑等情绪；
第二、女性与母亲、男性与父亲较劲、生闷气产生的情绪。

二、甲状腺疾病的"情志疗法"调理

2017年5月，我为美国中医养生体验团讲课的时候，一位50多岁的女士在课上低头落泪。课后我通过翻译询问什么事情令她难过，她告诉我她患有甲状腺疾病。我请她上台坐下后，发现她的脖子淋巴和喉结附近都有结节，于是问她家里有几个姐妹，她回答："有三个。"我继续问她和姐妹们关系如何，她说不是很好。原来，她的姐姐很强势，从小对她有很多要求，发现她有一点做不好就对她指责、怒骂。所以她很压抑，也很委屈。我引导她释放出这些年因为姐姐对自己很多要求而产生的情绪。这位女士与大家分享自己的感受——说出多年来压抑在心中的委屈后觉得非常轻松，由此，她学会了在生活中如何关爱自己。

不同国家和地区的人，也许肤色不同、文化不同、表达方式不同，但是身体的运转原理是相似的。只要有某种情绪，就会导向某种疾病。情志疗法这些年在世界各地为不同患者调理时，取得了不错的效果，这也说明了情绪对身体的作用对所有人是一样的。

没有人愿意生病，也没有人愿意生病之后开刀动手术。2018年4月10日下午，吴女士急切地找到我们的一位情志疗法调理师，告诉她自己的脖子上长了个东西，吃东西时会不舒服。到医院检查结果是结节性甲状腺肿。她也曾经参加过我的"心转病移"课程，知道甲状腺结节和情绪有很大的关系，所以希望调理师能帮助她释放情绪，调理甲状腺的问题。

调理师首先让吴女士坐下来放松心情，然后用情志疗法引导她从当下疾病的感受出发，回忆过往曾经在什么情境下产生过委屈、压抑的情绪。她很快想起曾经因为家庭环境艰苦，自己为了让家庭和谐默默背负了很多的责任，可是妹妹非但不理解自己，反而有很多的不满，包括在一起工作的过程中也有很多矛盾。因为碍于情面和不想争吵，吴女士一直压抑着自己的情绪，这些情绪日积月累在吴女士的身体中形成淤堵。

在调理师的引导下，吴女士逐渐表达出压抑多年的情绪。等她的情绪完全释放后，调理师让她回看与妹妹之间发生的事情，发现原来委屈、生气、压抑的感觉消失了，反而可以平静地说："那些都不过是因为大家所处的角度不同，加上性格、表达方式不同，造成了一些误会，这些误会又影响了大家后来的沟通，这样的恶性循环导致了之后更多的问题。其实自己与妹妹始终是至亲，大家始终是相互关心的。"接下来，调理师用舒缓能量淤堵点的方法帮她把颈部淋巴的淤堵点疏通。调理后，她的脸色变得有光泽了。

4月24日下午，吴女士再次进行调理，调理师仍然用"情志疗法"引导她说出对其他亲人有意见的事情。吴女士马上想到了她与哥哥之间发生的矛盾和委屈。在调理师的引导下，她逐渐说出多年来压抑的想对哥哥说而没有说出的话，说到情绪激烈的时候大声咳嗽起来，并吐出了很多痰液。随着痰液的吐出，她的情绪逐渐平复下来，脸色也逐渐泛起红润。这时候，她深深地吸了口气，表示身体舒服了很多。接着，调理师再次用舒缓能量淤堵点的方法找到她颈部淋巴的淤堵点并疏通。

经过上述"情志疗法"和"疏通能量淤堵的调理"，5月14日，吴女士到医院再次进行检查，超声显示：甲状腺左侧叶的肿块已经消失。

"情志疗法"的效果在医院的检测中得到证实，通过有效释放患者的情绪，疏通淤堵的能量点，当身体能量运转顺畅时，身体状况也得到了改善。

当外界环境与自己心理期望之间的落差越大，烦恼和痛苦就越大；反之，如果外界环境与我们自己心理期望之间的落差越小，甚至超出我们期望的时候，就会满心愉悦，甚至充满惊喜。

这世上没有绝对的痛苦，也没有绝对的幸福。乞丐讨得一顿饭会觉得很快活，皇帝失位会很痛苦，谁得到的多、谁失去的少不言自明，然而感受却完全不同，这其中的关键就在于我们对每件事情的定义。

2019年，患有甲状腺疾病的刘女士参加"自然疗法"工作坊。第一天上课时嗓子嘶哑，完全说不出话来。下午我讲解"自然疗法"时，她迫不及待地第一个上来试验。随着调理时间的增加，她的嘴和脸都麻了，我告诉她这是她内心有羞愧的情绪。在我的引导下，她很快回忆起在人生经历中有过两件羞愧的事情而且都是跟脖子有关。一次是十八岁时给喜欢的男生织围巾，男生没有接受；另一件是八岁左右偷邻居家菜园里的西红柿时被发现，邻居故意吓唬说西红柿有毒——当时她感觉毒在脖子中发作。通过引导，释放了这两个情绪后，没过多久，她的嗓子就能发音了。

第二天课程练习的时候，她在同伴的细心引导下，渐渐地表达了对姐姐的怨恨，也表达了对姐姐深深的爱。我对她说："你对姐姐又爱又恨。"她听后慢慢明白，自己对姐姐的怨恨其实都是因为爱和期待，加上自己思想上的执着，误会了姐姐，因而在自我模式里封闭了那颗心。明白自己的状况后，她愿意而且希望快速放下那个错误的思想与障碍，使自己尽快好起来。

第三天课程时，我看到她脖子上的囊肿小了些，用手摸摸还有些硬。我问她还在怨恨谁。这一次她说出了对前单位领导的怨恨，说出了自己离开前单位的后悔。这是她一直都不敢说的话——因为当时是自己的较劲与任性离开的，只能打掉门牙往肚里吞。

除了后悔，她内心还有对前领导、父母、公公婆婆的内疚。她的生活经历一直都很顺利，由于自己的不担当、任性、不愿付出，给大家都带来了伤害，而之前自己却完全意识不到这些问题。在忏悔与感恩中，她的情绪一次次释放出来。

四天课程结束回到家中，她发现自己能轻松地跑步了，脖子上的囊肿小了，嗓子很清爽，不咳嗽，也没痰了。

不难看出，**只要真正放下过往的执念，放下对抗，顺应自然的法则，就能够收获开心与喜悦。**

人的一生，是为了体验、了解、改变、精进的，从每一次经历中看到自己还有哪些需要修的"功课"，并在修炼的过程中不断超越、提升我们的生命品质。对错只是从个人经验中总结出来的标准。

让我们心怀感恩，善待一切！当人真正拥有一颗感恩之心时，就能得到内心所期盼的、追求的，就会获得心与境的平衡与和谐——这一切就是圆满，就是幸福。少一分情绪就能多一分平静，多一分平静就能少一分仇恨，少一分仇恨就能多一分宽容，多一分宽容就能多一分和谐，多一分和谐就是多一分幸福。

第十四章

为什么"不想听"易导致耳疾？

据中研普华产业研究院的数据显示，2015-2017 年，我国耳鼻喉医院数量快速上升，从 2015 年的 89 家增加至 2017 年的 104 家，增长率为 16.85%，预计在未来几年还将继续增加。这说明，对于耳鼻喉疾病的治疗已经成为越来越多人的需求，也反向证明相关疾病的发展态势不容乐观。

一、耳疾与情绪的对应关系

有了耳朵，我们才能听见潺潺的流水声，听到孩子天籁般的笑声，听到水之灵、树之魂……正是因为有了耳朵，我们才聆听到这样一个美丽、梦幻且神奇的世界。

可是，我们的耳朵有时候也会听不到真实的声音，让我们对外在发生的事情产生错觉。这种错觉积累演变，逐渐地，我们的耳朵就听不到或听不清了。这难道真的是耳朵出问题了吗？**身体的疾病常常是心智创造的另外一种现象。**也就是说，身体的疾病是一种显现，它反映的是存储在人细胞记忆中的情绪。

一个人的耳朵出现问题，说明他有不想听、不愿意听、不敢听的意愿。比如，重听的人家里通常有一个对他特别唠叨的人；孩子某一段时间会突然听不到，多半是因为家里有惯于严厉吼叫的家长。

《黄帝内经》中谈到"肾开窍于耳""恐伤肾"。当人接收、感觉、体验、经历到恐惧的感受时，肾脏就会受到影响，而人的肾脏又与耳相关联。所以当一个人肾不太好的时候，就会影响到听力。当人对某些声音不想听、不愿听或听到某事就很烦的时候，人的心智也会依据思想关闭耳朵的听觉功能。

如今，听力问题在孩子中较为常见。一篇名为《西安市中学生耳科疾病现况调查》的期刊论文数据显示，通过对西安市某区 10 所中学进行耳科和听力调查，发现耳科疾病患病率为 6%，其中 2.3% 需要取出耵聍，0.13% 需要验配助听器，0.96% 需要耳外科非急诊手术。可以说，这份调查显示，中学生耳科疾病患病率高，已经严重影响中学生的身心健康发展。这其中一个重要原因就是，他们在家不得不听那些他们并不想听的声音——比如家长不顾孩子感受没完没了地唠叨，长时间忍受不想听的话，会使人产生拒绝去听其他人说话的情绪。

部分耳朵方面的疾病往往是由以下情绪导致的：

第一，不喜欢有人对自己大声说话、大声批评、大声指责、唠叨等；

第二，听到刺耳的声音很烦，很讨厌，想逃离又逃离不了；

第三，听到打雷声、爆炸声、尖叫声等易惊吓而害怕、恐惧。

二、耳疾的"情志疗法"调理

俗话说"耳不闻，心不乱"，我们会以为当自己不再听那些让自己恐惧、生气的声音时，就能获得内心的清净。其实不然。内在的情绪种子如果不能够及时地清除和化解，就会在人的心智中生根发芽。即使以后不再听到，但影响一直都在。因此，必须根据每个人的情绪采用情志疗法进行调理。

在一场聚会中，当我分享了情绪与疾病的关系后，一位 60 多岁的老人走过来拉住了我的手想告诉我什么，但老人的声音太小了我听不清楚。这时，一位中年女性上前来告诉我这是她的母亲，还说这些年来老人有时会出现耳聋的现象。我看了一下老人，发现她在看着女儿介绍自己的状况时，眼睛里充满了委屈与无奈。于是我明白了。我拉着老人的手，看着她的眼睛笑着对她说："耳聋只是假象，您的耳朵没有任何问题。"她听了以后一脸似懂非懂，脸上既是茫然，又有点疑惑。

我和老人对望了一会，她的眼眶就湿润了。我问她："您很委屈吧？他们在家里经常吵架，您实在听不下去吧？"这几句话虽然声音不大，但是老人听到了，对着我频频点头。我问她的女儿："你们家里谁经常发火或者唠叨？"她说："我的父亲，他以前在外地工作，一年都回不了几次家。前几年他退休了，在家里每天不停地埋怨当时的领导在退休时给他穿小鞋、给他不公正的待遇。正是带着这样的失落和不满，他回到家后也没有再做其他工作，每天焦虑烦躁，不停地唠叨，看谁都不顺眼。我的母亲是一个任劳任怨的人，所有的委屈都是压抑在心里从不对外发泄。"

听到这里，我拥抱了老人一下，对她说："您有多少委屈都说出来吧。"这句话刚说完，这位花甲老人像个孩子一样倒在我肩膀上大声哭起来。接着，老人在我的引导下说出了压抑在内心的委屈。听她说完后，我在她耳朵对应的能量淤堵点调理了几下，问她："现在耳朵听得清楚吗？"她笑着说：听得比以前清楚。"我让她不停地往后走，测试是否能够听清楚。每一次，老人都能回应听得清楚。会场爆发了热烈的掌声。老人的女儿更是热泪盈眶，向大家鞠躬感谢。

人的心智是有知觉的，是按照我们的思想来构建身体各个部门的功能。当思想产生不想听的意识时，人的心智就会关闭耳朵听的功能。

两个多月后，我再次遇到老人的女儿，询问老人的听力怎么样。她高兴地告诉我："回家后，我按照老师的方法给父亲进行了情绪释放，让他说出了委屈与生气的事情，也帮助父亲化解了与领导对抗的情绪。现在，父亲在家再也不唠叨、不找茬了。家里和谐了，母亲的听力现在都正常了。经历过这些，母亲很感恩自己亲身体会到，人与人之间，哪怕是最亲近的亲人之间，也只有彼此尊重，才能和谐相处，才能拥有幸福的家庭。有话说出来，才有利于彼此沟通。化解矛盾，心情舒畅了，身体才会健康。"

金先生发现孩子出现了听力下降的问题，经常只能听见前一句话，后面的就听不见了，并且也出现了不能正常与别人对话的情况。有时候，孩子似乎在听你说话，可再问他时，他却根本没有听见……面对这种情况，金先生夫妇很着急，马上带孩子去医院检查。

但是，医院的检查结果却显示，孩子的耳朵和听力根本就没有问题，这可急坏了金先生夫妇。在别人的介绍下，无比揪心的金先生夫妇找到了我。

经过了解，我发现金先生是一个很冲动的人，经常会突然发起火来。即使妻子怀孕时他俩也会经常吵架，吵完后又很快"过去了"。孩子在婴幼儿时期就常常被他们的吵架声惊醒。

我明白孩子是受到了他们夫妇频繁吵架的伤害。我告诉他们，**在孩子成长的过程中，父母争吵的声音会在孩子心中留下很深的印记，并形成一定的心理印记**。人的身体有自我保护的功能和逃离苦难的机制。所以，这样的种子使孩子在保护机制下不想再听到外界的声音，即使他们夫妻不吵架，孩子也一样听力不好。

听了我的话，金先生夫妇恍然大悟。他们认识到自己的错误，并做了深刻的反省。他们决定回去之后好好地与孩子沟通，从改变自己开始，用行动调理孩子的耳疾。

三个月后，我接到了金先生的电话。他十分激动地告诉我：孩子的听力恢复了很多！听到这个消息我很欣慰。对我来说，这样的结果不足为奇，很多人都已经通过改变内在而获得外在的健康。勇于面对自己过往的经历，穿越那些阻碍着自己与家人健康的情绪"种子"，我们就会与家人一起重获健康，让生命的光辉得以重现！

从这个案例中，我们看到情绪的种子致使孩子从小就被紧张、恐惧、不安所折磨，经过长时间的被动积累后，孩子不想听的情绪慢慢累积，最终导致听力出现问题。

其实，这个孩子的问题属于外在因素所引发的情绪被动积累而导致的"听感知"问题。孩子听的过程中的注意力、听后的理解程度等能够说明孩子"听感知"能力正常与否。作为父母，如果你感觉孩子一直在听你讲话，但又不能就交谈的话题与你进行交流，即孩子出现了"听而不闻"或"只听不闻"的状况，那就说明孩子可能存在"听感知"方面的问题。这通常都是家庭中存在的恶性声音环境对孩子心理造成的"内伤"。

当然，父母吵架的行为对孩子的伤害是隐性的，问题的出现有时会滞后。但身为父母，我们一定要认识到问题的严重性，尽可能减少自己不理智的行为。

透过我们的经历、我们情绪、我们的疾病来寻找生命的答案，就可以将那些影响幸福与成就的情绪释放、清除、化解和改变，使生命的能量得以正向流动，在改变身体状况的同时提高生命活力。思想的转变也创造了生活与生命的提升，这样我们就能获得积极、和谐、富足的人生。

第十五章
为什么"不想看"易产生眼病？

"泪眼问花花不语，乱红飞过秋千去。"北宋诗人欧阳修的《蝶恋花》因花而泪，因泪问花；还有"炯炯有神""顾盼神飞""回眸一笑百媚生""巧笑倩兮、美目盼兮"等一系列与眼睛有关的词句，都描绘了眼睛的神采。可见眼睛是一个人内心的窗口，眼睛的状况显示着内心的状况。当眼睛出现问题时，黑暗模糊的世界带给人无限的沮丧与灰暗。

一、眼疾与情绪的对应关系

从医学上讲，眼的主要生理功能是视觉与传神。眼睛主司视觉，指眼具有视万物、辨形状、别颜色的重要功能。清代医学著作《医宗金鉴》直言眼为视觉器官："目者，司视之窍也。"目盲，则目视万物的功能就不能发挥。

传递心神，指眼可传神，透过一个人眼睛的状况，就可以很容易地了解到对方的身心状态。美国人类学家博厄斯说："眼睛是灵魂的窗户，人的才智和意志可由此看出来。"

清代徐文弼的养生专著《寿世传真》指出："目乃神窍。"因此，"望眼神"是中医临床望诊中推测神之旺衰、有无、真假的重要内容之一。眼睛活动灵敏，精彩内含，谓之"有神"；眼无精彩，目暗睛迷，谓之"无神"；若病人原本精涸气弱神衰，而目光突然出现转亮，谓之"假神"，乃"回光返照"之危象。

《黄帝内经》说："肝开窍于目。"指眼的视觉功能正常，主要有赖于肝的气血濡养，即所谓"肝和则目能辨五色矣"。反过来说，眼睛是肝的反映。比如，一个人肝火旺时，眼中就会放出怒光。眼部的疾病许多也是由人内在的情绪引发的。

世界卫生组织的一项研究报告显示，目前，我国近视患者达 6 亿人，青少年近视率居世界第一。高中生和大学生的近视率均已超过七成并逐年上升，小学生的近视率也接近 40%。相比之下，美国青少年的近视率约为 25%，澳大利亚仅为 1.3%，德国也一直控制在 15% 以下。

人们的学习环境很好，照明、学习条件也很好，为什么还会有这么多人近视呢？这除了先天遗传、生活习惯外，心智也起了不小的作用。

多年来，我从眼疾的个案中发现：孩子出现那么多眼睛问题，其实与环境、视力保护、眼保健操、视力矫正并没有太直接的关系，而是与学习压力大、竞争激烈、心里不想看书、不爱学习又不能不学习的情绪有关。

当一个人有不想面对的人、事、物时，就会产生不想看、不愿看的情绪。情绪的积累导致眼睛出现问题。对于成年人来说，很多人到了四五十岁后会出现老花眼的症状。那是因为大部分人在四五十岁后，随着经验的增长和心情的变化，对很多事情"看开了""想明白了"，对发生的事情就不再像以前那么认真、那么仔细了。

还有一种眼睛疾病——白内障，对应的情绪是：总看别人的缺点，看不顺眼、生闷气；对未来担忧，对前途不知所措；不愿意看的事，还要面对，不想看又没办法。

青光眼患者通常都会有对过往经历不想看又没法不看，有着生气、忍受的情绪。

部分情绪与眼部疾病的对应关系归纳如下：

第一、有着对人或事不想看、不爱看、看不起、蔑视人、瞧不起人的情绪；

第二、把什么人或者事情看的太好了、太大了，结果与实际不符；

第三、忍受过往经历中的伤害，不想看到又没法不看。对人有怨气、对未来担忧，对前途不知所措。

二、眼疾的"情志疗法"调理

在调理眼部疾病患者时，我们首先要找出究竟是什么事情让他们难以直视。当我们有效地疏导他们对这件事情的情绪时，患者的眼疾往往会有较大程度的改善。

张女士今年36岁，有个7岁的孩子，长得活泼可爱，笑起来甜甜的，还有一对小酒窝，很是惹人喜爱。可是一提起自己的孩子，张女士的心就会隐隐作痛，很是担心。原来，让张女士担心和忧愁的是：孩子四岁时体检，发现眼睛有斜视、散光、近视的状况，得知检查结果后，张女士简直不能接受。孩子才四岁啊！回忆起当时的情景，她难过地说："我无法用任何的语言来形容当时的心情，只感到眼前一片黑暗，好像什么也看不到了。"她不知道自己当时是怎么回家的，反正脑袋里一片空白，未知、无奈、痛苦……全都纠缠在了一起，觉得天都快要塌下来了。

这几年来，每每看着孩子活泼可爱的样子，她的心里是既欢喜又心酸，既喜悦又担忧，想着孩子今后要戴着眼镜度过一生，而且还有斜视问题，她的心又不由自主地疼起来，真是不敢想啊，越想越害怕……

我们知道，情绪会导致身体能量形成淤堵。眼睛问题则是来自于不想看、不爱看的情绪。情绪会触发心智程序——既然有不想看、不爱看的想法，身体就会将这个想法变为现实，通向眼睛的气道淤堵减少气血的供应以减少

"看"的功能。当然，这么小的孩子很少会出现不想看、不愿意看的情绪。这就关系到另一个问题。

我在《孩子的问题都是父母的问题》这本书中提出过这样的观点：几乎所有孩子的问题原因都不在孩子身上，而在父母身上。为了帮助张女士彻底解决孩子眼睛的问题，我用"情志疗法"引导张女士寻找引发孩子眼睛问题的原因。

张女士回想在怀孕的时候，小两口与公公、婆婆同住一起。张女士与丈夫姐姐的关系不太好。虽然平时寒暄，面子上还过得去，但其实双方经常为一些小事情而耿耿于怀。丈夫的姐姐经常会带着自己的孩子回家看父母。每次回来姐姐都会在公婆面前夸孩子如何如何好，张女士听到心里就很不高兴。因为她觉得那个孩子不仅不听话，还经常乱翻家里的东西。

张女士是个爱整齐、爱干净的人。每次那个孩子来都将屋里的东西乱翻一气。公婆因为喜爱孩子所以从来也不会说一句。张女士看到这样的情景非常生气。可是为了和睦，她也不能说孩子。张女士怀孕后身体反应比较大，再看到孩子乱翻时就十分讨厌，特别不想看到这个孩子，更不想见丈夫的姐姐。

母亲的情绪会直接影响孩子，特别是怀孕期的胎儿。常言说：母子连心。母亲的任何心理变化和反应，都会影响孩子的身体反应。

张女士这才知道是因为自己有很深的不想看、不爱看别人孩子的情绪，才使得自己的孩子从小眼睛就受到影响，从而引发了眼疾。

张女士积极配合疏导情绪并重新建立与孩子的链接关系。六个月后，我在分享会上见到了张女士，她的喜悦溢满心中。她告诉我，前几天带孩子到医院检查，医生告诉她孩子的视力有了很大的提高，从 0.1 到了 0.5，而且散光也正常了。医生看到都觉得很神奇，这种状况以前从没遇到过。

牛顿第三定律告诉我们，"作用力与反作用力大小相等，方向相反"，在宇宙中投射一个力，必然就有一个反作用力。当我们看到现实中的结果时，就要知道那一定是以前投入的一个力，当下显现是那个力的反作用力。

2018年8月30日，教育部、国家卫生健康委员会等八部门联合印发《综合防控儿童青少年近视实施方案》，提出到2030年中国6岁儿童近视率控制在3%左右，小学生近视率下降到38%以下，初中生近视率下降到60%以下，高中生近视率下降到70%以下。青少年儿童的近视已经引起了国家层面的高度重视，我们更需要找到科学合理的调理方法。

在调理孩子视力方面，一方面需要疏导孩子的肝郁结气，也就是释放情绪，另一方面我会建议看中医调理脾胃。

相由心生，境随心转，只要我们找到自身疾病产生的根源，并有效地将引发疾病的情绪化解掉，我们就能够改变细胞记忆，重获健康。

眼睛是心灵的窗户。眼睛有疾病，同样影响身体健康。眼睛与情绪有着重要的关系，要找到根源，才能对应运用情志疗法进行调理。

第十六章

为什么孩子哮喘与父母严厉有关？

近年来，总是有家长来咨询孩子哮喘的问题，不明白为什么孩子小小年纪就有哮喘，只能随身携带喷雾，难以彻底根治。很多家长把这归结为身体抵抗力较差或者花粉过敏等原因，很少从思想与情绪的角度来观测与考虑。但多年案例经验告诉我，压抑才是诱发哮喘的重要原因。

一、哮喘的情绪原因

哮喘是支气管哮喘的简称，是一种常见的多发病。在过去20年间，全球哮喘发病率持续增加，现在正以每10年20%-50%的比率增长。中国的哮喘发病率虽然较发达国家低，但哮喘死亡率却居高不下。据统计，近20年来，我国哮喘发病率呈明显上升趋势。一项针对中国10个城市儿童哮喘发病率的调查显示，我国儿童哮喘患病率为1.7%-9.8%（平均为6.8%）。哮喘发作严重影响着人们的身心健康，如果治疗不及时或不规范甚至会危及人的生命。

患有哮喘病的人平时不一定会发作，但是如果遇到特定的环境因素就会被快速引发。通常，引起哮喘发作的因素有经空气传播的过敏源（螨虫、花粉、霉菌等）、呼吸系统感染、某些食物（坚果、牛奶、花生、海鲜等）、某些药物（药物过敏）等。另外，精神受刺激也是引发哮喘的重要原因之一。

从情绪与疾病对应关系的角度来看，哮喘产生的一个重要原因在于人的精神，哮喘背后的致病机理有精神压抑的因素。这些精神因素得不到缓解或者改变，哮喘就难以得到根治。这一观点被越来越多的事实所证明。

医学研究证明，内在情绪种子会导致人患上哮喘，当人受到刺激时更会诱发或加重哮喘。英国的医学专家曾对480名不同年龄的哮喘病人做过专项调查。经过详细的统计分析后发现，很多哮喘都是由内在的情绪因素引起的。存储在人心智中的焦虑、恐惧、困扰、抑郁、愤怒等消极情绪，会促使人体释放出组胺及其他可能会引起变态反应的物质，同时还会提高人体迷走神经的兴奋性，降低交感神经的敏感性，从而引起或加剧支气管哮喘的发作。

在实际研究中，我发现以下情绪容易引发哮喘：目标设置太高，最后没有达到；希望好的结果，但事与愿违；有想法却没有表达出来并受到压制。

在现实生活中，父母给予孩子过度的爱也会引发孩子的哮喘。父母用自己理解的对孩子的好，给予孩子太多限制，造成孩子缺乏自由，所以我常会把哮喘称为"窒息的爱"。据统计，近20年来我国哮喘发病率呈明显上升趋势。一项针对中国10个城市儿童哮喘发病率的调查显示，我国儿童哮喘患病率为1.7%～9.8%（平均为6.8%）。

我们从情绪的角度来研究会发现，儿童哮喘发病原因大多是来自父母对孩子过多的爱、过多的关注和过于严格的要求。孩子感觉无法回应父母给予自己过多的"爱"，身体就会感到压抑、窒息、喘不过气、呼吸困难，甚至会觉得自己连呼吸都无法掌控。

患有哮喘病的孩子往往缺乏对自身的认同，认识不到自身的价值，总觉得周围不好的事情都是自己造成的，并因此而自责，甚至自我惩罚，在无比压抑中患上哮喘。有些患有哮喘病的孩子换了一个居住环境时，特别是当家里人不太关注他、不再围着他转时，哮喘就会得到好转。

同理，当再次遭遇类似之前的对待时，或是当有人突然触动了他们隐藏于内心的情绪"种子"时，哮喘又会复发。其实，他们并不是对当时的环境有了反应，而是在无意的刺激中对童年的情景发生了条件性的反应。

很多人认为孩子患上哮喘是因为家里不够干净或者是孩子有天生的缺陷，但却没有反思自己和孩子的沟通方式。很多时候不是家里不够干净，反而是太过干净了，让孩子缺少了和细菌等微生物相处、适应的过程。正是家长这种从环境到孩子的成长都吹毛求疵的态度，给了孩子太大的压力。孩子又难以和父母说清，所以只能通过病的方式稍稍缓解。

孩子对周围人的态度和环境的变化是最为敏感的。因为孩子对这个世界的认知是从感觉开始，而不是以理论、原理、道理为起点。所以，孩子不会分析逻辑关系与因果原理，而是对父母给予的信息全部吸收。孩子在受到压抑或者想得到倾诉的时候，没有得到回馈，就会用哭的方式来表达。其实哭是人在不同年龄阶段的语言或情感表达的一种方式。当父母对孩子的言行不能理解或者烦躁的时候，往往就会用自己带有情绪的语言来教育、呵斥、阻止孩子的表达。

最常见的是父母经常会说："你的支气管不好，经常感冒、咳嗽、气喘，所以不准吃冰淇淋，不许乱跑。""你一跑就会喘，晚上睡觉不准吹空调，不准直接吹电风扇，不准吃西瓜……"父母的这个不准、那个不行，把孩子限制得死死的，于是孩子容易出现"喘"的状况——因为他的身体已经没办法呼吸了。其实，只要父母能放松这些限制，尊重孩子的需求，孩子感冒、气喘的症状很可能会随之消失。

2015 年，一位母亲带着 12 岁的孩子找我咨询孩子哮喘的问题。我引导孩子回想被父母压抑想说却不能说、想表达却不能表达的事情。原来在孩子 6 岁的时候，父母感情破裂，为了孩子的抚养权大吵大闹，最后达成协议让孩子自己决定跟谁。孩子在父母的推搡中不知所措，很想大声喊叫不要再打了，可是在父母相互指责与对骂的环境中无法表达，也不敢表达。我问孩子当时是什么样的感受。孩子回答："很难受，很无助。"我继续引导孩子回忆在 6 岁以前的家庭生活中，还有什么令他感觉压抑的情景，孩子一下就想到了很多。

孩子在父母的压制下很多时候把想要表达的情绪压抑下去了。可是很多父母并不知道，身体的生理反应是孩子另类表达的方式。哮喘的表现形式为喘不过气，也就是呼吸紧张困难。呼吸是吐故纳新的过程，必须有进有出才能完成整个过程。因此，父母给孩子的压抑感很容易导致孩子哮喘。

部分哮喘与情绪的对应关系归纳如下：

第一、有想表达的观点、结果、事实真相，被父母或者监护人压抑、限制、不允许表达的情绪；

第二、遇到委屈、冤枉的事情压抑自己，不能哭泣，无法沟通，而造成窒息的爱；

第三、盼望好的结果但事实达不到、满足不了，被限制、压抑，无法表达的情绪。

二、哮喘的"情志疗法"调理

这些年我通过课程及案例让人们懂得和理解情绪原理的同时，也教会一些人运用"情志疗法"的方法和技术帮助自己、家人和更多需要帮助的人。

有一位母亲因为9岁孩子患有哮喘来学习"心转病移"课程，想要寻找帮助孩子恢复健康的办法。课程结束后，她用学到的"情志疗法"技术，引导孩子找到早年积累下来的压抑情绪进行处理与释放。前后一共做了三次情绪释放，孩子的哮喘就有了很大改善。过去家里开空调冷一点，孩子就会"咳喘"，现在经过情绪释放后，孩子对这些冷风再也不敏感了。

我们常常说"孩子小不懂事"，但实际上即使只有9岁的孩子，心灵的感知度和丰富度也是成人难以想象的，他们也会有情绪反应和感受，甚至会留下更深的细胞记忆。

这位母亲在课后分享会上十分感慨地说:"我的职业是老师,一直认为只有对孩子严格要求才是一位好母亲,才能培养孩子出人头地,才能让孩子拥有美好的未来。所以对孩子从小都是严格要求,做错了一点都会被我严厉批评。而且我也如包老师课程上讲的——说话语速过快,孩子还没有反应过来就强加于孩子,造成孩子无法正常表达自己的想法、观点。记得有一次,孩子拿着一个小玩具从外面回来,我没有了解情况,就开始对他大吼——你又拿了谁家的玩具,也不等孩子辩解,我就一句接一句地指责孩子——拿人家东西就是偷,就是坏孩子。当时即使看到孩子的委屈也停不下来。其实我也知道不是孩子的问题,是因为我刚和先生吵完架,一股脑儿将气都撒到孩子身上而已。在给孩子做情绪释放的时候,孩子对这件事非常委屈,终于说出:那天是邻居阿姨送的小玩具,一回家却被那样指责,当时想反驳、想说明白,但是妈妈却没有给予自己表达的机会,当时很委屈很难过,有话说不出来。释放情绪时,就这一件事情带来的伤心与委屈,孩子哭了很久才释放完,才能平静下来。为孩子做了三次情绪释放,才真正看到自己给孩子造成的伤害。孩子的'哮喘'都是自己以为是在'爱孩子',其实都是给孩子很大压抑,不让孩子正常表达自己的想法和观点所造成,这让我十分内疚,也让我开始懂得如何关爱孩子的心智成长。非常感恩这次'心转病移'课程的学习,让我看到自己需要在哪些方面继续成长提升,更喜悦的是,现在我的孩子'哮喘'好了!他今后的未来也会更加灿烂幸福,这是给予母亲最大的安慰。"

从这个案例中可以发现,孩子的感知是直接的,他们并不会以成人的思维去理解这些态度和变化背后的原因,往往把自己直接感觉到的人、事、物根植在心中,变成"种子"。当遇到类似的压力或刺激,就会显现为疾病。孩子在家庭中的力量是比较弱小的,通常没有什么发言权,一切都要听从父母的安排。所以,孩子会通过生病这种形式来获得父母的重视,增加自己的"分量",让父母能够感受到自己的反抗。

如果我们的孩子经常患某种疾病，哪怕是感冒发烧之类的小病，一定不要认为这就是简单的身体抵抗力差的问题，而是需要我们认真反思，在日常生活中与孩子相处时，自己是不是过于强势或者给孩子太多的压力。**对于患哮喘病的孩子来说，一定要给他们自信和关爱，增加他们的自我认同感，让他们能够感受到自己是在一个受到尊重和认可的环境中成长。**

这些年，我遇到一些在很小的年龄便得了哮喘的孩子。通常这些孩子的父母或者抚养人中，至少会有一个对孩子要求严厉、说话语速快的。孩子由于思维能力和词汇量的关系，表达方式经常会比大人迟缓。不少家长不等孩子说完就快速地回应孩子，并且常常使用压抑性的语言，致使孩子的表达受到压抑，有想说的话不能说或者不敢说。这些被压抑的情绪导致肺部不能得到舒展，形成淤堵，最终出现问题。我在《孩子的问题都是父母的问题》一书中谈到过，爱孩子的十个表现之一，就是说话慢三秒。

邓丽君一度是中国音乐的代表人物之一，被美国CNN评为全球最知名的20位音乐家之一，在世界各地获得多项殊荣，却因支气管哮喘发作于1995年5月8日在泰国清迈逝世，年仅42岁。

邓丽君的读书生涯并不快乐。在小学的时候，由于家庭的贫寒，邓丽君常常是其他孩童取笑的对象。孩子们常做的游戏之一，就是把她的头发绑在椅子上，然后躲到一边，等待下课她起立时发出惊叫。

邓丽君9岁时开始在中国台北卖唱成名，是个歌腔柔婉如同天籁的真正天才，才华得天独厚，但在生命历程中却是个内心愁苦的可怜人，她失学后独自担起一家七口人的生活重担。父亲多次生意失败，他发现邓丽君的歌唱天赋后，就立刻和酒馆饭店签下合同，取得定金后却又毫不犹豫地直奔酒吧、赌场。他还主动要求邓丽君退学从艺，但日本宝丽多唱片邀请邓丽君赴日发展，他却百般阻挠。邓丽君曾经向阿杜诉苦："等到五弟也成家娶妻生子，买了房子事业有成，我便会告别歌坛再不唱了。"可见，她的内心多么不堪重负。从小的经历形成的情绪给她造成了不能释怀的压力，为患上哮喘埋下了"种子"。

我们在怀念一代歌后的同时，也不免有一些惋惜——如果不是有这样的父亲、如果小时候能够得到父母更多的关爱、如果有机会能够释放心中曾经被压抑的情绪、如果……可是生活没有如果，曾经的佳人终究已去。

哮喘背后的精神因素对于哮喘的治愈非常重要，甚至是决定性的。对于哮喘患者而言，找到引发哮喘的情绪种子将其彻底地清除，才能早日恢复。否则，精神的刺激很容易会引起哮喘的发作。而哮喘的发作又会使人内在的紧张、抑郁、悲观、沮丧等情绪加剧，从而进一步加重病情。如此恶性循环，哮喘发作就会越来越严重。当哮喘患者有效清除了这些引发哮喘的精神因素，让心灵中那些悲观、压抑的情绪记忆消除，身体就会得到改善。

一位来自广东的张先生患有多年的哮喘，严重的时候，他每天晚上不能平躺，必须双手抱着被子坐着才能勉强入睡。这种痛苦伴随他很多年，所以他希望能够在课堂中得到缓解。于是，我运用"呼吸疗法"为他做了调理。

在呼吸的过程中，张先生每次大口呼气时都会有一种强烈的压抑感，让他几乎喘不过气来。他感觉肺部有很多痰卡在肺叶之中，他不停地剧烈咳嗽并且吐出很多浓痰。咳嗽减轻一些时，我问他想到了什么。他回答："很黑，很害怕。"我接着问他："那时你多大？"他说："刚上小学。"我又问他："你看到了什么？"他回答："老鼠。"紧接着他的身体就表现出异常紧张和惊恐的样子。在我的引导下，张先生的记忆之门慢慢地打开了……

那是张先生上小学一年级时发生的事情。一天，张先生发起高烧。由于父亲在外地出差，母亲工作又不能请假，张先生的母亲只好把一天要吃的药、食物和水放在了他的床头，然后很不放心地上班去了。母亲走后，他一个人孤独地盖着被子，躺在床上昏昏入睡。隐约间他听到了"吱吱"的声音，睁开眼睛抬头一看，原来是几只老鼠正在窥视他碗里的食物。年幼的他又急又怕，想去打老鼠却又四肢无力。

就这样，病得全身没有一点力气的张先生眼睁睁地看着老鼠吃光了母亲留给他的食物，在害怕、紧张中又昏睡过去。到了傍晚时分，天色渐渐地暗了下来，母亲却还没有下班。黑黑的屋子里没有开灯，猖獗的老鼠又出来了，吓得张先生只好蜷缩在被子里，不敢发出半点声音。

压抑与恐惧让这个发着高烧的孩子倍感难耐却又无可奈何，只好拼命地把被子越裹越紧，他自己觉得喘不过气来，但又不敢把头伸出来。渐渐地他昏迷过去了。母亲下班赶回家中看到这个情景，马上抱起孩子拼命地往医院跑。最终张先生得救了，但却从此患上了哮喘。

我问张先生："当时你最想说的是什么？"他回答说："妈妈，快来救我！"就这样，他一遍又一遍地重复着当时压抑着没有说出来的话。慢慢地，他的情绪得到了有效释放，情绪渐渐地平静下来，心中也不再感到压抑。在课程结束后的第二周，我接到了他打来的电话，他很激动地告诉我多年的哮喘缓解了很多。

存储于人心智中的不良情绪会随着程度加剧而显现疾病，就像焦虑、愤怒和恐惧等负面情绪可以诱发哮喘一样。当人被压抑时，身体就会用喘不过气的方式来表示自己的想法或是愤怒的情绪，人就会患上呼吸器官的疾病；当人的情绪在沟通中得到有效释放时，疾病就会痊愈。所以说，有效沟通对身体健康有着积极的作用，说出心里想说、要说的话，不再压抑、委屈自己，从而拥有健康快乐的人生。

我们在生活中要多进行积极、主动、正面的沟通，切不可压抑自己。特别是在面对孩子时，不要强加自己的观念和意识，而应该更多地理解孩子，多站在孩子的角度考虑他的心理感受及立场。只有达到了良好、友善、积极、正面的沟通，我们才能够建立起和谐的关系，才能够有效地清除孩子内在的压抑情绪，使其健康成长。

第十七章

为何过度悔恨易引发肾病？

这个世界上没有谁不想拥有幸福美满的婚姻生活，没有谁不想拥有成功与快乐。可是，在现实生活中，为什么会有人不敢拥有美好的事物？为什么有人拥有之后会缺乏安全感、害怕失去，甚至引发肾脏疾病呢？

一、肾的主要功能

肾的主要生理功能有：藏精，主生长，发育与生殖；主水，主要是指肾中精气的气化功能，对于体内津液的输布和排泄，维持体内津液代谢的平衡；主纳气，摄纳肺所吸入的清气，防止呼吸表浅，保证体内外气体的正常交换。肾的纳气功能实际上就是肾闭藏作用在呼吸运动中的具体表现。另外，肾负责过滤血液中的杂质、维持体液和电解质的平衡，最后产生尿液，经后续管道排出体外；同时也具备内分泌的功能以调节血压。常见的肾病有肾炎、肾结石、肾衰竭等。

二、部分肾病与情绪的对应关系

肾在人体器官中代表情感链接关系，在情感关系中最为重要也是最微妙最难处理的是婚姻关系。大多数人都是怀着对婚姻的憧憬、对幸福的美好追求而步入婚姻殿堂的。谁也不希望在婚后的生活中闹矛盾，谁也不会希望与自己的爱人感情破裂，更没有谁想着要去离婚……但现实中的婚姻却经常出现摩擦，发生着各种矛盾，婚姻问题成为当今社会的重大问题。

人在过往经历中经受身体或情感伤害时所形成的情绪，如果当时没有得到及时清除和释放，就会成为细胞记忆存储在人的心智中，随时作用于人的生活与命运，消耗着人的生命能量。这会造成人生命能量的缺失或不足而更多地会表现为向对方索取，而一旦对方能量缺失或需要得到、增加、获取能量时就会形成争夺与争执，也就导致亲密关系中的"错位"。

中医讲：肾——"作强之官，伎巧出焉"。

主选择，主先天，恐伤肾，主生殖，开窍耳。

主选择：有正确选择有用和没用的能力。定位是自己无法选择，选择错了而造成损失，被迫只有一种选择；没选择好，把有用的东西浪费掉而产生的情绪，影响尿里的指标（血尿、蛋白等）。

主先天：肾精是先天之本（种子），是一切结果的前因，是未来的根本。定位是基础差，没基础，或基础被破坏了；自己在某方面先天不足，某方面不行；由于外界给自己制造阻力，不能实现目的。

恐伤肾：肾主作强。定位是恐惧、惊恐、惹不起的情绪，也是对结果无法选择的情绪。

主生殖：肾是先天之本，主生殖，主人类生存，延续后代的能力。定位是自己无法生存，不想、不愿生育。

肾是两性的联结，所以肾脏的问题也会由在性关系上有所隐瞒的情结所引发。比如，需要洗肾的人代表他可能对情感和对两性的问题已经产生了心死的情绪。一个彻底心死的人，器官也就会出现衰竭。就如肾衰竭就表示肾的功能在逐渐消失，不得不通过人工洗肾实现循环，以维持生存。

我遇到的比较多的情况是：无论患病的是男性还是女性，心里都有一个怀念的美好情节。这些人都是有情有义、有责任感的人，只不过在过往的岁月中，内心深处有过一抹红云。虽然只是瞬间的彩虹，却在心里留下了一个挥之不去的美好记忆。

我遇到过一位男士——一表人才，工作努力，对家庭、孩子和事业都很尽心尽责，但是每周都要做肾透析。我和他从家庭开始聊起，说到与妻子的关系时，他闪烁其词不想多谈。后来在我的引导下，他说出了多年来压抑在心里的委屈。

大学毕业的时候，他当时的女朋友要回家乡照顾父母，想让他与自己一起回去。但是他却想留在北京打拼，成就一番事业。当时女朋友断然提出，如果他不一起回去就结束恋爱关系。他听女朋友这么说也很生气，拒绝了对方的要求，并且怒气冲冲地说："你少来这一套，结束就结束。"就这样两个人分手了。女孩回到家乡不久就结婚嫁人了。

后来他在父母的撮合下也结婚了，但是妻子与他的观念差距大。每当出现矛盾，他都会想起之前的女朋友，他总想要是和当初的女朋友结婚就不会这样了！他常常回忆初恋的甜美，也想尽办法打听她的生活，后来知道她的生活很不如意，丈夫喝酒闹事，稍不如意就打她……

说到动情处，他声泪俱下，十分后悔自己太任性没有保护好她，也为自己的错过而后悔。这位男士就是因为隐瞒了自己的初恋情结，因过度后悔导致了肾病的发生。

部分肾病与情绪的对应关系归纳如下：

第一、曾经有过情感经历，久久不能忘怀，有着割舍不断的链接；

第二、在情感上产生的怀念、思念、隐瞒、失望、沮丧、悔恨、憎恨、压抑、委屈、忧伤等情绪；

第三、把其他人看得比自己重要，过度关爱、保护、忍受别人的过程中所产生的情绪。

三、肾病的"情志疗法"调理

肾病多是有与情感有关系的压抑情绪或有着不能释怀的隐私等对心理造成强烈的悔恨、愧疚冲击而不能释怀而导致的。

我曾遇到过一位45岁因肾炎来做个案处理的女性,她是有着很好家庭背景的大学老师,与丈夫也十分恩爱。我采用"情志疗法"的技术很快使她回忆起了几年前的一件事。有一次她出差,酒后与曾经的同学发生了一夜情,之后她对这件事情一直非常后悔。想到丈夫对自己非常好,而自己却做了这样的事情,十分愧疚自责。别人都以为她患上了抑郁症或到了更年期,但是她内心的真实状况无法跟人讲也没有勇气讲,更是找不到方法缓解与释放。当我引导她释放出对此事压抑与自责的情绪后,她的脸色由暗黑灰色变得有了光泽。三次调理后,身体状况有了很大好转。

"恐伤肾"是指当人恐惧过度时,会损耗肾的精气。《灵枢·本神》有言:"恐惧而不解则伤精,精伤则骨酸痿厥,精时自下。"肾其志在恐,长期恐惧则伤肾。恐则气下,是指恐惧过度,可使肾气不固,气泄而下。人内在的恐惧往往表现为外在的小心翼翼,努力地工作,谨慎地维护人际关系,希望所有事情都能够朝自己期望的方向发展……人内在的恐惧会使人形成焦虑、自卑等情绪,这些情绪会不断向身体发出信号,长此以往,肾脏就会因为长时间不堪重负而出现问题,甚至丧失功能。

一位42岁从新加坡过来调理的女士,自小离家,少壮努力,中年成就一番事业,但是几次恋爱都以对方出轨而告终,备受打击又无法找到原委,自责、伤心、憎恨、郁闷等情绪不断涌上心头,最终患了肾衰竭。

我问她想到家庭时的感受是什么?她说:"不开心,没有安全感,紧张。"我问她小时候是在一个什么样的家庭中成长的?她回答:"害怕、担心。小时候父母经常吵架,每次吵架父亲动手打了母亲后就会摔门而出,几天不回家。

开始时母亲伤心、愤怒，但只要父亲几天不回家，就会变成对父亲的担心和着急，然后到父亲工作单位去找，说好话让父亲回家。"我问："这样的经历给你带来什么样的感受？"她说："我讨厌这个家，我看不起母亲。"我告诉她："这个细胞记忆会让你今后虽然知道年龄大了该成家了，但是却很难走入一段健康的婚姻关系，你需要找到一个能给自己带来安全感的人。但是一旦男朋友因有事不接电话或者吵架出门你就会非常生气与担心，然后主动关心对方与对方和好。为此你会看不起自己，总觉得每个选择都很无奈，在情感上十分纠结。"她点头说是这样的。于是我继续运用"情志疗法"，找到她在成长过程中几个不同时期因被迫无奈选择而带来的思念、失望、憎恨、忧伤等情绪。经过几次调理后，她说感觉到身体内有一股暖流，心里的痛苦也得到释怀释。

在"生命智慧——从疾病解读人生"课程暨"心系湖北，身心援助"公益咨询健康会诊中，一位43岁求助者吕女士患有肾结石和妇科疾病，右眼有飞蚊症，还有过敏性皮肤病。

我告诉她："你的病是在情感关系上有着两性关系的链接缺失所造成的，你现在的婚姻是第二次吧？"她回答："是的。"我说："你很爱第一个男友，很无奈地分手，但是到现在心里还是放不下他吧？"她回答："是的。"她的声音中透出了一种伤感。

虽然是通过网络进行身心健康的咨询，听得出来，她对第一个男友依然有着很深的感情，虽然已过去近20年，但与他情感的链接仍然割舍不断。在生活中，她与丈夫的感情也很好，只是当自己不如意的时候，就会联想到第一个男友。许多身心问题都是由情绪引起，导致心理链接错失，这也是肾器官的病因之一。

当时她很爱他，但是有一天，身边的朋友告诉她，男友其实另有所爱，当时这个消息对她来说，就像晴天霹雳一样，她根本不愿意相信朋友的话。可是事实如此，对方提出了分手，她心里很难过，不相信，也无法相信。

我们知道，人的情绪有定位与定向性，女性身体右侧出现状况，对应家庭与孩子。吕女士在心里爱着男友，思想层面不想再看他，可是又在同一个单位，当时的情绪犹如蚊虫飞舞，想"打死"又无力，这也为日后右眼的飞蚊症埋下了伏笔。人的眼睛看东西基本都是一样的，如果只是右侧出现问题而且也没有遇到外部的伤害，那往往是精神层面的问题。

脸红过敏的情况不少也是源于感情的问题。和第二个男朋友相处中，为自己的"情有所钟"而感到不好意思，心里过意不去，表现在身体上就会出现脸红羞愧的症状。

因为感情问题导致的疾病状况，可以通过"情志疗法"来化解，走出情感的困扰，让自己回归到平和的生活中来。

两年前，我遇到过一位62岁的肾癌患者，也是这样的情况。她内心始终怀抱着对第一个男朋友的思念，两个人最终没能走到一起，后来她就草草结了婚。但是她一直想见到他，无数次地梦到他，内心非常愧疚，觉得是自己没有保护好他。她对那段爱情经历久久不能忘怀。情感虽然美好，一旦变成执念，却在自己的身体里埋下了疾病的种子。

"执子之手，与子偕老"是多少人对爱情和婚姻最美好的向往！现实中，虽然有种种的不如意和小问题，但是我们每个人应该学会正确地对待感情中的情绪问题，不要由小及大，不要积累怨怼，真诚以待，平和相处，婚姻才能长远。

第十八章
为什么指标正常的人会突然死于心脏病？

根据世界卫生组织的报告，致死率最高的疾病是心脏病。2019年，国家心血管病中心发布《中国心血管病报告2018》的数据显示，中国心血管病现患人数已高达2.9亿，即每10个成年人中就有2人患心血管疾病。而且，很多心血管疾病的发生非常突然，让人难以应对。

一、心脏的重要作用

《心情好，心脏就会好》一书的作者米米·嘉妮丽博士根据自己的从医经验和前沿科学研究，揭开一个令人震惊的医学结论：50%的心脏病是医院无法检测出来的。心脏不仅仅是一个机械压力泵，更是一个智能器官；它有自己特殊的"语言"，并通过压力、抑郁、愤怒、悲伤等情绪表达自身的问题。因此，治疗心脏病最好的药不是阿司匹林、斯达停舒和ACE抑制剂，而是爱、宽恕和乐观向上的心态，这个研究结论为我们研究心脏健康提供了全新的视角。

心脏的作用是借由搏动推动血液流动，将血液运行至身体各个部分，以供应氧和各种营养物质，并带走代谢的最终产物（如二氧化碳、尿素和尿酸等），使细胞维持正常的代谢功能。当心脏出现问题时，身体各处的血液就会出现灌流不足，从而导致器官的衰竭。如当脑供血不足时间过长时，就会造成脑部缺氧，进而导致脑死亡；当肾脏供血不足过长时，肾细胞就会逐渐坏死。

作为人体最重要的器官，心脏的状况对于人的生命来讲是至关重要的。为了使心脏保有良好机能，很多病人听从专家学者的建议——吃素食、练瑜伽、静坐放松自己，饮食上低盐、低糖、少油。这些建议都是好的，都是对人的健康有益和起到积极作用的，但是还很不够，因为心脏疾病与情绪的关系更为重要。

中医讲：心为神之居、血之主、脉之宗，起着主宰生命活动的作用。明代著名医学家张介宾在《类经》中说："心为五脏六腑之大主，而总统魂魄，兼赅意志，故忧动于心则肺应，思动于心则脾应，怒动于心则肝应，恐动于心则肾应，此所以五志唯心所使也。"心主血脉，血液是神志活动的物质基础，所以把心称为脏腑之主。

《黄帝内经》说："静则神藏，躁则消亡。"静，是指人的精神、情志保持在淡泊宁静的状态，神气清静而无杂念，可达到心神平安的目的。"喜伤心"指的是过喜会使心气涣散，魂不守舍。

《灵枢·本神》有言："喜乐者，神惮散而不藏。"《医碥·气》也说："喜则气缓，志气通畅和缓本无病，然过于喜则心神散荡不藏，为笑不休，为气不收，甚则为狂。"心藏神，心神散荡，喜笑不休则伤心。

心脏——"君主之官，神明出焉"。

君：领导、长辈，疾病定位来源于管控你、说了算或者你特别害怕的人和动物。

主：自己、自家、别人，各种主意，各种主义。

神明：心神，无所不在，无所不能，无形控制有形，神明安脏腑。

心脏：主血，主大事，喜伤心，苦入心。

主血（需要）：全身营养（氧）需要的供给。红细胞多少和钱财方面的心理对应，白细胞和保护心理对应，血小板和修复功能对应，血色素和需求满足与否心理对应。

主大事： 一些大事、高兴事面对不了。

喜伤心： 为好过于高兴；求好多，没得到好（虚），得到好（实）。

苦入心： 苦难、辛苦、痛苦等苦性心理，影响心血。

二、部分情绪与心脏病的对应关系

心脏处于我们感情的最深处，它记录着各种苦痛、创伤、悸动，而且有着上千种复杂的感情——佛教中称人有"六情"，怒、妒、畏、惧、耻、悲伤。在情绪压力之下，我们的身体分泌出一些压力荷尔蒙，使得血压和心跳都急剧升高，导致动脉更为狭窄。肾上腺素正是其中一种压力荷尔蒙，它使血小板变得黏稠，血液的胆固醇水平提高。许多证据也表明性情暴躁易怒的人容易患上心房颤动，这是一种非常危险的心律失常。

从人体的角度来看，敌意与愤怒的意念就像正在响动的警铃，警告身体准备好打一场硬仗。人处于高度戒备状态时，心跳会加速，肌肉紧绷，压力荷尔蒙会释放出来，视力与听觉都会变得敏锐。只有当威胁消除以后，人体的这些反应才会逐渐消散。但是一个易怒的人常常带有这些应激反应，那些怒火就像随时爆发的大锅炉一样。

对心脏危害较大的还有悲伤。在悲伤的气氛中，身体从交感神经系统中分泌出大量的压力荷尔蒙，使得心跳加速，动脉缩紧，因而会出现一些心脏病的症状，比如心痛、气促和休克等。现在，医学研究者已明确地将悲伤列为心脏病发作的诱因之一。

在一项持续了4年的研究中，研究者调查了1774名突发性心肌梗塞的患者。他们会被问及很多问题，其中之一便是："在过去几年内，你是否听到亲朋好友或者是生命中非常重要的人的死讯？"资料显示，至爱之人的死亡与心肌梗塞之间有一定联系。在听到至爱之人死去之后的头24小时里，心脏病发作的概率是平时的14倍；在第二天，变成8倍；第三天，则是6倍。悲伤深深地损伤着病人的神经，但是，很多病人常常把伤痕深埋在心里而不愿意暴露。

丹麦的研究人员调查了超过21000名父母，他们的孩子死于1980-1996

年间。研究人员将他们的健康纪录与 30 万名孩子仍然健在的父母相对比。结果发现，相对于其他母亲，那些失去孩子的母亲更容易有自杀倾向或者发生意外死亡。那些失去孩子的父亲在头四年里自杀或意外死亡的概率比其他父亲高两倍。医生们相信，正是孩子死亡带来的悲痛与重压提高了父母的死亡率。

部分心脏方面疾病与情绪的对应关系归纳如下：

第一、在"盼望好"的欲望下产生的亢奋、激动、气、急、恨等情绪；

第二、爱面子、说假话、伪装自己、耍心眼、找借口、损人利己、坑蒙拐骗、心惊胆战、心生妒忌、暗中与对方较劲等情绪；

第三、因需要没有得到满足或受到伤害造成的失落、惊恐、紧张等情绪；

第四、早年经历中受到伤害而产生的委屈、悔恨、恐惧、害怕、愤怒、压抑、爱恨交加、伤感与激动等情绪。

三、心脏病的"情志疗法"调理

哈佛大学针对约翰·霍普金斯大学的学生进行了一项持续了 42 年的跟踪调查。结果表明，童年时父母与孩子关系不好是诱发疾病的重要因素，这些疾病甚至包括了这些孩子到中年时期出现的心脏病、癌症。

40 多岁的郭女士在"生命智慧"课堂上讲述过自己的状况："从小到大，一到阴天下雨时就会觉得心里很痛、很闷，看了很多中医、西医，做了各种检查都没有查出任何问题。"从这段讲述中，我知道了她的病不是来自身体而是来自心智中有过的"种子"造成的无意识伤害。只有将"种子"有效清除，身体才可能恢复。

通过"情志疗法"的引导，郭女士很快想到了 14 岁时发生的一幕。那是一个阴雨天，她与父母一起坐车回老家，三人并坐在一排。郭女士坐在靠窗的位置，歪着头看着窗外的细雨，随着汽车来回地晃动睡着了。昏昏欲睡中，她隐约听到了父母的聊天。妈妈说："这孩子长得不好，学习又一般，以后嫁人都很困难。"父亲回应道："是啊。如果找不到好人家，以后她的日子可怎么过啊？咱们家四个孩子就数她笨……"父母以为孩子睡着了，什么都听不到，更没有意识到他们对孩子的这些话会给郭女士日后造成多么大的心灵伤害。

郭女士讲述了这个过程后，我问她："你当时感受如何？"她说："心很痛、很闷。"说到这里，她不禁流下了眼泪。接着我继续让她重复父母的对话，释放曾经压抑多年一直无法释怀的情绪。她的情绪也由最初的激动渐渐地平复下来。她记忆中那个不悦的经历和父母无意中对她造成的创伤在重复数遍之后也慢慢地得到了释怀。

随着情绪的释放，她理解了父母当时的状况，以及说这番话只是源于对孩子朴素的爱。她终于理解和接受了父母当时对她的爱、对她的关心。郭女士的脸色慢慢红润了起来，一个被锁住的生命点打开了。从此，郭女士下雨天心痛难受的状况也消失了。

看似无意的一段对话，却在郭女士的记忆中留下了一个深刻的印痕。当时的经历编制了一个生命程序，一直伴随着郭女士的生活并不断地起着作用。印痕记录着当时父母的对话以及窗外的雨声，根植的"种子"造成了日后每当阴雨天郭女士就会有胸痛胸闷的状况。郭女士从病理医学上检查身体并没有任何问题，但心智却创造了一种表现。这种表现来自于父母对孩子淳朴的爱，可是这种爱却让孩子感到了窒息、压抑和心痛，以至于日后身体产生了病理反应。

某些难言之隐也会化作情绪停留在我们的生命中，影响心脏的健康跳动。"心转病移"的课堂上有很多这样的例子——

情绪造成身体器官的定向与定位反应，心房颤动对应的情绪是：受到突然的惊吓或意外发生的事情，而产生惊恐、害怕、恐慌等情绪。早搏对应的情绪多是：对没有发生的事情而担忧、紧张、害怕。

2018年4月下旬，一位40岁的女性朋友十分着急地告诉我，前几天体检时查出心脏有问题，所以心里很焦虑。我告诉她不用着急，时间上刚好可以到广州来参加我的"心转病移"课程，一切都会好的。在开课前，她到广东省人民医院再次做了检查，结论是偶发室性早搏。

在"心转病移"课程中，我为她做了心脏早搏的个案处理，整个过程大约40分钟。让她放松后，我引导她回忆最近有什么不开心的事情。她马上想到体检时被医生很慎重地告知其心脏有问题，最好是考虑马上住院，进行深入检查。我问她当时听到医生这么说有什么情绪。她说很担心、很害怕，因为自己的孩子还小，先生也需要自己照顾。接着，我以此为线索，开始询问在更早之前还有什么事情让她有同样的情绪。

她马上想起二女儿因为在学校没有获得自己想要的成绩，觉得活着没有意思了，甚至还想尝试割脉自杀。我问她："知道这件事情的时候，你有什么情绪？"她说："我很担心，很害怕！"我用"情志疗法"的技术让她重复这两句话。在第二次重复的时候，她已经泪流满面。重复了十多遍后，她的情绪由激动到慢慢平复，并说出了压抑已久想对二女儿说的话。这时候，我问她身体什么感受。她说感到心脏处没有之前那样紧绷了，舒展了一些。

她平静下来后，再次回忆更早以前还有什么担心、害怕的事情。她说："我担心先生的身体，因为他有时候身体也不好。"我说："当你看到先生身体不好的时候你有什么感受？"她回答："很担心，很害怕！"我继续用"情志疗法"技术让她重复这两句话。她重复的声音也从开始的压抑变得越来越激动，直到重复近二十次后，她的情绪才开始缓和下来，也说出了她对先生最担心害怕的话。说完后，她长长舒了口气。

我继续引导她回忆在更早以前还有什么担心、害怕的事情。她马上联想到小时候和哥哥姐姐在一个漆黑的夜晚骑车回家的路上，在田埂上感觉到车子压到了什么东西，然后就听到响起可怕的狗叫声。当时她吓坏了，和哥哥姐姐一起飞快地骑着自行车冲向家。一进家门直接把车子一扔就冲进自己的房间反锁了房门。这时候我问她当时什么感受。她大声喊起来："我很担心，很害怕！"经过再次释放，她的情绪缓慢平稳下来。我让她再次回想那些担心、害怕的经历，她回忆每一次经历后都笑笑说："没有任何担心与害怕了。"我再问她身体什么感觉。她长长舒了口气："背上热热的，心口的位置放松了，暖暖的。"

情绪释放后，我用手法舒缓她心脏对应的能量淤堵点，开始一按压下去，她感到很痛，经过20分钟调理后，再按压相同的部位就没有痛感了，她感到很舒服，呼吸畅通，人也精神很多。

课程结束后不久，她再次前往同一家医院请同一位医生进行同样的检查，报告显示心脏早搏症状不见了。

心绞痛对应的情绪多是：着急、担心，气、急、恨、怕的情绪。怨恨、恐惧情绪，不爱自己、不能原谅自己与原谅他人，争强好胜。为了把事情做好有自己的一套标准，要求每个人都按这个标准去做，当别人做事和自己标准不符时，就与人较劲。

来自惠州的64岁的王女士在女儿强力恳求下和丈夫一起来参加"心转病移"课程。她见到我就哭了起来，告诉我："以前女儿给我买衣服，我让她不要买，因为觉得自己没几天活了，不知道今天睡觉，明天还能不能起来。以前在家里每隔几天就会心绞痛发作一次，发作时汗就像黄豆粒一样往下滴，吃速效救心丸都缓不过来，还去医院急救过几次，心脏安了两个支架，活着没有信心。每天出门都要人陪，上卫生间都不敢关门，怕一下倒在地上起不来。和父亲的感情最好，今年父亲走了，一家人担心我的身体，不敢告诉我。有一天无意中得知这个消息，当时就倒地嚎啕大哭，到现在三个多月，每天只要想到父亲的去世就会伤心落泪，晚上失眠，吃不下，睡不着。女儿看到我这个样子，只好找您来帮助我了。"

我知道她的心绞痛大多是情绪问题，于是在课程上找到合适的时机用"情志疗法"引导她讲出多年来内心压抑的苦楚，也借助大家的力量与她做了能量链接。她的心脏感受到一股暖流，心门一下子打开，过去揪心的感受消失了，脸色也逐渐红润起来。

一次，我们在广州开分享会，她特意从惠州赶到广州与大家分享自己的经历和生活中的改变。她说："回家后，出行时不但不用别人陪，自己还可以抱着17斤的外孙走4公里也不成问题。"

一位心内科专家在一次演讲中说："愤怒可以使我们的心脏病风险在2个小时内上升75%。有个病人，他在吃饭时和孩子发生激烈争吵，然后胸痛送到医院诊断为心肌梗死。马上做造影，发现血管是好的，但是这个病人还是心脏破裂了，怎么解释？就是因为他的严重过激行为导致血管严重收缩，虽然没有狭窄，但是造成了大面积的心脏坏死。

还有一个人，因为年轻，怕他长期吃一些抗凝药物而产生抗体，出于好心给他做了瓣膜修补术，但不是金属瓣膜。结果他回到家，上班路上发脾气瓣膜破了。

如果你去炒股，不管是涨还是跌，你的冠心病风险都会增加，因为无论高兴或失望，你的情绪都会有较大波动。

我们有研究报告看到孤独的危险，跟每天抽15支香烟是一样的；敌意增加19%的心脏风险；心怀恶意增加一倍的死亡风险；夫妻吵架15分钟影响健康；善良的女士死亡风险降低；有生活目标的人死亡率降低；心怀感恩的人明显身心健康；乐观者健康程度增加一倍。这其实就是我们应该去执行的，这不是保健，而是我们的生活智慧。

心理疾病会影响躯体，同时躯体也可以影响到心理，包括高血压、冠心病和心肌梗死，实际上都是我们所讲的身心疾病。

孔子说'仁者寿，大德必有其寿'，中医讲'心乱则百病生，心静则万病息'。正心就是：去除不安情绪，不被物欲蒙蔽，保持心灵的安宁。提高品德修养，'内圣外王'才是真正的养生智慧。"

冠状动脉狭窄是造成心脏问题的重要原因，但有的人年纪不大，因为激烈的情绪，出现心肌梗死。检查发现，冠状动脉的淤堵状况到不了死亡的程度，比很多老人轻很多，这是因为情绪所导致。

人的生命是有限的，我们都渴望延长生命，过着高质量的生活。这就需要我们去了解生命的规律，了解身体和疾病之间的联系，了解自己的情绪，掌握生命的主导权，预防疾病。千万不要死于无知，我们要尊重生命，不断学习提升自己，让生命更有价值！

第十九章
为什么"心硬"也会带来疾病？

上一讲我们解读了心脏疾病与情绪的关系，心内的懊悔、委屈、恐惧等情绪都会给心脏带来负担，最终形成不同的疾病。这一讲我们重点分析冠状动脉硬化对应的情绪关系及调理。

一、冠状动脉疾病的情绪原因

人的冠状动脉源起主动脉，由三条分支组成，供应整个心脏所需的营养和氧气。所以，心脏是依赖于冠状动脉而存在的。当冠状动脉出现问题时，身体就会出现心绞痛及心肌梗死。当冠状动脉粥状硬化越来越严重时，心脏的供血管就会慢慢地变窄，甚至发生堵塞，从而使心肌处于缺氧状态，形成我们常说的冠状动脉疾病。

现代病理医学的观点认为，高血压、糖尿病及动脉硬化都与冠状动脉疾病有直接的关联。这也是医学界提出要控制高血压、高胆固醇以防止心血管病变的原因所在。血压及胆固醇的持续升高会使冠状动脉的硬化加剧，因此，医学专家们会劝大家在饮食上坚持低盐、低糖、少油的原则。

从情绪的角度来看，我们认为饮食、运动及体质的缺失对心脏有一定影响，但并不是冠状动脉疾病产生的最主要原因。大量实例总结证明，冠状动脉疾病的产生与人特有的情绪性格有着紧密的关联，这一点也已经被医学研究所证实。

当比较强势的人在现实中遭遇攻击或愤怒时，就会让自己迅速地变得更加强势起来。这样的情绪作用在身体上，天生敏感柔软的心脏就会因为肌肉收紧而逐渐缺氧变得不再柔软。在这种人看来，仁慈与心软都是懦弱的表现，对自己来说是成事不足、败事有余。如此一来，那颗逐渐变硬的心就会经常处在缺血、缺氧的状态中，发展到一定程度会形成病变。

冠状动脉疾病对应的情绪特征有：凡事急于求成、争强好胜，一遇到自己不满意的事情就会火冒三丈；不愿意服输、坚强而努力，不允许自己心软。由此，思想中就会形成一种观念——要足够果断和强势；如果自己的心肠足够硬，如果自己足够坚强，就一定能够战胜别人，获得更大的成功。

因此，对于冠状动脉疾病的调理，不管是调整饮食结构、适量运动，还是合理用药，甚至是介入支架的微创手术或搭桥手术，前提都需要舒缓情绪。

主动脉中流淌着的是由心脏泵出的血液，心脏代表爱，动脉输送爱，所以面对心脏状况，首先要唤起患者内在的爱的能量，让其懂得慈悲与善良并不是怯懦的表现、柔软并不意味着脆弱或不堪一击。追求成功和卓越并没有错，但这与内心的仁慈与善良并不矛盾。事实上，只有那些怀着对世界悲悯之心、懂得敬天爱人、对社会充满感恩、对他人具有关爱之意的人，才能够做出真正卓尔不凡的事情，才能够让自己的人生丰沛而富足。当人生命内在的爱被唤醒时，就会发现：在不断的攀比中所带来的东西，并不会让人获得真正的快乐，只有在爱的氛围中互助互赢、彼此成就，才是人生真正的成功。

人生就是一种选择，无谓对错。不同的选择就会有不同的结果，没有十全十美，也不会总是倒霉。每一个结果都是人生的一次经历，而能够通过经历来回看自己、调整和改变自己就是一次觉悟。

每个人都有良知。当做了不该做的事情，内心会纠结，怕被别人发现，甚至听到别人谈论与这件事情有关的话题就会紧张、害怕和恐惧。常言说："平生不做亏心事，半夜不怕鬼敲门。"心里坦荡，才能心安理得。

一项以 149 名患有胸绞痛的患者作为样本的研究表明，当他们被问及在心脏病发作以前是否感觉到关爱与扶助，那些回答"是"的人往往很少发展成冠心病。

在心脏病研究领域，人们已经发现乐观心态会降低死亡概率。在实验中，那些乐观向上的病人的心血管疾病发病率和平均死亡率，均远远低于个性消极低落的病人。哈佛大学公共健康学院的研究指出，乐观积极会降低老年人的心脏病死亡率，而消极沮丧则反之。匹兹堡大学的研究者也说，乐观开朗的妇女颈动脉血管壁不会变厚。

现代科学已经证实了长时间的忍耐是一种实实在在的精神重压。研究表明，那些遭受了不公与冤屈的人往往会患上与压力有关的病症，而且，他们的心血管病死亡率远高于正常人。威斯康星大学的研究人员召集了 36 名患有冠心病的男病人，他们都具有与家庭冲突、童年遭遇、工作经历、战争等因素有关的精神压力。后来，那些接受了宽容训练的人的心肌回血状况得到了明显改善。

心情不好，心脏自然就会不好。有研究指出，抑郁和焦虑会使血压升高，影响心律，改变血液凝固状况，最终导致体内胰岛素和胆固醇指标升高。所以抑郁症和心脏病总是一前一后，结伴而行。爱是调理心脏病的良药！

痛苦、愤怒、仇恨和恐惧情绪长期困扰着很多人，使其血压升高，改变荷尔蒙的分泌，并诱发心血管疾病，降低人体的免疫力。在一项研究中，研究人员要求试验者回忆生活中发生过的琐事，同时测试他们的心率与出汗频率。他们发现，一旦心率与出汗频率提高，肌肉紧张度也随之升高。另一项测试则分别针对 20 名人际关系良好的人和 20 名人际关系糟糕的人进行。当后者被问及他们的人际交往状况时，他们体内的皮质醇指标就会增高，而体内皮质醇是一种能够损害免疫功能的压力荷尔蒙。

人的思想和精神会影响体内皮质醇和肾上腺素等压力荷尔蒙的分泌，而这些荷尔蒙则导致高胆固醇和高血糖，从而诱发心脏病。一位称职的医生不仅应该了解病人的心脏状况，还应该了解病人的心理状况。从心入手，才能够解心病。

部分冠心病与情绪的对应关系归纳如下：

第一，与那些不合理、不公平的事情抗争，并引起气、急、恨的情绪；
第二，遇到好的结果容易产生激动、亢奋所引发的情绪；
第三，当自己遇到不顺时，过分的想不通、生气、怨恨、悔恨等而产生的情绪。

二、冠状动脉疾病的"情志疗法"调理

2018年8月的"生命智慧"课程上有一位心脏问题患者，曾在北京某医院做造影检查，结果显示左右心脏冠状动脉粥样硬化LM40%，RCA40%，也就是血管堵塞各40%。医生告诉她，血管堵塞50%就是心脏病，堵塞70%以上就需要做支架，堵塞更甚需要搭桥。心脏冠状动脉粥样硬化这种病如果没有及时发现预防，以后会发展成心绞痛，最严重时会死于心梗。

医生根据病情，要求她终身服用阿司匹林和降血脂的药，不能喝咖啡和茶，吃饭要低脂、低盐、保持好的心情等。她当时心里非常害怕，感觉自己的生命快到尽头了，稍有不慎随时会死亡，人生第一次感觉到死亡的可怕。

我看到她的检查结果后，在课上对他做了个案处理。我问她："知道自己生病后什么事情最担心？"她立刻说："怕自己死后父母没人照顾，孩子没人管。"一边说，一边痛哭起来，还感觉胸口沉闷、后背疼痛。我用"情志疗法"，引导她释放了多年压抑的情绪，她觉得胸口的沉闷感减轻了一些。

接着我引导她回想起近二十年的经历中所一直担忧与害怕的事情。她长大后考学远离父母，当父母闹矛盾时，妈妈总是在电话中哭诉爸爸的种种不是。她感觉无能为力，既劝不好妈妈，也不能去责备爸爸，久而久之，她就一直处于担忧及害怕父母发生争吵的情绪中——既担忧又无助，还很害怕。甚至有时候妈妈不打电话，她还想是不是父母又吵架了不告诉自己。说到此处，她的情绪再次激动，胸口像压了一块石头，后背疼痛，出气不畅。我让她深呼吸，大声说出多年来想对父亲说而没有说出压抑在心里的话。情绪释

放后，她感觉胸口沉闷、后背疼痛减轻了很多。

我继续引导她还有什么事情让她难受和害怕。她回忆起自己第一次高考失利后的无助，觉得很没面子，不知道以后的人生路怎么走而特别担忧。就这样，在一次次的引导下，她心里担忧的情绪一点一点释放出来，她说感觉身体一下子轻松了很多，胸口和后背的疼痛感也没有了。我知道压了她二十多年的心里话终于说出来了，担心、焦虑、害怕的情绪化解了。当我再次问她对爸爸妈妈是否还担忧时，她说这都是小事了，没有像以前那样的纠结了，也不再在意高考失利的事情了。

回到北京后，2018年9月6日，她带着以前的检查报告到中日友好医院再次做检查。医生为她做了平板运动检查后结果显示阴性，ST-T无改变，表明心脏没有问题了。几位医生会诊了她的心脏造影影像资料，都认为她的心脏没有问题，也不用长期服用阿司匹林。这一刻她彻底放松了。

中医理论讲喜伤心，喜也是期盼。这二十多年，她一直期盼爸爸妈妈和睦相处，但是事与愿违，所以在她的身体细胞里就种下了担忧与害怕的种子，久而久之就会影响身体器官。冠心病对应的情绪就是对人、事、物盼望好的结果，但没有得到而产生恨、气、怕，焦虑和担心的情绪。运用"情志疗法"能够在很短的时间里找到情绪的"种子"，处理造成心脏问题的情绪，做到心转则病移。

"梗"的字意：直，挺立，如梗着脖子；正直，直爽，如梗直；阻塞，妨碍，如梗阻，心肌梗死。生活中也常常用到包含梗字的成语，如从中作梗、暗中作梗、顽梗不化等，表示在事件进行中故意为难、设置障碍、从中破坏、暗自从中阻挠、顽固而不知变通等。

透过"梗"字的意思我们可以看到，心肌梗塞也是因为堵塞、障碍所导致的疾病。具体来说，是由于冠状动脉发生堵塞，使心脏供血中断，导致心肌供血远端心肌发生缺血坏死，从而引发一些不适症状。典型者可表现为胸口剧烈疼痛等，疼痛部位一般位于胸骨后的中段及下段，疼痛特点为放射性、压榨样并伴有明显濒死感，可持续30分钟以上或数小时，在休息或含服硝酸甘油后并不能化解，同时伴有心慌、大汗，严重时可出现休克、晕厥、猝死。非典型者则可能出现气喘、眩晕、胃肠道不适、左侧牙痛等。

身体的梗塞，很大程度上与精神思想所创造出来的情绪有关，首先是情绪上出现了过不去的坎儿，身体才会跟着有所反应。

"心转病移"课上，一位来自吉林的女士说，自己头天晚上心脏很痛。我问她什么时候开始有心痛的症状。她表示两年前就开始出现心绞痛，好几次都难受的在地上打滚，大汗淋漓。我继续问她在出现心绞痛前的六个月，生活中出现过什么让自己难过心痛的事情。她的眼圈立刻就红了，而且眼中有着很大的怨气和怒火。接下来，她生气地说起自己离婚了，而且离婚的原因是丈夫和自己最好的闺蜜在一起了，还带走了两个孩子，她恨闺蜜，恨之入骨……她很爱自己的前夫，两个人是大学同学，一路走来也很不容易，但是两个人相处中遇到了问题。丈夫最不满她脾气大，吵架的时候能将房间里的东西都砸了；自己最不能容忍的是丈夫遇到不如意的事情就会大喊大叫。

每个人现实中的行为都是对过往经历的复制，看上去她会乱砸东西，其实说明早年生活经历中的情绪一直淤堵在心里，类似的感觉再次出现时，细胞记忆就会不自觉地让自己做出非理性行为。

我问她小时候有没有看过父母发生矛盾的样子。她立刻说，父母经常吵架，父亲吵不过母亲就会大喊大叫，母亲气急了就会摔东西。说到这里，她意识到了自己和丈夫的行为其实是对父母的复刻，不是前夫的问题，是自己出了问题，失声大哭起来。我运用情志疗法为她进行情绪疏导，从吵架时的情绪出发，找到了生活中几处愤怒、委屈相关联的情绪，进行了多次释放。每次释放的开始，她都非常的激动，许久才能平静下来。全部释放结束以后，我再问她对于那些经历有什么样的感受，她说不再难过了，都已经过去了，现在没有任何情绪了。

思想创造了物质身体的定向性与定位性反应，生命能量的淤堵带来器官的病变。心里想不通，身体的能量没有办法恢复正常流动，自然就会发生梗阻。

当情绪释放后，再加上疏通能量淤堵点手法的调理，她说内心感到一股暖流，不再那么难受了。

心软不代表懦弱，心硬最终伤身。看上去我们讨论的是疾病，实际上讨论的是人生，是生活，是生命的哲学。只有在生活中能够做到平和处事，立身持正，慈悲为怀的人，才能够拥有一个好的身体。

第二十章
人真的会吓破胆吗？

> 胆是六腑之一，又属奇恒之腑。胆呈囊形，附于肝之短叶间，与肝相连。肝和胆又有经脉相互络属，互为表里。胆的主要功能是贮存和排泄胆汁，并参与饮食的消化。生活中常听到吓破了胆，难道这是真的吗？

一、情绪与胆部疾病的对应关系

一位医生曾经历过这样一个案例：一位女性患者初次就诊时所有症状和严重程度都显示为胆囊绞痛。于是他按照医学判断做出了胆囊炎的诊断，当天就为患者注射了3针止痛剂。之后彻底止住了患者那难以忍受的疼痛。

而也因为患者当时止住了疼痛，所以他就没有再去详细了解发病原因。但是这位患者在接下来的日子一次又一次到他这里看病，症状都与第一次来时一样，而且一次比一次严重，他建议患者做了胆囊切除手术。手术后患者感觉良好，就没有再去医院。

可是几个月后，这位患者的再次造访摧毁了这位医生的判断：同样的疼痛再次发作了。可是胆囊明明已经切除了，为什么患者还会像胆囊炎那样疼呢？在与患者聊天的过程中医生才了解到：这位患者的儿子是一位年轻军人。在第一次发病前她的儿子来信说要参战了，但并没有具体说清楚去哪儿。患者这次发病的前两天刚从别人口中知道自己的儿子已经到了前线,并且已经参战了。没多久她的"胆囊炎"就发作了。接着,她又得知了儿子受伤的消息……就这样,莫名其妙的疼痛就一直伴随着她。最终,当这位患者的儿子从战场回到她的身边后,她的胆囊位置再也没有痛过。

中医治病是通过患者外在的症状来探寻患者内在的问题。人的身体是一个能量场。能量也就是中医所谈的气。气在人的身体中有自己的运行通道,即气道。中国传统文化的精华是神气文化。中医讲"神统气,气化形"。"神"即是我们的思想,它在上层,直接影响"气",即能量。能量从思想之处下来之后,就形成了我们身体的各种状况。

我们常用"大胆"形容果断勇敢、迎难而上的人;用"胆小"形容畏畏缩缩、临阵脱逃的人;心理学中也有"胆汁质"这样的性格类型,比喻情感、动作的发生都十分迅速的人。生活中描述遇到一件让人担惊害怕的事情用"吓破了胆",也就是害怕到了极致;描述一个人胆大妄为,用"吃了豹子胆"来形容。可见,具有强烈的攻击和恐惧的情绪与胆有对应关系。

中医理论认为"惊伤心胆",即大惊会伤心神及胆。《素问·举痛论》有言:"惊则心无所依,神无所归,虑无所定,故气乱矣。"《济生方·惊悸怔忡健忘门》曰:"夫惊悸者,心虚胆怯之所致也。且心者君主之官,神明出焉,胆者中正之官,决断出焉。心气安逸,胆气不怯,决断思虑得其所矣。或因事有所大惊,或闻虚响,或见异相,登高涉险,惊忤心神,气与涎郁,遂使惊悸。"

综上所述,就是说过大的惊吓和战战兢兢的情绪都会伤及胆部,容易引起胆部疾病。然而,很多人却不注重患者病发的情绪因素。比如,对于较严重的胆结石患者,大多医生都会建议把胆囊切除;可当人把胆囊切除后,胆管里就容易长出结石,于是医生会建议病人再把胆管切除。可是胆管切除后,如果病患又发展到肝脏该怎么办呢?其实,如果我们把病人产生结石的病根(情绪诱因)找到并有效处理,很可能不用切除身体器官也可以让病人恢复健康。

部分胆部疾病与情绪的对应关系归纳如下：

第一，认为自己总是对的，坚持自己的真理不服输、不服软，与对方较劲；

第二，对自己要求严格、对别人也同样严格，努力要改变对方而产生的情绪。

二、胆部疾病的"情志疗法"调理

在"心转病移"的课程上，一位学员说她在半年前患上了胆结石，有时弯腰或做个动作都会有隐隐痛感。我用"情志疗法"引导她回忆过往的经历：在她小时候父母经常打架。争执严重的时候，父亲就会对母亲施加暴力，每当父母打架她都非常的惊恐，从小对父母恨之有加。而且在她6岁的时候父亲出轨了，家庭也彻底破裂。

这些年她一直对父亲的过错耿耿于怀、充满怨恨。后来经过各种学习，她也知道要感恩父亲，没有父亲也就没有自己的生命，但每当想到父亲就很生气，认定就是因为父亲早年对母亲的虐待，才造成母亲在她26岁的时候患上癌症去世。现在父亲也是一个人生活，身患重病。虽然她也知道应该对父亲尽孝，但就是无法释怀对父亲的怨怼。

我首先引导她释放当下对父亲的怨恨与难过情绪，然后顺着情绪的线索查找更早以前的经历。逐渐地，她回忆起在单位中因为好强失去了本应提升的职位；在高中时为打抱不平而得罪了班主任，不喜欢自己；小学时候告发班长作弊，结果受到全班孤立；小时候父母打架，家庭突发变故。在一个小时的情绪释放中，她看到自己这一生都在难过、怨恨中，只是人和地点不同，但感受都是一样的。通过"心转病移"课程上的个案和解读，很多人都懂得了我们的认知来自早年经历中的情绪；如果不能将细胞记忆中那些不健康的记忆种子清除与化解，人就会不停地遇到会造成相同感受的事件。后来再次见到她，她说因胆结石作痛的地方现在不痛了，再弯腰也没有疼痛感了。

一只在南美洲亚马孙河流域热带雨林中的蝴蝶偶尔扇动了几下翅膀,可能引起两周后在美国德克萨斯州的一场龙卷风。原因是蝴蝶翅膀的运动导致身边的空气系统发生变化,引起微弱气流的产生;而微弱气流的产生又会引起四周空气或其他系统产生相应的变化,由此引起连锁反应,在一定条件下最终导致更大的系统变化。这就是赫赫有名的蝴蝶效应。此效应说明:事物发展的结果对初始条件具有极为敏感的依赖性,初始条件的极小偏差将会引起结果的极大差异。人的情绪也是这样,小情绪压抑久了,其所散发的威力可能整个人生都扛不住。

有位学员是三甲医院的医生,在行医的过程中有很多困惑——有些肿瘤需要手术切除,但是不能跟病人保证就不会复发;有些病人术后做了很多放疗或者化疗,依然很快就复发了。因为对工作的高度责任心,这些问题一直萦绕在她的心头。按照标准程序作出的诊断是合乎准则的、挑不出毛病的治疗方案,但是结果却未必是最好的。带着这些困惑,她学习了很多道教、佛教的知识,有些疑惑稍有缓解,但没有完全解答她的问题。后来她看到了《心转病移》这本书,觉得把自己所有的知识点都能够综合起来,让她真正明白了疾病背后的原因,也因此来到了"心转病移"的课堂。

经过一系列的学习,她掌握了处理情绪问题的原理和方法。她的一个好朋友在医院做B超检查后发现胆囊壁厚达1.2厘米,远超正常标准。很多知名医院开出的治疗方案都是"尽快做手术"。她了解情况后认为手术虽然可以治疗,但是朋友很害怕手术,或许可以通过"情志疗法"试一试。

于是,她在家里为朋友做了两次"情志疗法"调理,之后还邀请朋友参加情志疗法的讲座。之后,她问朋友现在胆囊壁的情况,朋友说处理情绪后再到医院检查,发现胆囊已经正常了。

在很多病例中,我们都看到疏导情绪对化解脏腑疾病的重要作用。但这并不意味着某一种情绪只对应某一种疾病。如果这样想,我们就是再次偏离了中医的整体观,进入了机械对应的观察角度中。

人体是一个有机整体,人的情绪活动复杂多变又总统于心。正如《灵枢·口问》中所言:"心者,五脏六腑之主也……故悲哀愁忧则心动,心动则五脏六腑皆摇。"也就是说，各种情绪都会刺激心脏，当人的心神受损时又会伤及其他脏腑。比如，郁怒会伤肝，当肝气横逆时又常常会危及脾胃，使人出现肝脾不调、肝胃不和等症状；肝郁化火，当人火气上逆时，还可能会导致木侮金，即肝火犯肺等病症。

《黄帝内经》指出各个脏器之间是相互依存、相互平衡的关系。从五行相生相克的关系中我们知道：一种情绪对某一个脏器有"养"的作用，但同时对另一个脏器也有"伤"的作用，所以拥有淡定平静的心情，不骄不躁的处世态度，才能使全身的脏腑器官达到平衡，不受伤害。

中医观点：吓破胆，实为精神刺激的结果。在中医理论中，胆不仅表示胆囊。古语有云："胆者，中正之官，决断出焉"，意思是胆内贮存的精汁是精神活动的基础，有决定、判断事物的功能，是属于精神活动范畴的。至于"吓破胆"，并不是意味着把胆囊吓破，这里的"胆"指代精神、个性，更多的是精神层面受到了刺激和惊吓，影响到人体其他的机能。因为受惊吓而导致死亡的现象，通常是与心脑血管疾病挂钩的。

通过上文的解释，我们知道"吓破胆"是不可能出现的，就算出现胆囊破裂，也不会导致立刻死亡。但是生活中被"吓"死就真的是有可能的，这又跟胆的关系大不大呢？

当我们受到突如其来的惊吓，常常会出现心跳加速、胸口疼痛、头皮发麻等症状，当受到一些强烈且突然的刺激时，一些患有基础性疾病的病人就有危险了！比如有心血管疾病的人，如果突然受到刺激，就很容易出现心律失常、血压波动，继而导致脑卒中、脑出血等。另外，高血压、冠心病等患者，平时也不能受到太大的惊吓或刺激。所以，"吓死"与受刺激的强度、人的疾病基础、个体对刺激的接受程度相关。

赵先生是一位园林设计工程师，今年只有 35 岁。正值盛年的他却是百病缠身。他经常开玩笑说自己不是个"好人"，因为全身上下几乎没有完全健康的地方。在参加"心转病移"课程前，他是一个非常情绪化的人，容易走极端，经常处于大开大合的状态。2018 年体检的时候还查出有胆囊息肉，医生建议手术治疗，他也积极做好各种准备——咨询了哪家医院技术最好、需要花多少钱、术后护理有哪些注意事项……准备手术期间他参加了"心转病移"课程，并且在课上进行了两次情绪处理的练习。

课程结束后，他再次到医院检查，发现息肉已经缩小到 0.5*0.6——医生说不超过 1 厘米就达不到手术指标，现在已经不需要动手术了，观察就好。全身没有一处"好"地方的他，怎么也没想到身体就这么转变了，不再需要做复杂的手术，所以他也不需要提心吊胆了。连单位里的同事都说："赵工，每天看你怎么都是喜气洋洋的呀？"虽然没有进行全身体检，但是他感受到自己因为情绪的化解，内在的能量已经得到了提升，身体也由原来的"保护态"转变为了"生长态"，身体的自我修复能力、免疫力都在提高。

身体的转变在于心智，精神能量的提升给身体注入了最大的原生动力。每个人都可以成为自己的医生，面对疾病不需要过度紧张与害怕，认真反观自己，反观自己的情绪和认知，就能够找到一切问题的答案。

当我们掌握了人生智慧与新的思维方式时，就可以让自己身体的能量流动起来，让自己充满力量、远离疾病，获得重新认识世界和人生的新机会，找到通向幸福生活的道路。

第二十一章
为什么看不起别人容易得颈椎病？

作为现代社会里极为普遍的常见病、多发病，颈椎疾病已被世界卫生组织列为影响人类健康的十大疾病之首！据中国医学研究院不完全统计，每 100 个人中就有超过 70 个人患有颈椎病。而 95% 以上的猝死者、90% 以上的中风患者、85% 以上高位截瘫患者、80% 以上脑血栓患者、75% 以上神经性胃溃疡患者、70% 以上的心肌梗死患者、63% 以上脑瘫病症患者、60% 以上的高血压患者都被由颈椎病引发的并发症困扰……

一、颈椎病的严重危害

我每次在课堂上问大家谁有颈椎病，都会有超过半数的人举手。颈椎病会引起多种并发症，如中风、猝倒、脑梗死、脑萎缩、瘫痪、经常性耳鸣甚至耳聋、神经性肠胃功能紊乱、面部肌肉萎缩、面瘫、顽固失眠、神经衰弱、脑血栓、更年期综合征、肩周炎、肩膀僵硬、甲状腺疾病、哮喘、咽喉问题及咳嗽、手指或手臂麻木及疼痛……这些疾病严重危害着我们的身体健康。

可惜的是大多人患上颈椎病的时候往往都不会及时处理，而是直到疼痛难忍才想要看医生，但这时候其实已经为并发症埋下祸根。

二、部分情绪与颈椎病的对应关系

既然颈椎病对我们的身体有着如此严重的危害，那么其产生的原因究竟是什么呢？常规医学认为，颈椎病主要源自于长时间的坐姿不正确，或其他原因导致颈椎受力过多造成的。可是我们会发现有的人长时间工作却并没有患颈椎病。而且，随着现代文明的发展，人类体力劳动比重大幅下降，颈椎病不但没有减少，反而有着明显的上升趋势。多年来的统计发现，颈椎病患病人群的年龄也在低龄化——过去是中老年人易患此病，现在甚至很多中学生都会患此病。虽然人类的医疗技术和手段在不断更新，可是颈椎病却并没有因此被有效地抑制。

这些年我通过对颈椎病患者个案的调理和观察发现：大多数颈椎病患者都对特定的事物有着一些类似的情绪——也就是说，情绪对颈椎病有很重要的影响。情绪对身体有定向作用，如愤怒的情绪对应肝，生气发怒就会伤肝。如果我们按人身体中各部分的功能对应划分，头部代表领导、长辈、社会、有名望、有能力、有本事的人事物等，颈椎是连接身体和头的关键部位，所以，颈椎的疾病大多来自不服气、看不惯、较劲等情绪。

部分颈椎病与情绪的对应关系归纳如下：

第一、看不惯或看不起父母、领导、权威、老师等比自己有能力的人并与之较劲等情绪；

第二、遇到必须服软的事情或者求别人办事的时候心里不服气、不接受，坚持自己的原则，不愿低头，产生与他人较劲的情绪；

第三、对人、事等的变化、观点不能接受、看不惯，产生暗地较劲的情绪。

三、颈椎病的"情志疗法"调理

这些年我所遇到的颈椎病患者最多的情绪就是和父母、领导较劲。有的人甚至为了早年的一些事情怨恨在心，多年都没有叫过父亲或者母亲。

在一次讲座中我遇到一个人，他颈椎病很严重，头一转动就"咔咔"响。他直挺着脖子告诉我过几天就要做手术了，现在的状况有些危险，不敢大声笑，也不敢做稍大幅度的转头动作。

我问他这些年来一直记恨谁。他回答：父亲。原来父亲和母亲离婚后很快就再婚，所以他认为父亲对不起母亲，于是一直不能原谅父亲。虽然父亲对他很好，但他就是无法接受，一直在怨恨，一说到父亲就怒火中烧。

我向他讲解了他对父亲的这些恨使得他的身体出现这些状况。他听了之后微微点头，眼神中透着羞涩和隐约的悔恨，问我："如果我原谅了父亲，是不是我的颈椎就好了？"我回答他说："不是原谅，是感恩父亲。你也有孩子吧，当时父亲是怎么把你带大的？你想想吧。你如果能够真心感恩父母，你的颈椎就会好很多。还有，你要放下在生活中与领导较劲的情绪。"

他回去后照做，很快颈椎疾病减轻了很多。

这些年我遇到有颈椎问题的朋友都会问："你和父母或单位领导一直在较劲吗？"对方都能说出具体的人。每次我让对方再次回顾这些事情和释放出心中曾经的压抑、怨恨情绪，再用舒缓能量淤堵点的手法调理，很快颈椎病就能得到改善。

中医讲"通则不痛"，当人的身体能量运行顺畅时就不会有淤堵，就不会痛。也就是说，身体有痛的感受就表明某个部位与其他部位之间的能量链接产生了淤堵。当我们找到能量淤堵点，用手法疏通淤堵点后，就可以有效地缓解病痛或治愈病痛。

吴先生颈椎疼痛的问题已经伴随他多年了。他能感觉自己的颈椎很僵硬，转头时还会伴有"咔咔"的响声。我告诉吴先生，这是因为他有着不服气和较劲的情绪，由此才造成了他颈椎的疼痛。

在"生命智慧"二阶课程的呼吸练习活动调理中，吴先生在几次深度呼吸后就感到全身僵硬无法动弹。

我问他哪里不舒服？他回答，头部很麻，颈椎非常痛。我问他想到了什么，看到了什么？他大口喘了几口气后说，想到了和老板生气的事情。我问他想对老板说什么？他说："他是个没有文化的农民，而我是硕士生，因为他给的钱多我才给他打工，要不是为了钱，我才不给他干呢！"

原来，吴先生从小学习成绩都很好，但是为了妻子放弃了大城市的生活和自己的事业。可是本是机电工程专业硕士的他到了小城市找不到用武之地，只好放弃专业，在一家做出口外贸的企业负责出口订单的工作。董事长是农民出身，经过十几年的打拼后把企业做得有声有色，成为同行中的佼佼者，还有自己的生产基地，产、供、销一条龙，为欧洲、南美的几十个国家承接订单，公司信誉、产品质量都很好。虽然董事长没有高学历，却待人和善，很会用人，在工作中也是雷厉风行、说到做到，坚持原则。

吴先生到这家公司应聘时心里就很不平，觉得自己受过高等教育，又有能力，只是英雄无用武之地，只要有机会便可一鸣惊人。但没想到几年过去了，与他同期入职的人都得到了提拔，唯有他还在原地踏步。为此他很是想不开，总觉得是董事长看不起他，于是他就越来越不愿意听董事长的指挥，甚至背地里经常说领导是农民出身、没文化。他也曾多次试着去别的公司应聘，可比来比去还是这家企业的待遇、工作环境更好。在这种不情愿又不服气的心理作用下，他的工作成绩难免就会比别人差，有时还会被批评。几年下来，他的颈椎开始变得僵硬，一转头就会难受。

我运用"情志疗法"引导吴先生讲出了自进入公司以来他对领导所有看不惯、不服气的事情，同时也帮他一一化解。当他释怀了对老板的怨恨，认识到老板虽然是一个普通农民，但有着努力做事的精神，热爱学习的态度和为人处世的大度，认识到自己还有很多应该向老板学习的地方，对老板的看不起、较劲的情绪也转为了感恩老板这些年对自己的关心和给予的帮助。我又为他处理了淤堵能量的气道后，他再次转头时发现不再有"咔咔"声，脖子灵活了很多。

我们内在的情绪会导引气血产生定向的反应与流动。而非正常的气血变化导致相关部位的气道被堵塞，影响了能量的运输。随着这种状况的加剧就会显现为相应部位的疼痛等症状。我们感受到的症状其实是身体在告诉我们这些情绪是错误的。当我们有效处理了这些内在的情绪时，气血与能量就会恢复正常流动。于是"通则不痛"，身体的症状自然就会减轻甚至消失。

2016年7月在珠海举办"关爱健康，尊重生命"讲座后，我准备离开酒店时在大堂遇到了一位三十多岁的女士。她的颈椎疼痛有两年多了，多方求医无效。她自己是一名护士，知道一些情绪和疾病的关系，但并不十分清楚。了解到她疼痛的位置后我肯定地告诉她："这个位置对应的情绪是你对父母的怨气。"

她很惊讶地看着我说："您太神奇了，您是怎么知道的？"我告诉她这不是神奇而是规律——是我多年来处理个案总结出来的经验。我告诉她，她的病不在颈椎而在于她的内心，如果她不能把对父母的怨气化解掉，她的颈椎就很难好。她笑着说："原来是这样啊。我这些年一直生母亲的气。"我告诉她："人的情绪与疾病有对应关系，生谁的气、放不下什么就会在相应的部位显现。思想的障碍会形成身体能量的淤堵，就会形成病的表现。情绪是一种能量，在身体上会形成定向反应。"

她很快理解了我说的话，频频点头表示接受。于是我用手轻微按压她颈椎的疼痛点并问她的感受，她说很痛。我继续让她转动脖子，可以清楚地听到"咔咔"声。我对她说："你的母亲含辛茹苦把你养大，即使有千条错也抵不过把你带到世界上来的这一恩德。没有你的母亲，你怎么能够来到这个世界上呢？有没有觉得孩子很难带？"她点头承认。

我继续说："你想过你的母亲是怎么把你抚养长大的吗？"说到这里她有些难过。我让她跟着我说："感恩父母把我带到这个世界上，你们的恩情我永远报答不完，是你们对我的抚养才有我今天的生命，我过去很无知，总生你们的气,不听你们的话,从今以后我要好好孝敬你们,不再惹你们生气,希望你们能够原谅我过去的错误,爸爸妈妈我爱你们!"我让她不断重复最后一句"爸爸妈妈我爱你们",几遍后她低下头擦拭眼泪。

这时候我再按在她颈椎疼痛的地方,再次问她有什么感受。她突然很激动地说:"疼痛感减轻了。"接着她再次转头,"咔咔"声也小了很多。

另一次公益讲座休息的时候,一位学员带来了她的合作伙伴——她的这位合作伙伴颈椎问题很严重,医院说需要动手术,但手术有60%风险,也就是有可能导致更严重的问题。他拥有自己的企业,经营了十多年还取得了不错的成绩,但是想到自己颈椎问题,求医无望还可能导致更糟糕的后果,于是觉得心灰意冷,打算关闭企业。最近已经在找人洽谈了。

交流的时候,我发现他的颈椎问题确实比较严重。当时我说了句笑话,她的妻子十分惊慌,赶紧对我做出停止的手势。她着急解释——她丈夫的颈椎问题已经非常严重了,几乎不能转头,就算坐车都要十分小心,不能紧急刹车,不然颈椎会出危险,开车和走路时都要带上矫正脖套,预防颈椎随时有可能出现的问题,所以怕他笑起来头一动颈椎承受不住。我也发现和他对话时,他的头都是一个姿势,不能左右和上下动,只能平视。我告诉他病是思想的病、是情绪的病,不是身体物质的病,并邀请他参加我的课程。他和妻子将信将疑,但还是点头同意了——因为实在是别无他法。

一个月后他们夫妇一起参加我的"心转病移"课程。我讲到颈椎对应的情绪是与父母、领导等较劲,产生赌气、生气、怨气等情绪。我问他和谁有这样的情绪。还没等他说话,他的妻子就笑着说:"我嫁给他快二十年了,就没有见过他叫过自己的妈妈。"我问为什么。她说:"过去的一件事情他一直耿耿于怀,过了这些年我们都有了孩子,他还是放不下,一直不能原谅母亲当时对他的一个决定。"其实人放不下心里的执念,就会反作用到自己的身体上。

我告诉他:"如果没有父母给你生命,就没有你今天这么好的生活,你可以继续怨恨你的母亲,但是你的身体不会好起来,只会越来越糟。"在大家的劝慰开导下,他慢慢想明白了,现场表示说回家一定发自内心地喊一声妈,以后再也不怨恨了。

　　第二次见面是他们夫妇来上"生命智慧"课程，我看到他们容光焕发的样子，再也没有了第一次见面时的无力与僵硬。他的妻子非常开心地告诉大家——上次课程回家后，他虽然有些难为情，但还是叫了母亲。自从那天后，家里一团和气，每天都喜气洋洋的！课程上的情绪释放让他走出了多年对母亲的怨恨，再也不和母亲较劲了。到他上完"生命智慧"二阶课程后，不仅对母亲与家里人不生气了，对员工与客户的态度也有了很大转变。原先他总是看到别人的毛病，吹毛求疵，现在能够看到对方的优点，并且真心地赞美。他的公司也从濒临关张变卖，又重新发展壮大，现在在深圳又成立了子公司，企业规模不断扩大。

　　思想创造情绪，情绪导引身体的能量定向流动，流动不通形成淤堵，身体自然就会出问题。释放情绪其实是在改变由情绪所造成的思想，思想改变了，行动也就不同了，结果和命运也随之改变。

　　疾病是生命的一部分，我总是感恩疾病让我们有机缘觉悟和看到自己在哪些方面需要改变，使我们有机会看清人生的路、了解生命存在的意义，使我们有机会做得更好。愿我们都学会宽容他人，理解他人，感恩他人，尊重他人。

第二十二章

糖尿病是吃糖多导致的吗？

2016年4月6日，世界卫生组织发布首份《全球糖尿病报告》称，全球糖尿病患者人数在不断增加。1980年全球共有患者1.08亿人，约占全球人口的4.7%；到了2014年增加到4.22亿人，约占全球人口的8.5%。智研咨询发布的《2020—2026年中国糖尿病药物行业市场供需态势及竞争策略研究报告》数据显示：中国糖尿病患者2019年达到1.22亿人，中国糖尿病的患病人数已高居全球首位。在中国成年人口中，已有近10%的糖尿病患者。这些触目惊心的数字告诉我们，糖尿病的预防和调理急需我们重视起来。

一、产生糖尿病的情绪原因

目前对糖尿病的治疗大都是以控制血糖为目标，让病人少吃甚至不吃糖。但是，我们都知道糖对人体来说是非常重要的。比如，一个饿得快要晕倒的人只要吃一点糖，就会很快恢复体力。所以，糖对于人来说，就好比汽油对于汽车一样，是必不可少的能量补充。

健康人每天的食物——米饭、馒头、水果、鱼肉等都会含有很多糖分。这些糖分中的 20%-40% 会被人消耗掉，多余的糖分一部分转化成脂肪，另一部分转化成氨基酸，并以这两种形式储存在身体里面。当人体饥饿、能量不够时，脂肪和氨基酸就会重新转化成血糖，给人体及时提供能量。

人体是一个精巧的系统，有着非常合理与科学的平衡方式。人体具有多种独立的血糖转化循环：

1. 血糖—脂肪—血糖；
2. 血糖—氨基酸—血糖；
3. 血糖—氨基酸—脂肪—血糖；
4. 血糖—氨基酸—蛋白质—氨基酸—血糖；
5. 血糖—氨基酸—蛋白质—氨基酸—脂肪—血糖。

从这 5 大循环能看到，人吃进去的糖不仅提供身体必需的能量，更提供氨基酸和蛋白质、是人体提高抵抗力最重要的物质来源！西医认为，人体大多免疫蛋白都是由氨基酸组成的，氨基酸的多少决定了人体抵抗力的强弱。蛋白质是组成人体的"一砖一瓦"，一个人是否健康，蛋白质是很重要的评价标准。

正常人的身体只要血糖超过 6.0mmol/L，多余的糖分就会被转化成脂肪或者氨基酸，实现储存和进一步建设人体的重要作用。可是糖尿病人丧失了血糖的一部分转化功能——血糖已经超过了 6.0mmol/L，但是多余的糖分却无法顺利转化，于是导致血液中糖分过高。简单的说，糖尿病就是身体"化糖"功能出了大问题！

所以人体出现高血糖，不应该只着眼于血糖指标，而是应该正视身体化糖功能的问题。如果只是靠减少糖分的摄入、靠药物盲目降低血糖，就会减少了人体的能量和营养来源，不但血糖不够，连脂肪、氨基酸和蛋白质都会越来越少。长此以往，身体体质就会下降，抵抗力越来越差，于是导致身体其他器官的"原料"不足而产生各种并发症。盲目降血糖，也只是不得已而为之。

身体把我们日常的饮食转化成人体可以利用的能量——血糖，而在身体内部使得血糖维持稳定的是胰岛素。所以从病理学的观点来看，糖尿病的产生缘于人体胰岛素的分泌不足，或是因为人体细胞膜上的接收器降低了对胰岛素的接收而导致细胞无法吸收血液中的葡萄糖，最终造成血糖上升。所以，现代糖尿病的治疗通常是让糖尿病患者定期进行血糖监控并定时服用降血糖药物。但是，患者由此只能通过药物来控制自身血糖的上升，却无法根治由于这种病而产生的多种并发症的慢性病痛。

无论Ⅰ型糖尿病，还是Ⅱ型糖尿病，均属于代谢性疾病。从动力学上看，既然有"代谢"，那就意味着运行和替换。运行、替换又是动态的，糖尿病病理就是因代谢淤堵而未能得到好的替换。"代谢淤堵"常由脂肪淤堵引起，从而导致糖及其他营养成分难以进入细胞组织。

因脂肪具备难以水溶分解与"低温淤滞"难以运行流通的特点，所以脂肪一多，就淤堵在毛细血管的"瓶颈"中，一旦热量（体温）与动能（震动）不足，细胞就难以吸收到毛细血管里的养分了。于是，尽管其"上游"血中的脂、糖很多，但因毛细血管淤堵，"下游"细胞却处于"干涸"状态，正如上游的肥水总灌溉不到下游的田里一样。也就是说，正因为脂肪先"堵"了，糖就跟进不到细胞组织里。于是，糖便滞留在血中，以致血中脂、糖不断升高，这就是"高血糖"以及"高脂血症"形成的缘由。

糖尿病在中医来讲属于消渴的范畴。消渴是以多饮、多食、多尿、身体消瘦为特征的一种疾病。消渴之名，首见于《黄帝内经》。东汉著名医家张仲景在《金匮要略》中将消渴分为三种类型：渴而多饮者为上消；消谷善饥者为中消；口渴、小便如膏者为下消。

中医认为，饮食不节、情志失调、劳欲过度、素体虚弱等因素均可导致消渴。在临床上，根据中医理论可将糖尿病分为肺热津伤型、胃热炽盛型、肾阴亏损型和阴阳两虚型。

对于糖尿病我有比较多的了解，因为我的母亲生前也是糖尿病患者，并因糖尿病和脑血栓去世。所以多年来我一直研究糖尿病与情绪的关系，希望找到这个病症的真正原因和疗愈方法。在观察和拜访了数百位糖尿病患者后，我发现这些人的性格中都有一个共同点，那就是想要控制别人却又控制不住。

比如，我的母亲是一位很能干的人，做事非常认真，但是在工作中却有很多不如意，提出的意见领导不重视，多年努力却没有换回应有的晋升。同时，她很有主见，头脑聪明且很有想法，任何时候都希望别人能够听自己的。虽然她说的都对，但是沟通方式却让人难以接受。再加上我的父亲也是一位强势的人，母亲说的话他并不采纳。所以我母亲对家庭、对丈夫、对工作的"控制"总是无法实现。

部分糖尿病与情绪的对应关系归纳如下：

第一、有想控制局面、控制进程、控制下滑等想法，有着急心切、焦虑不堪、烦躁、恐慌、委屈、生气等情绪；

第二、认为自己有本事、有能耐、有主见，自己做得很对，觉得自己为别人付出很多却没有得到回报、好心没有好报，认为看错了人等委屈、生气、压抑的情绪；

第三、期盼一切都好，希望所有人都能接受自己，想达到所盼望的目标又有着很多担心的情绪。

二、糖尿病的危害性

我的母亲患糖尿病九年，2007年离世，她生前的生活场景对我来说至今历历在目，很多东西不能吃，每日都要定餐、定量。尽管努力控制到最后还是出现糖尿病并发症。

糖尿病的危害性是巨大的。如果长期血糖增高，会使大血管、微血管受损，并会危及心、脑、肾、周围神经、眼睛、脚等。据世界卫生组织统计，糖尿病并发症高达100多种，是目前已知并发症最多的一种疾病。因糖尿病死亡的人有一半以上是心脑血管所致，10%是肾部病变所致。因糖尿病截肢的患者是非糖尿病患者的10-20倍。临床数据显示，糖尿病发病后10年左右，将有30%-40%的患者至少会产生一种并发症，而且并发症一旦产生，药物治疗很难逆转。可见，糖尿病是一种非常危险的慢性疾病，虽然通过药物可以进行一定程度的控制，但如果不能够消除这种疾病的隐患，对于身体来说是一种极大的负担和威胁。

三、糖尿病的"情志疗法"调理

其实，我们的身体有着极强的自愈能力，可以很好地维持我们自身的健康和平衡，但前提是我们必须顺应内在的精神。只有内在的精神愉悦了，才能源源不断地唤醒身体细胞的活力。因为对于物质的身体而言，起主导作用的是人内在的精神。当人内在的心境及状态与自然的生命法则相悖时，身体就会以疾病的形态呈现。所以，糖尿病患者要面对的真正问题是：你的内在怎么了？只有找到内在的源头，才能够从根本上消除病患，获得健康！

这些年我所遇到的糖尿病患者都有想要控制却控制不了的情绪的故事。有的人想要控制孩子，让孩子接受自己的想法，按照自己的方式学习生活；有的人看到股票一路下跌，很想控制资金的运转，但就是无法解套，什么也改变不了；有的人企业效益下滑，想力挽狂澜但最终无法控制局面；有的人希望控制配偶，让配偶事事都按照自己的意愿……

一位做股票交易的朋友请我处理他的糖尿病问题。他讲到 2008 年股市大跌时，一方面自己的投资每天都在缩水，另一方面他帮助别人管理的股票还需要给对方固定的回报。但那时候每天一开盘股票就跌停，每天都亏很多钱。他十分想控制住这种局面、改变亏损的现状，但是无能为力。

还有一位糖尿病患者因为领导出事，十分担心自己被牵连进去。但同时又看到有些同事利用职务之便拿好处，自己不知道该怎么处理这些事情，想控制这些状况却不知所措，没有办法控制住，改变不了周围的环境。

有的人在不断地奋斗与努力之后，事业刚有起色，眼看着自己所追求的一切就要实现了，却忽然被确诊为糖尿病，免不了会有一种"辛辛苦苦几十年，竹篮打水一场空"的伤感。可是在叹息后往往就没有想过，为什么自己的身体不配合去享受好不容易获得的一切，反而生起病来。其实外在物质的富足并不一定能让人获得精神的愉悦，只有使人内在的精神得到不断的滋润，身体才会越来越健康。

人来此生是为了通过体验而觉悟，为了从每一段经历中看到自己需要提升和改进的部分。病也是一种经历，从中可以看到自己的控制心态和控制不住后的失落。

在 2017 年 2 月的"心转病移"第四期课程上，一位学员诉说自己前年检查发现患上了糖尿病，现场测量血糖指数为 18.4。我首先用手法为他处理了头部、淋巴、大腿、小腿、足底等能量淤堵点，然后开始通过"情志疗法"引导他回顾曾经发生的有着控制情绪的经历。很快他就想起前一年试图控制某一区域市场但是最终没控制住的经历。而且当时使用的资金中有一部分来自朋友——朋友是抵押了房产投资到他的事情中来，但没想到最后不但没有赚到钱，更是血本无归。原来的好兄弟一夜之间变得仇人一般。当时他非常难受，心里的委屈和痛苦无人诉说。出现这件事情后不到半年的时间，他发现自己患上了糖尿病。一个脾气性格都非常硬的山西汉子，讲起这些事情的时候却哭得难以自已。"情志疗法"后，他慢慢地恢复了平静，之后我们再次测量血糖指数为 14.9，下降了 3.5！

"心转病移"第五期课程上，一位 70 岁的学员有 7 年糖尿病史。当我问她有什么想控制而控制不了的事情时，老人家马上想到了自己的孩子开公司的事情。老人家很想知道企业的运营情况却无法得知，所以产生为孩子担心的情绪，怕孩子生意做大了不能把控。

"心转病移"第六期课程上，一位 73 岁的女学员有 18 年糖尿病史，一直都是由中医调理。可是到了前几年血糖值继续升高，所以认为中医调理效果不大，改为用西医方法控制血糖，但是效果也不明显。她在女儿的支持下来到课堂学习。在交流中我看到她的手不自觉地颤抖了一下，我就问她经历过什么伤害和打击。老人的眼泪马上就流了下来，痛苦地讲述了自结婚以来不断遭受家暴的状况。

一位57岁的美籍华人有8年糖尿病史。在与他人做生意的过程中，因为所签合同中存在表述不清而被生意伙伴欺骗，不但自己血本无归，借朋友的钱也无法还上。本来打算要走诉讼程序，但发现需要多次国际往返取证，还要一大笔律师费用，而且即使赢了官司，也很难拿到索赔。为此他多年来经常为这件无法控制的事情而着急、焦虑。

这些年我在课堂或咨询中处理了很多糖尿病个案，当事人经过舒缓情绪以及手法调理后，血糖值都有所下降，这些都证明了糖尿病与情绪有着直接关系。

在生活中，我发现有些患有糖尿病的人脖子后面会有一条横纹，而且血糖高的人横纹会明显比血糖低的人深。实践中我通过"情志疗法"的手法调理患者脖子后面的横纹、疏通气海以及按揉脚底对应胰脏的气道，再加上使用一副增加血液循环的药物泡脚，糖尿病症状就会缓解很多。

根据这些年的实践经验总结出调理糖尿病的方法：

第一，疏导与糖尿病对应的情绪；

第二，调理关元穴、天枢穴、中脘穴，提高身体内在动能；

第三，舒缓左右颔厌穴、悬颅穴、悬厘穴、曲鬓穴、率谷穴、天冲穴、左右肩井穴、风府穴、哑门穴、大椎穴和颈椎、丰隆穴、殷门穴、承山穴、足底胰腺反射区等能量淤堵点；

第四，用多年研究的糖尿病专用经络调理萃取液（已申请发明专利受理审批中），放入38度左右的温水中泡脚，增加身体热能，排出体内淤堵的气。

西医对疾病的理念是消毒、消炎和切除；中医对疾病的理念是解毒、和谐与平衡。从养生的观点来看，身体的疾病来自于不规律的生活、不恰当的饮食和不稳定的情绪，只要人能够保持有规律的生活习惯、合理的饮食搭配和稳定的情绪，就不会有病，或者少得病。

第二十三章

压力过大会让人直不起腰吗？

很多人特别是老年人经常会感到腰酸背痛，甚至长期被这样的病痛所困扰。如果从西医的观点来看，这应该是由长期保持不当的姿势，或是外伤、老化、骨刺、椎间盘突出、骨质疏松等原因引起的脊椎性病变。真的就只是这样吗？有没有其他原因导致腰部疾病发生？

一、腰部疾病及产生的原因

生活中是否遇到过这样的情况：参加考试或者某项比赛后被通知取得好成绩时，身上有一种轻飘飘的感觉；但是如果生活或工作上遇到大问题，身上就会有像背了一座大山一样的负重感。这些现象显示，外在压力所产生的情绪，会使我们的腰背部产生沉重的负担感。

就是说，人的腰背部除了在背负实质性的重物时会承担负荷外，还承担着内在压力所产生的情绪负担。我们知道，适当的背负实质性的重物对身体反而能起到锻炼的作用。但是腰背部所承载的情绪负荷——在承受内在事件无形的压力时所产生的愤怒、无望、沮丧、悲伤、痛苦等情绪，如果不能得到及时清除和化解，就会累积在我们的身体里。当情绪累积达到一定程度时，就会造成人体腰背部的各种病变。通过大量个案研究，发现很多使我们的腰背部发生病变的原因并不是背负重物，更不是因为脊椎的老化与退化，而是我们那一天比一天沉重的心情。

腰背部对人体来说具有极为重要的支撑作用，所以当人面临的压力过大时，内在就会产生对抗、逃离、不愿承担、不能接受等情绪。特别是当人有扛不住的感觉时，内在的情绪压力就会启动身体的程序导致脊椎、腰椎的气血发生变化，让人产生腰酸背痛的感觉，进而导致腰背部的病变。

小时候某些情绪看似已经过去了数十年，可往往不但没有因为时间的流逝而得到释放和忘却，反而每次遇到同样的境遇就会"触景生情"。其实任何事物的存在都有其必然性，都与过往或周遭的状况有着必然的联系。如一棵树有树叶、树枝、树干、树根和树种，当我们看到树叶枯萎时，就要透过这样的现象找到本质，去研究树的根部是否有问题或者土壤、水分是否合适，然后依据找到的问题有针对性地浇水、施肥、培土、剪枝，这样树木才会健康生长。所以，我们发现身体的问题时，也应该用一种动态的眼光，不能头痛医头脚痛医脚，需要反观过去，发现那些引发问题的深层次原因是什么。

时间可以让我们忘记一些东西，但对于心灵创伤来说，时间并不是抚平我们伤口的良药，而是毒药。

那些曾经让我们产生强烈情绪的事件可能会被隐藏、淡忘，但当时那些情绪却一点都不会被淡化，它们一直被固封在我们的深层心智中。而且因为情绪被掩盖起来了，所以就具有了更大的欺骗性，让我们以为那些伤害过去了，让我们觉得不需要面对曾经的问题。

然而，这些潜藏在我们心灵深处的情绪，却随时会影响着我们对生活的追求和对生命的热爱。一旦被触发的时候，我们的情绪就会失控，有时候很想痛哭一场，有时候是向我们深爱的人发飙。为此我们经常会以为是自己没有做好，或者是生活有了新的不顺，但一切的始作俑者，其实就是那些我们曾经积累下来的情绪。

契诃夫写过一本小说《我的一生——一个内地人的故事》，故事的主人公米塞尔·波洛滋涅夫曾经说过这样一段话："我活着，我健康。我挥霍金钱，做了许多蠢事，每一分钟都在感激上帝，没让像我这样的坏女人生孩子。我在演唱，而且获得了成功，不过这不是我的爱好，不，这是我的避风港，我的修道室，我现在从中得到了休息。大卫王有一枚戒指，上面刻着几个字：'一切都会过去。'人难过的时候，看看这几个字就会高兴起来；而人高兴的时候看了它们又会难过起来。我给自己定做了一个这样的戒指，上面刻有这几个希伯来文字……"还说道："要是我有心给自己定做一个戒指，我就会选这样一句话刻在我的戒指上：'任何事情都不会过去。'我相信任何情绪都不会不留痕迹地过去，我们所走的最小的一步路都会影响现在和将来的生活……"

就像米塞尔对自己人生的感悟一样，当人回顾过去生命的每一部分，会发现它们都不会真正过去，都和现在紧密相连。很多时候，我们的意识会选择逃避——我们无法改变的情感或者人，我们不敢面对、不想面对，所以就会选择淡忘。

总以为时间久了，一切都过去了。可是一切就是不会过去，反而成为我们生命的一部分。所有没有被化解的问题、没有被勇敢面对的情绪，不知什么时候就会突然蹦出来，让我们再一次意识到问题对自己的影响，一旦有类似的事情出现时，同样的经历和情绪还是会不断再现。每次，当我们耗费了巨大的精力平息了伤害，不久之后，伤害又会再次出现。也许所发生的事情并不完全相同，但给我们带来的感受却是一样。就像我们的腰椎问题——如果腰痛不能够得到根治，只要场合和条件相符，腰就会隐隐作痛。

你是否发现自己的情绪、心态等精神层面的感受是呈现周期性的。在某一阶段，我们的精神状态特别好，周围的人和事看起来都和谐美好，遇到困难也很容易就可以调动自己的意识，从"正能量"的角度出发去感知生活，学习和工作中充满了动力，感觉生活的方方面面都非常顺利。但是这种状态却总是不能持久，有时候可能是突然见到了某个人，或者是突然想到了某件事，或者是突发了某件事，之后我们整个人就变得不对劲了，好像失去了那种能让自己获得无限力量的正能量，沉浸在某种难以自拔的情绪中，就是没有办法再让自己开心起来……这个时候，很多人就会通过不断给自己打气，或者让自己休息，或者让自己远离，总之就是调动更大的能量来让自己恢复到正常的状态。经历过一段时间内心的折磨和身体的疲惫之后，好不容易才又回到正常的状态。为什么这些状况总是会循环出现？为什么我们的心智会周期性地"生病"？为什么我们总是要绞尽脑汁做出很多努力才能够获得暂时的平静？

实际上，这种不断的循环就是那些没有被消除的过往"种子"在发生作用。时间的冲刷没有让我们变得一帆风顺，只是让我们不断地循环再现。如果没有更高的觉悟，我们是难以获得螺旋式上升的。有些人甚至会后退，甚至饱受折磨或者罹患疾病。时间不会让我们轻易了然开悟。如果没有思想上的提升，我们反而会越来越纠结，在错误的道路上越走越远。就像吵架的情侣或夫妻一样，往往都是由小事引发争吵，然后把长时间以来积累的各种矛盾、事件通通拿来再说一遍，彼此的怨气造成相互的伤害，两人渐行渐远。那些过去产生过争吵或矛盾的问题，没有得到根本的化解，再说出来的时候依然一样气愤。实际上这只是因为过去那些痛苦的记忆和情绪根本就没有消失。时间不会消融一切，时间只是记录了一切。

我们每个人都活在用自己的经历编制的生命程序之中。如果往昔的情绪不能够得到彻底化解、清除和释放，它就会长久地存储在我们的心智之中。一旦我们在现实生活中遭遇了类似的事情或情景，我们的生命程序就会自动启动，以往的情绪就会开始运作，直接作用于我们的生活。

部分腰部症状与情绪的对应关系归纳如下：

第一、面对自己应该担当的责任或义务但是做不了、做不到、不想做、不愿意做而产生的怨恨、烦恼等情绪；

第二、盼望得到保护、支撑、转折、接洽却没有得到，对结果的失望而产生的愤怒、沮丧、担心、害怕、自卑等情绪；

第三、面对事业、家庭的变化所产生的压力，认为没有谁可以帮助到自己，只能一人扛着，不堪重负，产生难以承受、缺乏安全感等情绪。

二、腰部疾病的"情志疗法"调理

"生命智慧"课上有一位李先生，长期忍受腰椎疼痛。1996年，20来岁的他暑期回家帮忙插秧，不经意腰闪了一下，腰椎猛地一下刺痛，自此就落下了腰疼的毛病。当时他还年轻气旺、体力充沛，休息一会就恢复了。所以他就没有特别在意，根本没把腰椎受伤当一回事。然而，随着年龄的增长，特别是成家立业之后，他的腰椎疼痛不时会发作。2003年夏天疼的最厉害的时候连起床都困难。没有办法，他只好到医院去检查。检验报告显示，脊椎第四、五节突出且压迫神经，确诊为腰椎间盘突出。这下他傻眼了。专家说这种情况恢复至少需要几个月的时间，建议住院治疗。

从此他走上了治疗腰椎间盘突出的征程：由于开刀手术的风险高，他选择了保守治疗；接下来一个多月每天到医院康复科进行理疗——牵引和推拿，有时候因为疼得厉害，甚至要靠打针来止痛……这样治疗了一个多月后，他的腰椎慢慢恢复了。从此以后，他多次尝试像原来一样做一些家务或劳动，但是腰椎就会疼痛难忍。这使他不得不小心翼翼地生活！

10多年来，他做了无数次的牵引、针灸、按摩、膏贴外敷、内服、绑腰带等，几乎所有的办法都用过了，但频繁的疼痛和一次次对各种药物甚至医生的失望，令他倍感煎熬。

实在没有办法了，他抱着试一试的心态来参加生命智慧课程。在课程上，我用"情志疗法"为他调理前，让他尽最大的能力弯下腰，也只能弯到90度，双手离地面还有30厘米，而且身体压迫着胃也很不舒服。然后我让他躺在一张桌子上，在他腹部的位置疏通能量淤堵的气道，引导他说出当年一直隐藏起来的情绪，让他释放压抑心中多年与担当有关的情绪"种子"。过了一会儿，他的腹部就开始发热了，原来一直比较胀的腹部开始变得柔和，不再鼓了。接着，我继续用"情志疗法"的手法在他的左右手上打开气道，在腰部揉了一会儿，帮他疏通情绪淤堵点。

调理30分钟左右，我让他站了起来，拉着他的手臂向下，并让他弯下腰。重复两遍后，我让他自己在地面上示范。于是他按照要求把腿伸直，腰慢慢弯了下去。令他自己都感到吃惊的是，腰部的疼痛感减轻了许多。

另一位贾女士多年来一直备受腰疼的折磨，严重的时候都很难坐起来，睡觉就更难受了。第一次参加"生命智慧"课程的时候，她腰疼难忍，几乎是在飞机上躺着过来的。

在课堂上我帮助她疏导了对丈夫多年来不理解的气、急、怨的情绪。同时也让她懂得了家庭是两个人的事情，彼此都要努力担当家庭责任，相互支持。个案结束后坐起来的那一刻，她发现自己的腰部疼痛感减轻了很多。

中医认为，情绪的变化会改变人体"气"的走向，气道有堵塞的地方，气就难以运行，就会产生各种各样的症状和疾病。疏通了内在的情绪障碍，气道重新变得畅通无阻，身体自然也就好了。

事实上，情绪完全来自个人内在的主观感受。面对同一件事情，不同的人所产生的压力也会不同——人内在的认知和情绪种子不同，所以感受与情绪反应也会截然不同。可见，我们内在的思想与情绪决定了我们的感受，更决定了我们的身体健康。

人的身体、思想、心灵是一体的，并且相互依存、相互作用。当人内在的思想得到改变时，就会引导心灵改变运行的程序，程序的改变会创造身体的变化，而身体的改变又影响着思想的清明。

情绪对疾病的产生有很大影响和作用，只有通过科学有效的方法，将那些深藏在心智中的情绪释放、清除、化解，才能够提高免疫力和自我修复能力。不仅如此，这些方法除了能够疗愈当下的疾病外，还因为让人的生命程序发生调整从而使人的生活与命运发生重大改变。

第二十四章
女性疾病的产生是因情感和婚姻的不幸吗？

女性是充满力量的，带有与生俱来的爱的能量，愿意传播爱、拥有爱。但女性也是敏感的，最容易受到情绪困扰。这些情绪问题会沉积在女性内心，不断攻击女性的身体，最终导致妇科疾病的产生。

一、女性子宫病症与情绪的对应关系

小到天气不好，大到家庭问题，都可以成为女性情绪的导火线。阳光明媚的天气就觉得心情也无比灿烂，一切都很美好；但一遇到阴雨天，整个人也随之低落起来；生活中一些看似普通的事情也会勾起过往的伤心情怀；恋爱的时候可能因为男朋友的一句话或者一个举动就心碎欲绝；结婚后，家庭生活的琐碎、工作压力的累积，更加容易感到烦乱……如果没有及时的调节，就会把因一切苦楚而衍生的怨恨发泄在家庭成员身上，久而久之，家庭矛盾就变得越来越尖锐。

心理学认为，人们大多数只对有安全度的人发脾气，因为在那个安全度之内人的细胞记忆知道对方不会离开你，胡闹体现的是一种依赖。但对于作为忍受的一方来说，却会变成一种压力和烦恼。女性有了孩子后压力就会更大——对孩子的爱是没有尽头的，因此期望也会格外多，但是失望也会随之而来，孩子的对抗情绪也会逐步增加，最后难受的还是自己……

女性在面对情绪的时候，会有多种表现形式。有的人忍气吞声，所有的委屈都压在心里，然而实际上身体根本承受不了常年的压抑，病变迟早会产生。有的人暴脾气，有一点不快就要立刻发泄出来，或者是大吵大闹，或者是埋怨唠叨，这些方式看上去是情绪的宣泄，实际上这样做一方面让家庭更加难以安宁，另一方面使自己的身体感受到更强烈的负面情绪的冲击，导致"气"的运转受到猛烈冲撞，非常容易淤堵。所以如果生活中的情绪不能得到正确疏导，日积月累就会形成对自己和他人的伤害，进而外显为妇科疾病。

清代沈金鳌《妇科玉尺》有言："妇人积聚之病，虽屡多端，而究其实，皆血之所为，盖妇人多郁怒，郁怒则肝伤，而肝藏血者也；妇人多忧思，忧思则心伤，而心主血者也。心肝既伤，其血无所主则妄溢，不能藏则横行。"大体的意思是，女性因为经常郁怒会伤到藏血的肝，经常忧思会伤到主血的心，久而久之，疾病就积聚下了。

女性的情绪最大的影响在于"气"，情绪影响气息在身体里的正常运转，或淤堵或冲撞。比如有的女性随着年纪增大，肚子越来越鼓，很多人认为是年纪大了新陈代谢变慢，人变胖，所以长小肚子了。但是，鼓胀起来的肚子常常并不是因为肉多——而是因为气多。也就是多年积攒下来的情绪让身体越来越堵，所以肚子越来越鼓。

形成妇科病的情绪大多来自于情感与家庭生活。生活中夫妻关系不和谐、教育子女不顺利、自我性别认同错位等都会导致妇女产生沮丧、压抑、忧郁等情绪。女性甚至会通过妇科疾病来表达自己内在对夫妻生活、生育、性别等方面的不满、压抑、屈辱等情绪。我曾经见过一位患者出现子宫肌瘤，疼痛的时间正好是她第一次发现丈夫有外遇的时候，之后她一直试图压抑内心的痛苦，导致其妇科病不仅久治无效，还随着自己心理创伤的扩大而越来越严重；另一位患者因为自己曾经做过流产而一直存在强烈的负罪感，时常受到这种负罪感的侵扰，其子宫的疾病也总是难以治愈。

部分妇科疾病与情绪的对应关系归纳如下：

第一、情感或婚姻受到挫折后的气、急、恨等情绪；
第二、与母亲关系缺乏链接关系所形成的情绪；
第三、对孩子的教育产生着急、生气、无奈等情绪；
第四、与房子、房间有关及对所发生事情而产生的情绪。

二、子宫疾病的"情志疗法"调理

调理妇科疾病，一方面可以通过消除、化解曾经有过的强烈情绪，使得女性的病症得到减轻；另一方面需要引导女性改变认知自己、认知家庭、认知亲人的态度，从豁达包容的角度去感知生活的一切，才能够真正消除疾病的困扰。很多家庭的转变都是从女性开始的。上善若水，女性的温柔、美好和善良就如同水一样，利万物而不争。

子宫病症包括宫寒、月经不调、子宫肌瘤等。子宫肌瘤是一种常见的女性疾病，多发于35-50岁。很多女性患病后采取的治疗方式都是"切除"，但是往往一次手术切除后还会再次长出来，所以要多次手术——手术切掉的是可以看到的"果"，并不能消除造成肌瘤的情绪，也就是说治不了根。而"情志疗法"的关键就在于对情绪的清除与化解。

46岁的叶女士在广东开了一家超市，结婚后育有一子。总体来说，她身体很健康，虽然多年来检查都有子宫肌瘤，但是因为不是很严重，所以即使医生多次提出治疗也一直没有处理。2016年6月，她因为腹部剧烈疼痛住进了广东省第二人民医院，彩超检查发现子宫肌瘤97×72mm。

在手术预定时间前她请我进行调理。当时我只是轻轻按压她的子宫肌瘤对应的能量淤堵点，她就感到非常疼痛——不通则痛。我帮她打开腹部的气道后，慢慢引导她疏导过往的情绪。原来她一直觉得丈夫有外遇。一次在车里发现一些长头发后质问丈夫，但是丈夫说自己也不知道怎么来的，她内心觉得非常痛苦。我问她当时想对丈夫说什么,她很委屈地说:"我想对他说,你不要这样对我,不要这样对我。"几声重复以后,她大哭不止。用"情志疗法"处理完情绪,她慢慢平静下来后,我再次按压刚才的子宫肌瘤对应的能量淤堵点时,她已经不那么痛了——通则不痛。肌瘤是能量的淤堵,是情绪导引能量形成的身体反应。

在接下来的对话中,我发现她一想到丈夫经常早出晚归就会非常生气,愤怒到不可遏制。这些情绪折磨着她,也折磨着整个家庭。她觉得自己一心为家庭付出,却得不到丈夫的帮助和孩子的理解,家人在这种紧绷的家庭氛围中也很焦虑、痛苦。释放情绪后,她真正打开了心扉,找到了爱家、爱丈夫、爱儿子的方式。其实丈夫为了这个家早出晚归很不容易,为家庭付出了很多,对自己也很好,只是有时候会把工作中的情绪带回家,而她总期待丈夫给予更多的温暖与关爱,每当需求得不到满足的时候就常用发脾气的方式来"回敬"丈夫。

7月10日,她到广东省第二人民医院再次检查,报告显示肌瘤为80×62mm。在内心得到转变和找到正确对待家人的方式以后,她整个人柔和了很多。这样的变化让叶女士又惊又喜。她用自己的亲身经历,认识到了情绪对身体的影响和作用。

女性是家庭力量的来源。但是如果在成长的过程中,女性得到的来自父母的能量不足,就会在心里种下爱的缺失的种子,在以后的生活中会痛苦甚至得到疾病。

来自北京的郭女士今年47岁,已婚并育有一子,在一家豪华的酒店担任部门经理。她一直觉得自己身体很健康,直到最近公司安排所有员工进行定期常规体检时,才发现自己患有子宫肌瘤。因为不想做手术,所以她来找我用"情志疗法"进行调理。

刚开始,我在按压她的子宫肌瘤能量淤堵点,也就是关元穴和天枢穴的时候,她都有压力感,天枢穴尤为疼痛。对话中,我发现她对父亲有着难以放下的情结。她的父亲是因为肝癌去世的,为了延续父亲的生命,她和家里人用尽了所有的办法。但是有一天，病床上的父亲对她和叔叔说："是你们把我搞得这么痛苦的！"虽然意识上知道父亲说这句话的时候并不清醒，自己应该可以体谅，但是郭女士每次想到这件事情都会觉得非常难受。父亲生病的时候，她尽力照顾，经常是家都不回陪伴在父亲床前，父亲居然一点都不念自己的好。另外，父亲去世的时候她出差，没能跟父亲做最后的告别，心里很内疚。这两种情绪叠加着，让她越来越难受。唤醒她的这些记忆后，通过让她再次"面对父亲"，将这种情绪表达出来，她整个人感到轻松了许多。

几天后，她再次过来调理的时候，讲述了与母亲的关系。她觉得母亲对弟弟非常好。为此她经常为了弟弟与母亲争吵；她在童年需要父母关怀和支持的时候，父母总是不在身边，所以她经常觉得被遗弃，对此她很伤心，也有不满……当生命中的这些情绪一点点释放后，她对应的腰眼穴的地方也不那么疼痛了。之后她再次到医院检查时发现，肌瘤已经从 $4.7 \times 4.6 \times 4.3cm$ 缩小为了 $1.7 \times 1.6 \times 1.5cm$。

女性是最需要呵护的，只要得到一点爱，就会付出更多爱。女性的自我觉知，会让她以温柔的方式看待家庭、看待生活、看待世界，能够感受到生活中的美，能够带给生活更多的爱。

"生命智慧"课程上有一位李女士，生活、身体都面临着很多问题，由于性格内向、敏感、情绪不稳定，活得很累，各种情绪一直压抑在内心。她患有子宫肌瘤已经十多年了。2015年初体检的时候B超显示肌瘤最大的有 $5.5 \times 4.5cm$，已经具备手术指征了。在"生命智慧"课上，我告诉她子宫肌瘤对应的部分情绪是与对家庭成员的不满情绪有关，她听后发现自己确实有这些情绪，开始尝试转变自己的思想，学会多去体谅和关心家人，对家人付出真心。

后来她再次走进"心转病移"课堂，我帮她做了子宫肌瘤的情绪释放。之后不久她再到同一所医院做B超，报告显示：最大的肌瘤是 $2.9 \times 2.2cm$，小了很多，而且宫腔积液也消失了。她特别激动，通过转变思想和行为，她变得柔和、乐观、开朗了，生活也幸福了，身体也健康了。

在中西医理论和实证研究中，情绪对疾病的影响都已经得到证实。因此通过有效的情绪引导改善机体状况，可以成为现有治疗手段的一项重要补充。这一方法对于妇科疾病尤其有效，能够帮助广大女性减轻痛苦、恢复健康，进而拥抱更加和谐的婚姻、情感和亲子关系。

2016年，以子宫肌瘤、乳腺增生案例为样本阐释情绪和疾病的对应关系，我在《健康之路》医学杂志上发表了题目为《以妇科类疾病为例探讨情绪与疾病关系及疗法》的论文。这篇论文以妇科类疾病为重点，探讨疾病背后的情绪性致病机理，并通过个案调理描述，详细阐述了使用疏通能量淤堵点和消除患者情绪病灶的方法，来减轻患者子宫肌瘤、乳腺增生等病症的具体过程。所调理疾病均在较短时间内产生了明显的症状减轻效果，为患者带来了极大的身体改善，为临床治疗提供了重要参考。这篇论文因为具备较高的学术研究价值，在入围《健康之路》杂志社评选活动的千余篇优秀论文中脱颖而出，获得一等奖，目前已在《健康之路》杂志2016年5月第15卷第5期刊登，大家可以在相关学术网站下载浏览。

第二十五章
"委屈怨怒"易得乳腺疾病吗？

乳腺增生是困扰女性生活的常见病、多发病，以乳房肿块、疼痛为主要临床表现。数据显示，在医疗技术日益发达的状况下，乳腺癌的死亡率非但没有下降，反而持续上升。相对于乳腺癌的死亡率来说，女性乳腺癌的发病率情况更令人担忧。

一、乳腺病症与情绪对应关系

中医对于乳腺增生病因的讨论通常和肝主疏泄的功能联系在一起，认为强烈的情绪作用于人体，超出情绪承受范围后，导致肝气郁结、气机失畅蕴结于乳房，导致乳周脉络不通，从而产生乳痛症状，气滞进一步导致痰凝、血瘀结聚成块，形成乳腺增生。

这些年我在处理个案时经常遇到夫妻婚姻生活不顺而导致女性产生焦虑、忧郁等情绪，而且这些情绪还很难化解，这是乳腺类疾病的最主要原因。女性对于感情往往都抱有美好的期待和寄托，一旦这些美好的期待被打破，夫妻关系冷淡甚至吵闹，对女性的伤害是巨大的。这些情绪种子严重时会引发癌症。

对有哺育关系的人的各种不良情绪也会作用于乳腺，如对父母的不理解、怨恨，对兄弟姐妹的不和谐、攀比等心态，都会影响体内气息运行。哺育关系是人生在世最直接的关系，家庭是成长最重要的环境。作为孩子，对父母有着天生的依赖和需要，总是希望得到更多的关爱和保护；当父母对孩子很严厉或限制的时候，孩子就会产生无法承受的压力或感到非常无助。这种压力有时候也会来自同辈的家庭成员——比如很有权威感的哥哥姐姐或者是比自己得到更多疼爱的弟弟妹妹。这些记忆是小时候形成的，很多人长大后觉得印象很模糊甚至都不记得了，但实际上这些童年的记忆会一直留存在我们的细胞记忆中根本不会消失，只会随着时间的推移越来越严重。

部分女性乳腺疾病与情绪的对应关系归纳如下：

第一，两性关系因情感而产生的委屈、自责、焦虑、失落、怨恨等情绪；

第二，对哺育关系的不满，如对父母、兄弟姐妹等的不理解、怨恨、生气等情绪；

第三，教育孩子过程中，对孩子总是期望过高、过于苛责、失望不满等情绪。

二、乳腺病症的"情志疗法"调理

一位46岁的女士找我咨询。她在一家医院的检查结果显示：前左侧乳腺BI-RADS分级为3级，右侧乳腺BI-RADS分级为4a级。医生看了报告后对她的很多提醒和治疗安排让她感到问题的严重性。

调理前，我轻轻按压她手臂上乳腺增生对应的能量淤堵点，她觉得非常疼痛。在对话的过程中，我发现她有非常委屈的经历。我顺着这个方向引导，她慢慢敞开了内心。原来让她感到最委屈的人竟然是非常疼爱她的姐姐。在家庭中姐姐是最有权威的人，平时追求完美到近乎执着的地步。虽然姐姐对她很好，但是姐姐严苛的要求却让她感到很有压力。她边说边落泪，叙述了很多使她感到委屈的事情——看上去被疼爱的生活，其实背后却有很多难受的感觉。说完后，她渐渐平静下来。这时候我再次按压她手臂上的能量淤堵点，她觉得不怎么疼了。调理后不久，她再去同一家医院做同样的检查，报告显示：双侧乳腺 BI-RADS 分级已降为 2 级。

每个人对爱的感受却不同，有的人对家人的出发点是爱，但对于接受者却变成了痛苦的压力。互相体谅，以每个人需要的方式去爱人，才能让自己的爱有效地流动起来，让家庭成员感到贴心的温暖，家庭的能量才会顺畅流动。

教育孩子的过程中，对孩子期望过高、求全责备、失望不满等情绪也会反过来作用在自己身上，让身体出现问题。作为母亲，如果不能对孩子放下"强迫"的爱，就会很容易感觉自己的付出没有得到回报，这时候内心就会出现失落的情绪。如果不能好好调节自己，情绪积压，就会造成乳腺方面的疾病。

一位 34 岁的女士来找我调理之前在浙江省某医院做了 B 超检查，结果显示双乳均有结节，两侧腋下显示有淋巴结节。当我按压她的手臂上乳腺增生对应能量淤堵点时，她觉得有明显痛感。于是我引导她讲述心中不平的事情。

她对孩子有着强烈的不满，觉得小时候还是挺乖的，但是上了小学后孩子越来越不听话，在学校也经常惹事。对此她很着急，所以生活中经常吼骂孩子，而换来的自然是孩子更多的抗拒。以前很好的母子关系变得越来越紧张，让她喘不过气来。我引导她不断地重复想对孩子说的话，释放她对孩子的无奈。

等她恢复平静以后，我再按压她手臂上的对应能量淤堵点，她觉得已经不那么痛了。调理结束以后，她再次进行 B 超检查的结果显示结节均有不同程度的变小。

有时候，一些两性关系的纠缠，也会造成女性乳腺方面的疾病。

在珠海举办讲座的时候，一位学员请我为她 50 岁左右的好友调理乳腺增生。在我的引导下她讲述了一件年轻时发生的事情——27 岁时她经常到闺蜜家做客。有一次，无意间她发现闺蜜20岁的弟弟在用一种异样的眼神看着她。之后她每次去闺蜜家的时候，他都会或多或少对她做一些奇怪的表示。她当时没有多想。但是后来这个男孩告诉父母想和她在一起。男孩的父母和姐姐都觉得不可理喻，不能接受。她为了躲避男孩以及邻居、朋友的议论，只好离开家外出打工。对于这件事情她感到十分内疚和委屈。在她看来，这个小伙子比自己小很多，是一个幼稚、不成熟的大孩子，所以对他没有丝毫想法。

在我的引导下，她说出了当时想对男孩说的话，并表达了对他的祝福。疏导情绪后，她慢慢睁开眼睛，擦着眼泪笑了。这时候我再按压她手臂上乳腺增生对应的能量淤堵点进行疏通。之后经过多次疏通调理，之前一碰就酸痛的地方不再那么难受了。当我们的身体和心灵上出现问题的时候，我们应该多从内在入手，静下心来倾听身体的声音和需要。只有这样，才能更好地发现内在的需要，知道怎样才能满足这些诉求。

学员梁女士给我的印象非常深刻。她因为外遇而受情绪困扰，最终得了乳腺癌。乳腺癌既折磨着她的身体，更折磨着她的内心。这种希望从痛苦中解脱的强烈愿望驱使她打开心扉，面对过往的发生，在我的引导下很顺利地进入到内在状态——

五年前有了外遇，没有多久她无意中发现自己的乳房长出结节，偶尔还伴有抽痛的感觉，后来经过检查后她被诊断患有乳腺癌。在唤醒她过往的经历中，发现她在外遇的过程中既快乐又内疚。快乐的是那种被人爱的感觉，内疚的是她依然很爱自己的丈夫。

于是我又引导她回忆起早年与之有关的经历：一个阳光强烈的下午，梁女士在家里看电视。她把空调的温度调到很低，感觉非常舒服，丝毫感觉不到屋外的炎热。随着门锁转动的声音，她立刻兴奋了起来——出差几天的丈夫终于回来了！她迅速从沙发上跳了起来，扑上去紧紧地把丈夫抱住。都说小别胜新婚，她相信丈夫也一定很想念自己。可是她万万没有想到的自己竟然会被丈夫一把推开！丈夫突然而来的举动让她不知所措，当时被推开的时候手势还保持在最初的拥抱姿态。在原地愣了几秒后她的手才开始慢慢收拢，脸上换上了不在意的微笑——毕竟刚刚相聚，她不想让丈夫看出自己的不愉快而闹别扭。但她分明还是感觉到心里一阵刺痛，同时神情一阵恍惚，觉得面前的这个男人很陌生，她开始怀疑丈夫对自己的爱已经减少了，甚至是不再爱自己了。同时她还陷入了一种强烈的懊恼和自我轻视之中。

对丈夫的怀疑，对自己的轻视，两种情感纠结在一起。那天以后，只要面对丈夫的时候，这两种情绪总会同时泛滥上来，让她再也无法主动伸出与丈夫亲密接触的手。

为了让她弄明白事情的内在原因，我让她再次回到那个时间点，回看当时的整个过程。最后问她丈夫推开她的真正原因时，她终于恍然大悟起来。原来丈夫太胖了，很怕热，那会儿又是夏天，他刚从外边回来满身是汗，而她一见面就抱着他，让他热得快没法呼吸了，所以才推开她。

我继续引导她回忆早年经历。几年前公司换了地址，她每天上下班都要换乘地铁，来回三四个小时的路程，非常疲惫；每周有三个晚上要上进修课——学校离家还很远；孩子一年比一年大，但操的心却并没有因此而减少，只是由衣食住行更多地转向了学习上的关注而已。家务似乎永远也干不完：洗不完的衣服，刷不完的碗，拖不完的地……这种状态下，再加上缺乏来自丈夫的爱抚和激情，她当然会有不甘与不满。

同时她也看到自己并不是"孤军奋战"：丈夫还是很关心和体贴她的，每逢进修课都会接送她；先下班的话，饭菜也一定是由他做好；每次饭后，丈夫都会为她准备一杯花茶；睡觉之前一杯牛奶也是长年惯例；他很少说甜言蜜语，但是每次当她喊累时，他也总会为其按摩……说到这里，她发现好像丈夫对她的好说也说不完！这时她也理解了丈夫默默奉献的爱。看到这些，她的心像被重新清扫了一样，就如一道灿烂的阳光照射进来，敞亮、快乐了许多。

通过"情志疗法"，她看到了自己是因为对丈夫的情感没有得到适时的满足才产生外遇的，所以决定回去好好面对丈夫，和丈夫重新开始。同时她很感谢这次疾病，因为这次疾病她才有机会了解自己的内在缺失，才有机会了解自己的需求，才能够有机会和丈夫重新开始。

我们通常都站在自己的角度去看问题，如果换成对方的角度来思考，就不会有那么多错事或憾事发生。大量的个案让我深有感触，困扰的情绪消失，那些压抑的记忆产生变化，就会重新唤起心中爱的能量，让自己再次充满力量，身体也会重获新生。

没有谁不想拥有幸福美满的婚姻生活，没有谁不想拥有成功与快乐。可是，对于很多美好的东西，为什么会有人不敢拥有？甚至拥有之后又会惶惶不得安宁、害怕再次失去呢？其实这一切都源于每个人的心智障碍。

人在过往经历中经受身体或情感的伤害时所形成的情绪，如果没有得到及时清除和释放，就会成为心智障碍，随着环境的改变，随时会被触发而作用于人的生活与命运，消耗着人的生命能量。心智障碍在造成个人生命能量的缺失或不足的同时，使人不自觉地向身边的人掠夺、讨取。而一旦对方也出现能量缺失或也需要得到、增加、获取能量时，两个人就会形成争执，也就导致或形成了亲密关系中的"错位"。

完美的婚姻重在"修"而不在"求"。婚姻是一面镜子，出现问题都是我们内在的心智状态的反应。不是别人怎么了，而是我们自己有着与这件事、这个人相关的内在"种子"。婚姻出现问题的根本原因往往是由于一方所需求的情感在另一方身上无法得到满足。美好的婚姻既是对自己和家庭的责任，也是社会和谐的一种要求。

人一出生就开始从经历中觉悟，原有的个性也会在这一阶段得以充分展现。父母都在用自己最好的方式来培养和教育孩子，虽然方法和形式不同，但那份爱都是无私和真挚的。一个人如果在父母的引导下没有完成"功课"，那么在婚姻中所遇到的人就会提供让你精进和成长的机缘——只是很多人不能觉悟到对方是在用他的方式来成全于你。其实，在亲密关系中，夫妻都是在通过对方这面镜子来发现和不断完善自己，这才是婚姻的本质。

2016年9月我发表的题目为《以乳腺增生为例探讨情绪与疾病的对应关系及心智疗法》的论文在《健康之路》杂志发表，并再次获得一等奖荣誉称号。该篇论文主要探讨情绪是乳腺增生症的重要病因，在理论和实践研究基础上，归纳总结了引发乳腺增生症的具体情绪原因，并提出相应的情志疗法。论文详述了通过释放疾病所对应的情绪和疏通能量淤堵点相结合，使患者有效化解、清除内在的情绪困扰，帮助体内能量再次顺畅流通，达到通则不痛的目的，减轻了患者痛苦的调理过程。

2017 年，《以妇科类疾病为例探讨情绪与疾病关系及疗法》在美国《国际临床精神病学和心理健康》(*the International Journal of Clinical Psychiatry and Mental Health*) 医学期刊上正式发表。该篇论文的发表，也是"情志疗法"走向国际学术平台的第一步。

第二十六章
家族病和情绪有哪些关系？

"乱世藏金，盛世修谱。"中国人之所以如此重视家谱，是因为每个人终究绕不过"我是谁，我从哪里来"的追问，而家谱则记录着一个家族的生命史和变迁史。只要有人的地方就有祖先，就存在家族的传承。家族是一种氛围，家族是一个系统，是一种血缘关系的延续，是一种能量的传承和一种责任的担当。

一、一个家族就是一个能量系统的平衡

每个人都属于自己家族系统中的一员，同时，每个人的所作所为与家族系统中的其他成员相互作用、互为因果，处在一种"平衡"状态。

在我们每一个人的身上，都带有家族传承的能量密码。我们每一个人都与自己的家族成员有着密不可分的联系，都与自己的祖先有着紧密的链接关系。我们通过家族的链接来传承家族能量，并始终承受家族能量带给我们的影响。这种家族能量往往会体现为现实生活中的幸运与坎坷，或使人趋向痛苦、或让人心想事成、或成就非凡……只要是家族成员过往所做的事情都会对后人产生影响。就如《周易·坤·文言》所言："积善之家，必有余庆；积不善之家，必有余殃。"

（一）家族序位关系

家族系统有其精神秩序，每个成员都有其被需要和被尊重的权利。只有遵从这种秩序，才能使家族能量达到平衡，才能保证家族有序地延续发展。

我们每个人都是家族的传承者，也都肩负着继承家族能量并发扬光大再传递给后人的责任与义务。我们的遗传基因中都有着祖先的基因传递，祖先的所作所为都会深深地烙印在遗传记忆中，这也形成了厚德、财富、疾病等结果。

每个人的命运都与家族有着密切的关联，这也是一个人能量的体现。生活中的问题看似复杂，大都与家族成员之间的能量链接有着直接或间接的关系。也就是说，每个家族中都有一股带有自己家族系统密码的无形能量，它对家族中所有成员都产生影响。当家族中某位成员受到不公平的待遇时，家族的其他成员会不自觉地"主动"为其寻求平衡；当家族中的前辈做了不好的事情时，后代就会承受痛苦，这是家族能量在平衡整个家族系统。

疾病也是如此。一些看似无法根除、代代相传的家庭顽疾，实际上根源可能不在于病，而在于家族中曾经发生的事情，或者说先人曾经做过的错事。只有找到疾病所对应的事件，才能够真正有效进行弥补，平衡家族系统，从根本上治愈疾病，从而消除一代代人所必须承受的痛苦。

伯特·海灵格是德国享有盛名的心理治疗师，他整合创新的"家庭系统排列"，轰动了整个欧洲。近十年来，美国及欧洲其他国家和地区争相邀请海灵格前去演讲示范。海灵格发现，每个家庭或组织都有一股隐藏的动力，家庭或组织中的每一个成员都会受到这股动力的影响，而这个动力是在细胞记忆的深处，一般人不容易察觉。在家庭或组织中所发生的许多负面事件，如家庭失和、身心疾病、自杀、伤害意外、暴力犯罪等，都是因抵触这股力量而导致，而使整个家庭或组织的"爱的序位"受到干扰，有时候这些事件还会重复发生，延续到下一代。

通过借鉴海灵格的"家族系统排列"，并结合自己多年来对疾病和家族关系的研究，我总结出关于家族病的两个观点：一，家族是一个系统，任何成员的"过失"都会影响和作用于本系统，并使本系统中的某些成员以"疾病"的方式来偿还；二，家族中每一位家族成员都应该得到自己应有的精神序位，家族序位紊乱就会有人为此付出代价，而产生不必要的链接，形成疾病。从这个基础上去解读家族疾病，情志疗法是一个处理家族顽疾的新方法。

（二）家族病是一种补偿

家庭是人类最基本和最重要的系统要素，我们每一个人都生活在一个以自己家庭为核心的小系统以及一个大的家族系统中。每个家族系统都有着一些隐藏的、意识难以察觉的精神秩序，它是一种无形的家族能量，可以对家族中的所有成员产生作用，约束和影响成员之间的关系，甚至影响家族中每一个人的命运。

家族系统的相对完整，意味着要对家族系统中的每一位成员或有关联的人给予认同，并留出相应的位置（即使这个人已经不在了），否则就会造成家族系统的倾斜。而系统的运行是会自主寻求平衡的，这就需要一些与倾斜相对的关系来补充，这些补充消耗着我们的能量，造成家族成员因能量缺失而产生在意识层次所表现出的"问题"，诸如疾病。

二、家族病的情志调理

（一）早年的经历影响今天的结果

家族中一个成员的错误或者过失，会影响家族中的其他人。这种影响有时候会跨越时间与距离。一代人出现问题，可能会影响几代人。只有回到犯错误的时空，才有可能弥补这些过错，消除当下人身体的病痛。

"生命智慧"课程上有一位王女士胸口经常难受不已，犹如一个"石头"压在心口上。她和家人的关系很紧张，离婚后丈夫对孩子也很冷漠。在进行了深入的了解后，我意识到这不仅仅是当下情绪的问题，还有家族能量的原因。

在处理个案时，她"看到"自己的太爷爷对他人造成过伤害及被伤害者的痛苦。通过"情志疗法"，在得到被伤害老人的"谅解"后，一直压在胸口偏右侧部位的、经过十多年医治无效的"石头"慢慢移开了。

这次调理后，她的思想也开始改变。更令她惊讶的是，孩子的父亲开始关心孩子，打来了离婚后的第一笔生活费！她的心情慢慢舒畅了，也能够畅快地呼吸了。

在家族这个大系统中，成员之间的链接是为了保持系统的完整性，更是为了维持能量的平衡。当家族中某位成员受到不公平的待遇时，家族中的其他成员会主动为其寻求平衡；当家族中的前辈有不好的事件发生时，家族中的后代就会承受痛苦；当家族系统遗失了某位成员，系统就会产生一股力量，推动系统发展以重现原本的完整性。

现实生活中，很多人会在不经意间否认了某位成员归属于家族系统的权利。比如一位已婚的男人发生外遇甚至有了非婚生子女时，他或他的妻子可能会表达出"我不想知道关于这个孩子与他母亲的任何事情，他们不属于我们的家庭"；当某位家庭成员有堕胎的行为时，其他成员会心照不宣地不再提起，就像这件事情从来没有发生一般；当某位家庭成员违反家规时，有些家庭成员会说"你使我们蒙羞，我们要跟你断绝关系"……

实际上，这些相信自己站在道德制高点的人只不过是在说"我们比你更有权利归属于这个家庭"或"你放弃了你归属的权利"。这种情况下家族中获得了不正常的更多权利的人，身体往往会出现一些疾病，来平衡自身获得的权利。

家族是一个系统，但并不是所有人都能够很好地被列入这个系统之中。所以在家族系统中，我们必须给予每个人进入系统的空间和恰当的位置，把尊重还给每个人。

这几年处理个案的过程中，我深切体会到家族对个人成长的影响，更清楚地看到对父母不好或有怨气的人，通常境遇也都不好。因为在埋怨父母的时候，其实就是在扰乱"爱的秩序"，在切断自己与父母的链接。这样一来，由祖辈传承下来的能量流动就会被阻断，而受这种行为影响最大的就是孩子。

人必须拥有足够的能量才能正常成长，这些能量在很大程度上都来自于家族的传承。博览古今中外，我们不难发现，很多有成就的人多来自大家族，并且他们的家族关系相处得都很和谐，而社会上一些自杀、抑郁的人大都与其家族关系的不和谐有关。每个人的成长尤其是幼年时期的成长来自于家族能量，只有不断提升家族能量，让家族中爱的能量得以正常流动，才能在能量的滋养中茁壮成长。

在《为人父母》的课程中我曾经处理过家族中三代人都有自杀事件的个案——一位男士的父亲曾经自杀，他本人也有过自杀念头，他儿子也曾经自杀后被解救。带着这些经历，他走进了课堂，通过学习慢慢改变了自杀的念头。可是让他始终不明白的是：为什么他父亲想要自杀、他想自杀、小儿子也因为恋爱问题想自杀？这些表相下面隐藏着什么呢？

在个案处理中，他看到小儿子曾经的自杀行为及倾向缘于他十七岁那年曾经有过的类似行为，而他的自杀行为又源自七八岁时看到父母自杀的经历——就是他小时候的这个"种子"造成了孩子的行为。更让人难以想像的是，这个情绪竟然也导致了他那原本性格开朗的大儿子产生自杀念头。值得庆幸的是，他们都有惊无险，转危为安！

经过一系列的处理与化解，他内心的种子消逝了，家人之间也能和谐相处，坦诚相待了。

我们每一个人都是家族能量传承的关键人物，一个人的习惯、行为、偏好、爱恨在很大程度上来自于家族的传承，当家族中有人做了不该做的事情时，不仅会造成一定的后果或伤及他人，还会在后代的身上有所表现，造成家族序位的错乱，给家族系统带来很大的创伤。

我们应该从自身做起，不仅要言语自律、尊老爱幼，还要学会内观自己，找到家族中"爱的序位",以获得内在的领悟,调整我们的生活。尤其是当我们发现家族能量的传承受阻时,我们更要追根溯源,找到问题的所在,加以修正,以真正实现家族能量在我们身上的传承;重新链接家族能量,让受阻的家族能量再次顺畅地流动起来!

"天道无亲,常与善人。"只有觉知自省,用感恩与利他之心重塑自身缺失,才能真正实现修圆补缺,返璞归真,化解疾病的根源,重新链接家族能量,传承家族传统。

(二)被剥夺生命权利的孩子不会消失

堕胎对家族有着非常深远的影响,会影响到家族中的其他孩子,对母亲的影响更为深重。

林女士是一位豪门贵妇。多年前,她嫁到这个富贵的大家族,过着锦衣玉食的幸福生活。然而女儿三岁时发现肾脏有问题。林女士听到这个结果时,痛苦得几乎晕厥过去。一个母亲所有的美好期盼都被打击得无影无踪,顿觉天昏地暗。为了给女儿治病,她到处寻医求药,却不见一丁点儿好转的迹象。

为了女儿,她整天担心、寝食难安。碍于是"豪门望族",女儿的事不便向外人透露,十几年来她不得不独自承担所有的压力。这让她心力交瘁,几乎无法正常的生活。为了寻求改变,她经人介绍找到了我。

通过"情志疗法"她释放了这么多年积累的痛苦和压力:一次次经历着因女儿病痛带来的折磨,身心憔悴。整个过程中,她忍不住放声大哭。

当让她继续回忆女儿发病前的时间点时,突然想起年少时,她与初恋偷尝禁果后曾经意外怀孕。当时她还很小,害怕被父母知道,就偷偷把已经怀了四个月的孩子打掉了。她始终记得当时自己那种恐惧和羞愧交加的复杂感觉,但在意识上她觉得自己尚且年轻,还没有要做母亲的打算,因此,对被打掉的胎儿也没太在意。

但这个被遗忘的孩子时刻提醒她,被牺牲的他不是"一点都不重要的",他是一个生命,一个渴望看见阳光的生命。

虽然看似简单且又有理由被拿掉的未出世的孩子，依然在影响着整个家族。其实，类似的案例很多，我们也处理过一些父母因为生活困难而拿掉孩子的案例。从这些案例中我们不难看出，虽然孩子已经不在了，但他的精神力量还在以自己的方式影响着父母的生活。一方面，父母的内心深处一直有一种对流产的孩子的愧疚和自责；另一方面，这个"孩子"既有对父母的爱与不舍，又有着对父母的恨，所以才会让父母的身体遭受痛苦，或通过能量传导让其他相关人出现问题。

我们每个人身上所出现的种种问题，看似只是自身的问题，其实却根源于我们背后的一股看不见却真实存在的推动力，这是我们过往经历种下的种子在我们身上生根发芽的结果。要想真正解决问题，就必须勇于面对、追根溯源、修圆补缺，及时有效地化解负面能量，使自身能量达到平衡。

（三）每一位家族成员都应该得到自己应有的精神序位

家庭系统中一个最基本的法则是：每位成员都有同等归属的权利。这是基本秩序，我们必须遵从这种秩序才能使家族能量达到平衡，每个家族成员才能拥有健康的身体和良好的状态。可是，许多家庭或家族系统却总是会否认某位成员归属于系统的权利。

当家庭系统中某位成员的归属权利遭到否定时，不论是他受到轻视还是遭受不公，要求平衡的力量都会驱使系统中的后代成员透过认同而模仿过去遭到排除成员的遭遇。后代成员可能在意识上并未觉察，却难以抵抗。因为一旦有成员的归属权利遭到否定，就会产生一股无法遏止的力量，这种力量将会努力恢复系统原本的完整性。为了补偿对某些成员的不公，家族中就会有其他成员产生问题。

其实，我们每个人的背后都有一股很大的推力或是拉力。推力可以帮助我们完成自己的目标或实现自己的理想；拉力更多的则是产生挫折，甚至使一些看似可以达成的事情不能达成，想得到的东西得不到……这就是无形的家族能量。它看似无形，却远远要比人在意识上的百般努力强大很多，且无时无刻不在影响并左右着我们的身心。

我曾经在"生命智慧"课堂上遇到一位女企业家。她十五年前只身一人来到广州，从美容美发做起。几年后她代理了一个很有优势的国际产品并成立了自己的公司，事业做得有声有色，短短几年光景就在全国开了三百多个产品销售终端。虽然事业越来越好、团队也越做越大，可是她自己却总会有一种莫名的空虚感。

她是在单亲家庭中长大的，从小就没有见过自己的父亲。母亲对她很好，她却从小对母亲有一种莫名的疏离感，关系若即若离。事业有成后，她担心母亲一个人在老家孤单，几次要把母亲接到广州同住，可母亲却都以不习惯为由拒绝。即使她与母亲一起生活的时候，也常常会闹一些小矛盾——她喜欢整洁有序的生活，一切都要干净整齐，而母亲却喜欢把东西乱扔乱放，不舍得扔东西，所以即使家里的房子很大，还是不够母亲存放东西……由此她与母亲的矛盾越来越深。虽说"相见不如怀念"，可她就只有母亲这么一个亲人，面对自己与母亲的现状，她真的有点不知所措，甚至力不从心。一方面，她的内心深爱着自己的母亲，知道自己应该孝敬母亲；另一方面却对母亲有一种莫名的排斥。

在处理她的个案过程中，她看到了一个场景：

一位母亲因为某种原因将一个刚出生四天的孩子扔到了医院的垃圾桶旁边。一只老鼠发现了那个孩子，狠狠地在孩子的右脚小拇指上咬了一口。难以忍受的疼痛使孩子用尽全身力气大哭了起来。孩子的哭声引起了不远处一个捡拾破烂的女人的注意，她跑过来赶走了老鼠，将孩子抱了起来。看着这个可怜的孩子，善良的她将孩子包裹了一下带回了家。

这位女企业家一边叙述眼前的场景，一边不住地哭泣，在看到那个捡破烂的女人将孩子抱回家时，她开始不停地呼喊"妈妈"。唤醒结束后，我问她："那个捡破烂的女士是谁？"她深情地说："是我的母亲。"我接着问："那个弃婴是谁？"她说："是我。"她边说边脱下袜子，露出了右脚小拇指上的那个明显的伤痕。

本来她打算将母亲送到敬老院的——在她看来，这样一方面可以使母亲受到照顾，另一方面也可以缓和她与母亲多年来因生活习惯不同而产生的矛盾。课程结束后，她马上赶回老家去见母亲——她要向母亲行跪拜之礼，以感恩母亲对自己多年来的养育与教诲。她要把母亲接到自己身边来，让老人家能够安度晚年。

我们知道，对于一般人来说，我们身上既有母亲的基因，又有父亲的基因，所以我们才会与父母之间有着难以割舍的关系，才可以链接到家族的能量场中，使自身的能量得到提升。无论我们是否与自己的父母生活在一起，这种基因都会时刻伴随着我们。对于被领养的孩子来说，只要他能够从内心真正地接受自己的养父母，把养父母当作亲生父母来看待，那么，他也能够真正地链接到养父母所在的家族中，并成为其中的一员，在提升自身能量的同时，也使家族的能量得到传承。

每个家族成员在家族中都有属于自己的位置。只有每个家族成员都遵从自己的位置，才能够保证整个家族系统的平衡与完整。比如，孩子有孩子的位置，父母有父母的位置，祖父母有祖父母的位置等。如果谁站错了位置，就会使家族系统失去平衡，招致不必要的麻烦。

作为父母，也要特别注意与孩子之间序位的调整。我们讲究与孩子之间的亲密互动，但也要遵从序位，要在展现慈爱的同时保留家长威严。

系统就是一个约束体系，只有遵守规则，遵从序位，孩子才能够在家族中健康成长。序位错了，系统就会产生乱象。

对任何一个家族系统来说，序位都是至关重要的。这个世界有太多至高无上的力量和能量，如果不懂得臣服，就永远无法从更高的能量场中顺畅地接收能量。

当然，序位的遵从不只是长幼之别，夫妻之间的序位也很重要。如果夫妻之间的序位乱了，一样会影响家庭对家族能量的接收，家庭一样会出现问题。我们知道，母亲是家里爱的源泉，当母亲越位去充当父亲的角色时，家里就会出现爱的缺失，所产生的影响可能会持续很多代。缺失爱的关系会让人感觉压抑，这些情绪的积累会进一步引发疾病。所以我们通常会强调家族系统中母亲的重要性。

　　母亲是一个非常伟大的角色，既能毁掉一个家族，也能成就一个家族。在家族系统中，她既是女儿、儿媳，也是母亲、妻子；既要保持与外界的链接，又要做好对内部的疏通；既要对长辈接受，又要对孩子舍得，还要懂得尊重爱人……可以说，母亲对家族序位的遵从与否直接决定着孩子能否健康成长。

　　我处理过一位黄女士的个案。29岁的她只是因为和男朋友吵了一架，就服下了50多片安眠药，想告别人世。幸好她被人及时发现，送到医院抢救后醒了过来，出院后，她在母亲的陪护下找到我。当时黄女士戴着一副深色宽边眼镜挡住自己的眼睛，散披的长发遮盖住了半张脸，面对母亲的无奈，她低头不语。母亲的眼中布满了血丝，疲惫中透露着无限的伤心，一只手紧紧地拉着黄女士的手，好像一松开就会失去这个孩子似的。看得出来母亲对孩子很好，也很爱孩子。这样的打击对于任何一个母亲来说都是非常沉重的。

　　了解情况后，我开始用"情志疗法"为黄女士进行处理。很快，黄女士就回忆起这些年发生在自己生活中的几次不如意——考试升学受挫、失恋……听着黄女士的叙述，黄女士的母亲很惊愕，眼睛瞪得又圆又大——她没有想到，与自己朝夕相处的孩子，竟然有着这样的心理感受，而自己居然毫不知晓。

　　在往更早的经历探究时，黄女士说听到了一阵阵的吵闹声，随之她的身体骤然间变得紧张起来，双手抱在胸前几乎蜷缩成了一团。我问她听到了什么声音，她显得无比恐惧却又很无奈，说："有人在吵架。""谁在吵架？""妈妈和爸爸。"我继续问："他们为什么吵架？"她回答："爸爸有了外遇，妈妈很伤心，妈妈觉得这些年为爸爸付出了很多，而爸爸却和自己的一个同学好了。妈妈觉得自己很失败，不如死了算了。"之后，她在我的引导下体会妈妈的感受和心情——当时妈妈想用吃安眠药的方式结束自己的生命，后来在家人的劝阻下，母亲最终没有吃安眠药。

　　结束后，我问一旁已经泣不成声的母亲："她说的是真的吗？"母亲回答说：“是真的，怀上孩子不久，她父亲就有了外遇。我当时很难受，怎么也接受不了，所以就想吃安眠药自杀。后来她父亲悔改了，之后我们谁也没再提过这件事情。可是我却没有想到，正是我当时的这个想法，给孩子种下了轻生的种子……"面对女儿的现状，母亲为自己对孩子造成的伤害感到无比悔恨。

但是生活中出现的每件事情都是给我们的一个机会，让我们重新反思，找到新生活的道路。但是，如果因为这种伤害变成了恨和怨，并且传递到孩子身上，就会使孩子遭受类似的痛苦和折磨。所以，能够解开孩子所有困惑的钥匙也只有母亲，只有母亲的能量再次强大起来，孩子才能够接收到更多的正能量。

家族是一个巨大的能量场，每个人都接收和影响着这个能量场。中国有句古话叫："积善之家必有余庆，积恶之家必有余殃。"家族成员所有的过错都会由家人来补偿，所有的善良也会带来应有的收获。所以，常存善心，多做善事，会提升整个家族的能量场，使家族成员远离不必要的疾病困扰，为家族的兴旺发达做出更多的贡献。

在家族系统中，每个人都有自己的位置和本分，只有当所有人都在合适的位置时，家族能量才能顺畅地流动起来，使家族越来越强大。古代人都讲究"上孝"——向上行孝，而今很多人却颠倒过来了，向下一代"孝顺"，结果一代不如一代。如果我们把一个家族比作一棵树的话，那我们就是树干，老人是树根，孩子是树叶。我们知道，必须往根部浇水施肥，大树才能茁壮成长。同样的道理，一个家族要想兴旺发达，必须孝敬老人，尊重长辈。

作为家族系统的成员，为了自身的健康成长，为了家族的持续发展，必须从我做起，遵从家族系统秩序，认同并尊重每位家族成员的归属权，无怨无悔地承担自己的责任，接受家族中的一切。这样我们就能使自己站到恰当的位置上，在使家族能量达到平衡的同时，给每个人传递更为和谐、顺畅的家族能量！

正如海灵格所说的："当家庭族系统中的每一个人在你心中都有位置时，

一种圆满的感觉便会涌现。"

我们常以"血脉相连"来形容父母与子女之间的关系，其实这本身就是家族能量的体现。血缘关系使父母与子女之间形成一种独特的能量链接，这种能量的链接不受时间和空间的限制，使孩子体会到父母的慈爱，使父母感受到孩子的想法。

如果父母与子女之间的能量流动受到阻碍产生郁结，就会导致家族能量运行不畅，孩子就会产生爱的匮乏，甚至陷入心理困境，产生恐惧、回避、无助、自卑等情绪。如果不能及时疏通家族能量使之正常运转，孩子就可能出现性格缺陷、交往障碍等状况，而下一代的情感匮乏，更会促成新一轮的家族能量漏洞。

面对这些情况，为了不使家族中的负面能量影响我们的家庭，我们需要做的就是：找到真相，化解矛盾，清除情绪，在提升境界的同时，全面提升家族能量，以使自己和后代不再被过去所"纠缠"，不再复制家族中先人的问题模式，从而获得足够的能量，快乐地生活。我们每一个人的家族使命，就是提升家族能量。当缺失的家族能量得到补偿，当家族的能量得以提升，世世代代才能更好地生活。

下篇

第二十七章

"情志疗法"的起源有哪些？

通过这十多年的观察研究，我清楚地看到，人的事业、婚姻、健康和亲子关系等都是内在思想的呈现，都受情绪的左右。通过对不同理论和案例的总结，我找到了一条解释疾病生发、缓解疾病痛苦、调理身体、激发自愈能力的新思路——"情志疗法"。这一疗法的创立借鉴了很多学科的经验，这一篇重点解读情志疗法的起源。

一、中医整体观

中医整体观认为健康来自于体内阴阳平衡，气血通畅。中医治病并不以消除病症为目的，而是强调整个人体环境的和谐与平衡，简单来讲就是"扶正祛邪"。在明晰病因后，中医并不主张找到致病源并消灭它，而是通过调节身体内部的阴阳平衡来增强人体的抵抗力，加强免疫系统功能，激发内在潜能，靠人体自身的力量来治愈外界影响造成的身体不适。

《黄帝内经》是中国第一部医学典籍，奠定了中医诊病治疗的理论基础，被称为医之始祖，影响深远。在这本书的开篇《素问·上古天真论》中，敏而好学的黄帝就求教于上古时期最有名望的医学家岐伯："余闻上古之人，春秋皆度百岁，而动作不衰；今时之人，年半百而动作皆衰者，时世异耶，人将失之耶。"大概的意思就是我听说上古时期的人，都能够活过百岁，行动也不显得衰老，可是今天的人刚过半百就已经衰弱不堪了，是时代变了吗，还是人不同了呢？

岐伯的回答生动而又美妙，上古懂得养生之道的人都是顺应了阴阳变化，是懂得节制自律的人。从根本上说，避开虚邪贼风这些致病的因素，需要的是恬淡虚无的心，是守持于内的精神。心情安定，没有恐惧，气息平顺，少有欲望，不论过什么样的生活，穿什么样的衣服，吃什么样的食物，都觉得开心愉悦。内在的朴实无华使得任何淫邪嗜欲都不能迷乱自己的心智，平静自然合于道，所以能年过百岁而动作不衰微。

充满活力的生命，是我们开启一切的基础。良好的生命状态，意味着淡定平和而又能量充盈。

但有些人健康活泼，做什么事情都充满热情，好像有用不完的精力；有些人就萎靡不振，甚至只能每日躺在医院的病床上，靠着仪器度日。

现代社会，越来越多的人处于中间状态，或者说亚健康状态：去医院检查，好像也没什么大毛病，医生也不给开药，更多的建议就是保持好心情，注意饮食，良好作息。但还是觉得身体不舒服，没力气，动不动就感冒，免疫力比较低，经常觉得疲劳，做点事情就觉得累得不行。其实，这就是生命活力在降低。

生命活力来自于五个方面：精神，意志，聪明，胆识，魄力。前三个比较好理解，胆识和魄力需要区分一下。魄力不同于胆识，胆识包含着战略的决断和长远的坚守，魄力更多指能大刀阔斧地执行。

这五个方面和身体的对应关系在中医典籍里面早已说得非常透彻。精来自肾，神源于心；意在脾主运化，志在肾主力量；聪即耳开窍于肾，明指目开窍于肝；胆识源自胆气；魄在肺主灵感，力在肾还是主力量。

也就是说，当我们在精神、意志、聪明、胆识、魄力这些方面中有所缺失的时候，我们的身体也会呈现出这样的状态，即"怒伤肝，喜伤心，思伤脾，忧伤肺，恐伤肾，惊伤胆"。

不论一个人属于什么民族、拥有什么肤色，害羞都会脸红、伤心都会流眼泪、受冻都会流鼻涕……这就是思想的定向反应。中医谈到的百病生于气，生发的"气"就是思想对这件事情的看法和认知，气血变化形成疾病。气是维持人体生命运行的能量，不同的情绪会导引生命能量形成不同的反应。

不过喜，就不会伤心；不过怒，就不会伤肝……不同的情绪会对应身体的不同器官，对器官造成影响和作用，引发病理反应。人类痛苦的根源来自对事物存在规律的认知与掌握，造成思想的执着，进而又形成情绪影响人体阴阳气血的平衡和运行，在心情波动的影响下，气血不仅具有定向性，还具有定位性。剧烈的情绪变化使人阴阳失衡，导致气血功能紊乱，损伤人的脏腑，最终使人的健康受到影响，引发疾病。反过来，脏腑的损伤又决定和影响着思想的形成，从而左右人的行为，走向不同的生活和命运。

二、能量学说

能量是自然界所有物质最基本的属性，人的生命依靠能量而存在。

《黄帝内经》透过天人关系，对气的范围及含义做了多层次的分析，从"天地大宇宙，人身小宇宙"的观点出发，阐述了自然界与个体生命之间的运化规律，由此形成了以生命为核心的养气思想。气是构成身体和维持生命活动的基本元素，身体的强壮与衰败，皆取决于气的变化，即能量的聚会与离散。

万物都存在能量，小到细胞的生灭，大到地球的运转，有形物质的背后都存在着能量的推动。能量是不生不灭、不增不减、不垢不净的，永远守恒。能量平衡着万事万物的关系，它不会因一个人的伟大或卑微、富有或贫穷，而对这个人有所恩惠与青睐或有所打击与消灭，它只是因各种关系的聚合、弥散而形态变化。

现代量子力学研究表明：一对具有质量的正反粒子碰撞，可以湮灭，变成携带能量的光子，质量转化为能量；两个拥有能量的粒子碰撞，也可以产生一对具有质量的正反粒子，能量转化为质量。由此可见，物质世界中质量和能量是可以相互转化的，能量也是物质的存在形式。而我们每个人都是一个能量场，并以一定的振动形式与其他能量场进行着交换与互动。人与世界的关系，本质上就是能量的互动。

所谓的"疗愈"，其实就是转换人的电磁场中低频能量状态。我们可以经由一些方法来调高自己的能量，把粗糙笨重、密度大的能量，转化升华成精细轻快、密度小、振频高的能量。只有改变人的能量振动频率，才能改变人的生活与命运。

中医讲经络，按压某个穴位就会有酸或者麻的感受，但是从物质的角度来看，这种感受是无法量化的。对于能量我们只能感受，比如看上去很精神，这表示能量充盈，但对于一个久病的人来说就是全身无力憔悴。能量在身体中流动，遇到淤积的细胞就会过不去或者不能顺利过去，堵的地方能量不通畅，反应在物质的身体上，就会有生病的表现。

能量是情绪与疾病之间产生作用的通道。美国著名心理学家大卫·R.霍金斯博士（David R. Hawkins），运用一种称为"人体运动力学"（Kinesiology）的技术给予心智能量级别以量化的测量。经过30年长期的临床实验，通过随机选择的横跨美国、加拿大、墨西哥、南美、北欧等地的测试对象，对几千人次和几百万笔数据资料经过精密的统计分析之后，发现人类各种不同的意识层次都有其相对应的能量指数，人的身体会随着精神状况而有强弱的起伏。他由此制作的心智能量图表，让我们可以直观地看到不同心理对于身体能量的作用。

心智的能量级别模型量化指数表

心智能量级别	量化指数
开悟	700~1000
平和	600
欢愉	540
爱	500
理性	400
接受	350
情愿	310

续表

心智能量级别	量化指数
中庸	250
勇敢	200
骄傲	175
愤怒	150
欲望	125
害怕	100
悲伤	75
冷漠	50
自责	30
耻辱	20

霍金斯认为，心智级别的关键反应点在200（勇敢）。当某人的心智能级由于内在情绪或外在条件而降到200以下时，他就开始丧失生命能量，变得更加脆弱，更加不健康，生命缺乏活力和动力，更容易为环境所左右。

从心智能量级别来看，耻辱、自责、冷漠、悲伤、害怕、欲望、愤怒、骄傲这几项都是低于量化指数在200以下的情绪。

如耻辱的心智能量级别是20，这个心智级别几近死亡，容易导致有意识的自杀、抑郁、焦虑等。

一个人早期遭受的耻辱体验，如性侵害，都会在日后的生活中造成人格扭曲。女性在这方面尤为典型。由于缺乏自尊，身心健康会受到严重伤害，很容易导致生理疾病。以耻辱为基础的人格常常表现为害羞、退缩、焦虑、紧张和内向。

在处理个案过程中，我发现在宫寒、肌瘤，还有很多女性婚姻问题，一定程度上与早期生活中有过性侵害的经历有关……这些经历都带着令人耻辱的情绪，对日后的婚姻和事业产生负面的影响。

有的人会因为这种耻辱感而一直认为自己是"肮脏"的，要用当牛做马来洗清自己的罪恶。所以寻找伴侣的时候不敢"高攀",选择伴侣的时候会"降低"标准,而且大多会对对方"百依百顺"。在生活中总是不自觉地克制自己的需要而事事满足对方。鲁迅有句名言:"不在沉默中爆发,就在沉默中灭亡。"不被理解的忍让是有限度的,一旦到了"极限"就会爆发,而且是猛烈地爆发,以致给对方一个"措手不及"。她会将多年的压抑一下子宣泄出来,使家庭矛盾尖锐化,难以挽回。

通则不痛,不通则痛,当人想不通就会产生情绪进而造成身体的能量淤堵。生父母、老师、长者的气就会淤堵在颈椎,情感问题上有气就会淤堵在乳腺,不愿意担当责任气就会淤堵在腰部,形成腰间盘问题,对前途担忧的情绪就会造成能量淤堵在膝盖……

三、全息理论

全息生物学是我国著名生物学家张颖清创立的。他在传统针灸、经络穴位等中医学理论基础上,于1973年提出了全息生物学。这一学说认为:人体是一个有机的整体,人体的脏腑、气血、经络及各肢节、器官等都在互相作用。也就是说,人的身体以全息形态而存在,人体的每一个相对独立的部分都和整体脏腑器官具有对应关系。

全息的概念可以理解为点即是面、面即是点。人体的每一个相对独立的部分,都和人的整体脏腑器官具有对应关系,是整体的一个缩影。比如,人的耳朵,就可以看成是一个倒立的小人,耳朵的不同部位对应着人身体的不同器官;我们的脚,就好似一个坐着的小人,脚趾就对应着人的头部。局部的病变可以影响全身,内脏的病变可以从五官、四肢、体表各个方面反映出来。我们可以通过脸、耳朵、舌头、脉搏、手掌、脚掌等的状况知道身体中其他部位的信息,继而进行诊断调理。

全息理论建立的一个重要实验是1982年由巴黎大学物理学家阿兰·阿斯拜克特领导的小组进行的。他们发现在特定情况下,次原子粒子如电子,同时向相反方向发射后,在运动时能够彼此互通信息。不管这个距离多么遥远,它们总能知道另一方的运动轨迹,同时改变自己的轨迹。

也许这听上去有一点不可思议，没关系，现代全息理论之父大卫·玻姆用一个水族箱给出了形象的解释。想象一个水族箱，里面有一条鱼。再想象你无法直接看到这个水族箱，你对它的了解是来自于两台电视摄影机，一台位于水族箱的正前方，另一台位于侧面。当你看着两台电视监视器时，你可能会认为在两个荧光幕上的鱼是分离的个体。毕竟，由于摄影机是在不同的角度拍摄，所得到的影像也会稍有不同。但是当你继续注视这两条鱼时，你会觉察到两者之间有特定的关系。当一条鱼转身时，另一条也会做出稍微不同但互相配合的转身；当一条面对前方时，另一条会总是面对侧方。如果你没有觉察到整个情况，你可能会做出结论，认为这两条鱼一定是存在心电感应。但是显然这并非事实。玻姆说这正是在阿斯拜克特实验中的次原子粒子的情况。

看上去超然分离的两个物体，实际上是一个整体，只不过是因为观察方式的局限！

全息理论看上去高深莫测，实际上已经广泛运用于物理学、生物学等各类学科。其中，脑部科学家开始相信头脑本身就是一个全息摄影相片，小小的大脑存储着从意识诞生以来的全部记忆；我们身体里的每一个细胞都包含着整个身体的信息，就好像"道生一、一生二、二生三、三生万物一样"，我们看到的万物都来源于最初的一。

科学家所做的三个经典实验，向我们展示了宇宙间存在的基础能量场，以及情绪和生命体之间的重要关系。

实验一：量子生物学家弗拉迪米尔·普普宁（Vladimir Poponin）和他的同事彼得·格瑞尔菲（Peter Gariaev）1995年发表研究论文，表明人类DNA能直接影响物质世界。

他们通过实验测试DNA在光子（组成这个世界的量子材料）中的表现。首先，他们把空气从特殊试管中全部抽出，创造出所谓的真空环境。通常真空一词就表示容器内空无一物，但其实里面还有东西存在，就是光子，并以随机的方式散布在试管中。

接下来，人类 DNA 的样本被放进试管中。光子在 DNA 存在的状态下不再随机分布，而是进行了重新排列。DNA 显然对光子造成直接影响，仿佛透过某种隐形力量将它们规则排列。

当 DNA 从试管中被移除后，又发生了一个惊人的现象。科学家原来以为若是移除 DNA，试管中的光子应该恢复到原本的随机分布状态。然而实验中看到的是光子仍然有序地排列，仿佛 DNA 仍在试管中一般。DNA 被移除后，影响光子排列的东西是什么？DNA 被移走后，仍有某种残留吗？或者有更神秘的现象在运作？DNA 和光子虽然实质上已经分离，不再处于同一试管中，但是否在某种程度上仍然互相联结？

普普宁在研究结论中写道，他和其他研究人员"不得不接受这样一个实验前提，即有某种新的场域结构存在"。由于这个效应与生命体直接相关，所以这个现象被命名为"DNA 幻影效应"。这种效应明确证实，有一种我们之前从未了解的能量存在，细胞 DNA 能通过上述能量影响物质。

实验二：人类情绪对身体细胞有直接影响。

依据传统思考模式，组织、皮肤、器官等一旦与人体分离，它们与身体的联结也不复存在。然而，发表于 1993 年《前卫》(*Advances*) 期刊的论文表明，事实并非如此。研究人员在受试者口中采取 DNA 和组织样本进行分离后，将其放入特殊装置中通过测量其电流，检测它是否对受试者的情绪有反应。受试者在百米外的另一个房间里观看一系列影片，内容包括战争影像、喜剧等，旨在让受试者产生真实的情绪体验。测量发现，当受试者经历情绪"高潮"及"低谷"时，他的细胞和 DNA 也在同一瞬间呈现出强烈的电流反应，表现得好像依然在受试者体内一样。

不论受试者与其细胞是在同一房间或相隔多远，情绪变化与细胞反应的时间差都是零。当受试者经历情绪体验时，其 DNA 样本的表现仿佛仍以某种方式与人体相连。如果有一个量子场链接了所有物质，那么万物一定是处于永恒联结状态。正如杰佛瑞·汤普森博士（Dr. JeffreyThompson）说："人的身体其实既无结束的终点，也无开始之处。"

实验三：人类的情绪能影响身体健康和免疫系统。

1991 年，美国心脏数理研究院（The Institute of Heart Math）正式成立，目的是探索人类情感及情绪对身体的影响。研究院把焦点放在情绪与感觉在身体上的发源地——心脏。其中最重要的发现之一是描述了一个环绕着心脏并向人体外围扩张的环形能量场。这是一个电磁能量场，具有环形的球状面。虽然心脏的能量场并非身体的灵光（aura）或古梵文中的普拉纳（Prana），但可被视为心脏能量的外在表现。

知道这个能量场存在后，研究人员又提出了一个问题——这个能量场中是否还有另外一种尚未发现的能量存在呢？为了证实这一想法，他们决定测试人类情绪对 DNA 的影响。

实验在 1992 年至 1995 年之间展开。首先研究员将人类 DNA 分离出来，放在玻璃烧杯中，然后让其暴露在一种强烈情绪之中，也就是所谓的惯性情绪（Coherent Emotion）。据主要研究员格兰·瑞恩（Glen Rein）及罗林·麦克拉迪（Rollin Mccraty）所说，透过"运用特殊设计的自我心神及情绪管理技术，刻意使心神安静下来，将注意力移转到心脏部位，专注于正面情绪"，就能创造出这个生理状态。最多有五位受过协调情绪训练者参与，测试结果无可争辩：人类情绪改变了 DNA 的形状！参与测试者除了在体内创造出精准的感觉之外，在没有实质接触或外力介入下，就能影响烧杯中的 DNA 分子。

每个人都是一个能量场，人们向外发射着信息和频率，也接收着外在的信息和频率。我们会发现，很多人会重复地做一件事情，看类似的电影、吃类似的食物等等，这是因为我们的能量场和这些类似的东西合拍，我们会选择那些在频率和信息上和自己非常接近的事物，不断强化和他们的链接。

四、心智哲学

通过这十多年对心智的观察与研究，我清楚地看到，人的事业、财富、婚姻、健康和亲子关系等都是内在思想的呈现。自古以来就有"心智"一词，苏轼在《石菖蒲赞》中的"久服，轻身，不忘，延年，益心智，高志不老"一句中提到的心智，统指人的神智和脑力；清代吴伟业《赠家侍御雪航》诗中

"劲节行胸怀，高谈豁心智"里的心智，可以理解为智慧的意思。古人对心智的理解，多是从人的内在出发，以聪明智慧作为内涵。

我将心智归纳为两个范畴：思想和智慧。思想是人内在的想法，是人的精神所在；智慧是对事物发展规律的认知、掌握与运用。心智健康的就是理顺我们的思想，遵循事物发展的规律，怀有对生命的热爱和敬畏，让我们的人生在利他中获得升华，让生命的价值与尊严得到彰显。

（一）一切事物的表现都是内因与环境所共同作用的结果。

我们看到一棵苹果树上能够长出苹果，必然当时在泥土中种下的是苹果种子，而不会是桃子、梨子，也不会是任何其他植物的种子。此外还要有适合苹果树生长的环境。《晏子春秋·内篇杂下》有言："橘生淮南则为橘，生于淮北则为枳，叶徒相似，其实味不同。所以然者何？水土异也。"意思是淮南的橘树，移植到淮河以北就变为枳树，同一物种因环境条件不同而发生变异。

任何事物的产生最为基本的条件是种子、环境和结果，也就是内因在外因作用下的结果。"种子"是内因，环境是外因。从这一逻辑出发来看待疾病，也是一样的道理。疾病这个结果的生发一定是源自于病的种子，我们内心对疾病的恐惧、郁结的情绪等都是"种子"。不同的体质会对应不同的病源。面对同样的环境，内在身体的"种子"对环境的"适应"不同，就会出现不同的结果。

同样的环境，即使人的年龄、性别、健康状况都相同，也只有个别人生病。生活在同一个家庭，共同的父母，吃的、用的、受到的教育都一样的两个人，其身体状况、生活与命运却大相径庭——即使在同一个时辰出生的双胞胎，命运也不尽相同。

不少人会怕黑，晚上不敢关灯睡觉，不能一个人在家里独处。思想创造情绪，情绪影响思想，两者的关系就像是鸡生蛋、蛋生鸡一样，相辅相成，互相影响。

思想产生情绪，导致了身体的气血变化，造成了身体细胞和器官的物理反应和变化，也就形成了疾病。情绪是疾病的表象，是由思想创化形成的。

同样的事情，不同的人面对时会有不同的反映。有的人会产生很大的情绪，甚至激动的难以控制，而有的人却能处惊不乱，不会大悲大喜，甚至还能看透生死，超然于天地之间。

庄子妻死，惠子吊之，只见庄子盘腿席地、鼓盆而歌。惠子见后责备他说："你妻子死了，不哭可以理解，可你还鼓盆唱歌，也太过分了！"庄子则回答说："不对！妻子死了我哪能不伤心？可想想看，一个人从不出生到消亡，就像是春夏秋冬的更替，杂乎芒芴之间，变而有气，气变而有形，形变而有生，今又变而之死，本是自然规律，没有谁能够幸免。我如果总是悲痛不已，岂不是连这点简单的道理也不懂了？"这一番话让人不由得折服于庄子前无古人、后无来者的胸襟与境界。

东方文化强调"游心于淡，合气于默"；强调修炼、修心、修德；强调"夫子德配天地，而犹假至言以修心"。其实，这些都是为了抑制那些浮躁而激动的情绪，修为自己，以能够坦然地面对外在的一切。我们常会看到那些修行好的人总是一副慈眉善目、气定神闲的样子，他们待人和睦，不论外在发生了什么，他们的内心都能坦然、淡定，仿佛永远逍遥于那美丽的世外桃源。

人的幸福与快乐、健康与疾病是通过身体、思想、心智的相互运行而完成的。特别需要注意的是，在东方的哲学智慧中，将思想动机比喻为心，这个心不是身体中物质结构的心，而是一个人对于生命、自然、宇宙、能量、情绪的认知，即人的思想！心的创化无不受情绪的影响，不同的情绪就会打开不同的人生。

很多的身体疾病大都是思想制造出来的。思想的形成一方面来自于过往的经历所形成的细胞记忆；另一方面来自思想的信念或对某种事物的认同。如一些孩子会在临近期末考试的时候突然得病，但是考试一结束很快就好了。看似是病，其实是在逃避考试的压力。也有的人思想上有承担不了的事情、担当不了的责任时，腰就容易出现问题。

我们外在的境遇都是相同的，只是面对事情时的思想不同，才导致了最终结果不同。也就是说，外在的境遇只是我们内心世界的一面镜子，反映着我们内在的心智状况。一切都只是因、缘、果的契合，并不存在完全意义上的巧合与偶然。

《百业经》云：善恶之报如影随形，三世因果，循环不失。外在的世界只是一面镜子，它让我们有机会看到自己内在的心性。不想要这样的果，就要改变那样的因。找到生命程序的初因，就能够从内心改变自己，从而创造出丰富的物质生活。

（二）事物的存在都有其平衡原理和意义，疾病亦如此。

《礼记·大学》所言："物有本末，事有终始。知所先后，则近道矣。"意思是：每个事物都有根本和枝末，都有开始和终结。一旦明白了这本末始终的道理，就接近事物发展的规律了。

两位僧人看见风吹幡动，一位僧人说是风动，另一位僧人则说是幡动，两人为此争论不休。这时，慧能大师上前说道："不是风动，不是幡动，是仁者心动。"众僧人听到这句深含禅意的话，如醍醐灌顶，个个惊奇不已。

牛顿第三定律谈到：在宇宙中施加一个作用力，就会得到一个反作用力，两者大小相等，方向相反。在这个世界上，有果必有因，任何事物都存在着两面性，男女、上下、左右、乾坤、善恶、黑白等等，宇宙的自然法则就是在创造和谐与平衡，它像一只看不见的手在操纵着人的生活与命运。

如果宇宙中的这种力有所指的话，那么，它就是使地球围绕太阳转，月球围绕地球转的无形的力；就是使苹果落地、水往低处流的无形的力；就是缔造了自然规律的无形的力；就是在人类违背了这些自然规律时，必然要受到制约和平衡的无形的力；就是中国古代先贤以朴素的思维、智慧，在《道德经》《易经》《黄帝内经》中将其名之曰"道""太极""阴阳"的无形的力。

这种力虽然是无形的，但是，至小无内，至大无外，这种力始终统御着宇宙万物，正所谓"大道合乎自然"！我们时时刻刻都感觉到它的存在。如：下雨之前，有些人，特别是患风湿症的人，都会先有感觉；有些动物也能察觉到下雨之前这种无形的力，像燕子低飞、蚂蚁搬家等。

人类自古以来就对这种无形的力有深刻的体验。悠悠乎与颢气俱，而莫得其涯；洋洋乎与造物者游，而不知其所穷。无形之力控制着有形的事物。如我们常说的"天理""天道""天意""天公""天网恢恢""顺天者昌，逆天者亡""自然""顺其自然"等等，这些言简意赅的哲理，无不是对自然力的巨大作用的真实描述。

人类对这种无形之力，一方面在有意无意中体验着它的存在，认同这种无形之力的巨大作用，"无影树下寻春摘叶"；另一方面却又对它视而不见，甚至企图人定胜天。自然力不是直观的，它看不见、摸不着。但是，这种所谓的无形之力，真真切切、实实在在地存在于物质世界之中，影响和左右着我们每个人的生活。这种"无形"制约着"有形"的现象，在现实生活中屡见不鲜。人的心理、观点属无形，身体属有形，无形的心理、观点制约着有形的身体。人有了无形的心理、观点以后，才出现了有形的身体对待事物的各种行为与角度。人的各种所想、所做，都是在无形观点的驱使下进行的，正如《黄帝内经》中所说："人生有形，不离阴阳。"

万事万物以不同的形式存在着，人的身体也是物质世界的一个组成部分，人体的各个具体部位都有其物质属性，这种物质属性与万事万物之间没有直接的对应关系。但人体不是纯物质的，它是由人的思想境界、情绪、家族关系、个体基因所制约的特殊物质。人体各个器官、部位，在人的生命过程中有其生理功能、作用等，这就与万事万物之间存在着取象比类的同属关系。如：客观事物中的接受与不接受、容纳与不容纳，与人体的胃部同属一类事物；客观事物中的挪动与不挪动，与人体的膝关节同属一类事物；客观事物中的配合与不配合、配合好与不好，与人体膝关节的交叉韧带同属一类事物……

人的心理因受不同的时间、地域、文化、环境、观念等诸多不同因素的影响而各不相同。每个人都不是孤立存在的，是存在于社会和自然环境之中的。所以，人的心理不仅存在着群体性差异，更重要的是存在着个体性差异。

然而，目前人类对于疾病成因的认识，大多还只是局限在客观因素上，如环境、气温、病毒、细菌等等。我们知道，任何事物的存在都是由内因和外因两个方面构成的，如果我们对疾病的认识还仅仅停留在从身体的物理现象出发，那将是很不完整的。

任何事物都存在一种平衡状态，任何事物的存在都具有两面性，生命本身也是一样。正所谓"祸兮福之所倚，福兮祸之所伏"。人如果没有贫穷和痛苦，也就无法体会到富有和快乐；如果没有经历动荡与不安，也就体会不到和谐与幸福；只有经历过疾病的痛苦和迷茫，才能够体会出健康的喜悦——也正因如此，人类才有了对生命的尊重与探究的渴望。

古代的先哲向我们所传达和讲述的其实就是一种思想：尊重自然规律，与天地和谐共融。一切结果都只是一种表象，外在的表现反映着内在的本质。世界上的一切事物都缘自于对立与统一，都具有两面性，所谓好与坏只是人们所站的角度不同而已。

任何事物都是由两个或两个以上的因素相续而成的，都不是独立存在的，我们所努力追求的有形的物质如房子、事业、婚姻、财富等也是如此。有果就有因，人的痛苦在于只看到自己认同的那一面，而不愿意也不接受另一面，正如电影《灵异第六感》中的一句台词一样："你只能看到你愿意看到的事实。"

任何事物的存在都有它的合理性，对于疾病来说也是一样。疾病是人生不可超脱的一部分，它和健康一样，是生命中不可分离的一部分。

疾病是内在需要的一种表达方式，是社会化进程中形成的一种"需要"，也是自然界和谐与平衡的结果。

柯云路在《新疾病学》中谈道：

1. 疾病可以引起周围人的注意，使人获得同情和照顾。
2. 疾病可以使人回避矛盾、推卸或逃避责任。
3. 疾病可以暂缓甚至免除人本应受到的制裁。
4. 疾病可以使人获得好感、赢得爱情。
5. 疾病可以证明人的美德。
6. 疾病可以让我们战胜对方或维系与对方的关系。
7. 疾病可以释放压抑已久的不良情绪。

8. 通过疾病自惩以获得解脱。

9. 疾病可以缓解压力，以获得暂时的休息。

10. 疾病可以充实生活。

11. 疾病可以麻醉自己。

12. 疾病可以展示弱势，减少敌意。

当我们从整个人类社会的角度来看时，就会发现疾病的产生不仅仅是个体的需要，也是社会发展的需要。

---

1. 疾病可以界定每一个人、每一种势力的力量限度。

2. 疾病可以调节家庭关系。

3. 疾病可以调节整个社会关系。

4. 疾病可以自我示警。

5. 疾病可以弱化社会矛盾。

6. 疾病也是人类社会的一种竞争法则和淘汰法则。

7. 疾病是社会腐败、衰朽、消极、丑陋等因素的汇集。

8. 疾病也是对人类进行惩罚、教育的最有力手段之一。

9. 疾病常常又是人类社会的短见、短期行为。

10. 疾病成就了宗教。

11. 疾病创造了哲学。

12. 疾病规范着人类的行为和生活。

外在的病症是我们内心世界的一面镜子，疾病的产生映照出了我们内在的心智状况——特别是我们内心深处排斥的东西以及一些深藏于我们内心的情绪"种子"。我们大多数人都不愿意再次面对它们，更不愿意被他人所影响。但是无论我们用什么方法去压抑、隐藏、遗忘，它们都是我们内心深处挥之不去的阴影。它们会用各种方式提醒我们——病症正是其中常见的一种表达方式。它们通过疾病来引导我们内观自己，觉察自醒。

（三）细胞记忆，走过就会留下痕迹。

细胞是最忠实的记录者，它会储存下我们所经历的一切情绪记忆。有些事情我们看似已经忘记了、模糊了，但其实那时候的记忆一直以细胞记忆的状态存在于我们的细胞中。 当出现类似的场景或者相似的事情时，这种细胞记忆就会被激活，调动我们的身体，让我们按照以前的情绪记忆去处理现在的事情。这也就是为什么有些人在某些方面总是会重复地犯同样错误的原因。因为这种深植于细胞中的记忆并没有消除，同样的思维模式会一而再再而三地出现。

我们常想到的"放下"，也只是在意识层面的不再去想，或是将那些给予自己不悦经历或不好的事情，用理智来压抑住。然而，就好像计算机要提高速度，一方面在于扩大内存，另一方面还要清除病毒一样，如果只是扩大内存而不把潜藏的病毒、木马找到并清除，那么看似速度是提高了，却会经常被病毒、木马破坏了运转的结果，甚至失去一些有价值的东西。

曾经在心智中播下的"种子"，遇到适合的环境就会发芽、长大。人们虚弱、昏倒等意识较弱的时候，人的眼、耳、鼻、身等接收的信息全部储存在细胞记忆中，佛学中称之为"无名种"。特别是童年时期的创伤性经历，它们埋藏在人的内心深处，随着时间的推移被岁月尘封，似乎已经被人完全忘记。然而，一旦遇到类似的经历或场景时，这些被尘封的情绪种子就会出人意料地跳出来左右人的情感和行为。

然而，不了解这一切往往会觉得"大家都是这样长大的很正常""孩子小，忘性大，过不了多久就会忘记"。可事实证明，孩子可能会在意识层面忘记了发生过的事，但却会在细胞记忆中记住这些经历所产生的情绪和感受。

在一次"生命智慧"课堂中，我处理过一个这样的案例。

小雯向来都很怕黑，甚至睡觉也要把房间里的灯打开，或者不拉窗帘借用外面透过来的灯光，这样才能安然入睡。这种状况在她身上已经有近三十年的历史了，为此，她去看过医生，也吃过一些助人入眠的药物，但对她来说似乎根本不起什么作用。

我引导她回忆三十年前曾经发生的让她产生恐惧和害怕情绪的事情。很快她回忆起小学的一幕场景：有一次放学，大家都走了，只有她和另外一个男同学因为作业没有写完而被老师留了下来，等他们写完作业后天色已经很晚了。她要从学校走回家的话，必须要经过一条竹林路，而路旁还有几个坟墓。更让她紧张的是，那个男同学写完作业就跑了，根本没有等她。无奈之下，小雯只好一个人壮着胆子往家走。风吹竹林的声音让她变得紧张，她又突然间看到在坟墓的不远处有条野狗正看着自己，一片漆黑中她恐惧到了极点，用尽了全身力气颤抖着跑回了家。

我引导她将当时产生的极度恐惧的情绪进行最大程度地释放，之后，她感觉到一股暖流流遍全身，再回忆当时的情景没有那么害怕了。

人在成长过程中经历的一些小事，看似很普通很寻常，可一旦产生负面情绪就会在人的心智中形成"种子"，只要在日后的生活中遇到类似的情景，同样的负面情绪就会再次产生，如不及时将其释放或化解掉，就会永远都在这个点上徘徊，不断受其折磨。

"今天的果，来自昨天的因"。正是过去所播下的种子，才形成现在的果实。学会从历史的角度、从整体的层次来看待我们的身体和生命，才会找到更好的生活方式，拥有更健康的心境。

第二十八章
"情志疗法"的理论
依据有哪些？

在详细解读情志疗法的起源和分析大量案例的基础上，接下来将对情志疗法的理论进行一次完整的阐述，并对其中的部分内容进行详细分析。

"情志疗法"是以中医理论为基础，结合量子力学、心智哲学、全息生物学、内外因辩证与平衡原理以及西医和心理学等学科，深入研究情绪与疾病的关系，找出疾病背后的情绪因素，并予以释放、化解和清除，同时疏通身体淤堵点使气血运转快速恢复的疗愈方法。

一、人的双重属性

人的身体不仅具有物质属性，而且具有精神属性。物质与精神的双重属性决定着身体的状态，二者相互作用、相互依存、互为因果。

中国的《黄帝内经》中就讲到，"心者，五脏六腑之主也，……故悲哀忧愁则心动，心动则五脏皆摇。"西方社会通过研究家庭、社会、潜意识、行为等对人的疾病的影响，在20世纪30年代确立了心身医学的科学体系。

精神与物质是一种相互存在，相互作用，相互转化的关系。就如没有了黑也就不存在白，没有疾病也就不存在健康，没有鸡也就不存在蛋，所以独立地或者将其中的一个事物割裂来考虑，那都是不完整的。

日本著名医学教授春山茂雄先生在《脑内革命》中这样叙述："如果经常怒气攻心，心情感觉异常紧张，由于去甲肾上腺素的毒性，会引起疾病，加速老化，导致早逝。相反，无论什么时候总是心情舒畅，面带微笑，把事情往好的方面思考，脑内就分泌出具有活跃脑细胞、增强体质功能的荷尔蒙。这些荷尔蒙会保持身体旺盛的精力，抑制癌细胞，让人无灾无病、健康长寿。"

我们知道，人的精神能量来源于身体的脏腑器官，所以，当人的身体器官受到损伤时就会导致精神能量的下降。我国医学家根据辩证的原则和方法，结合临床各种病症的表现和对病例资料的探索研究后发现影响人体健康、导致人体脏腑器官损伤的主要原因在于内伤情志的变化。也就是说，情绪是对人精神能量的最大消耗。

人通常会有"喜、怒、忧、思、悲、恐、惊"这七种情绪。研究表明，如果人的七情太过，就会对人的气血和脏腑的正常功能产生直接或间接的影响。比如在突然强烈或长期持久的情志刺激下，人体的生理、脏腑气血功能就会发生紊乱，从而导致疾病发生。也就是说情志不遂即情绪是影响我们健康、导致疾病发生的重要因素。

中医典籍里相关的论述比比皆是："百病生于气。怒则气上，喜则气缓，悲则气消，思则气结，恐则气下，惊则气上，寒则气收，热则气泄，劳则气耗"；"郁结伤脾，肌肉消薄，与外邪相搏而成肉瘤"；"乳岩由于忧思郁结，所愿不遂，肝脾气逆，以致经络阻塞，结果成核"；"骨瘤由于淫欲伤肾，肾火郁遏，骨无营养所致。其病坚如石，推之不移"……

当一个人总是忧思郁怒、情感内蕴且哀怒不溢于言表时，当一个人总是在为取悦他人而舍己所好、常委曲求全地顺应他人或现实时，就会提高癌瘤的发病机率。发病后如还不能够改观精神面貌，长此以往，就容易出现恶化，使病情加重。

我遇到过一位很有名望的心内科专家。他告诉我，通过多年观察发现很多人的心脏问题和情绪有着很大关系——和家人、同事、单位伙伴、领导因为口角生气而出现心梗。也正是在实际的行医过程中看到这些案例，让他对情绪有着深刻的认识。当我向他阐释情志疗法的思路时，他立即表示十分认同，感慨虽然之前认识到情绪的作用，但一直没有找到有效的方法清除和化解，每次苦口婆心的开导，对于患者来说也是"管得了一时管不了一世"。情志疗法对于身体的精神属性和物质属性的认识，不仅仅停留在理论阶段，更是提出了一系列操作简便的方法，帮助患者有效清除多年累积的情绪。他也希望这种方法能够尽快应用于临床医疗。

二、人生早年经历

每个人的成长都会因需要得到尊重、支持和关爱却没有得到，从而产生怨恨和恐惧的情绪；因受到意外伤害而产生害怕和担忧的情绪；因做了错误的选择而形成内疚与自责的情绪；对亲人离世而引发悔恨和失落情绪等。

在这几年我所经历的咨询案例中，注意到人的情绪和伤害大都来自于幼年时期的经历。因为在这一时期，人的意识还没有完全形成，潜意识却得到很好的表现。也正是因为这样，最近的人——父母、亲人和老师等所做出的一些言语和行为，都会在孩子心智中形成种子，如得不到纠正就会影响孩子一生的成长。为人父母应当认识到自身行为的重要性，懂得孩子是自己的复印件。只有父母的言行得以改变，才能够影响到孩子。

在生活中我们可能都受过委屈。面对这些不悦的经历时，有的人能够很快释怀，有的人却将不悦深埋心里，久久不能自拔，形成心理负荷，影响着现实的生活。

人们常用"坎坷"形容人的一生，因为磨难是人生不可或缺的经历，荆棘是生活无法避免的阻碍。也正是因为有了这些坎坷，人生才更趋完善，人类也才会更加珍惜生命的喜悦和幸福。有黑就会有白，也正是有了黑才能够看到白或体验到白的价值。同样，相对于黑，白也有同样的存在意义。"存在的即是合理的"，而存在的本身又都是相对的。人的烦恼在于常常只从自己出发看一切，执着于自己的情绪世界。

而且，每个人的成长过程中会遇到这样那样的突发事件，也都或多或少受到意外的伤害。任何意外伤害都会在心智中留下对这些事件的感受，种下一个"种子"。日后只要条件成熟，这个种子就会开花结果，产生效力，影响人的行动。即使人的意识很清楚，但由于心智中那个种子对人行为的作用，使得人也很难得到自己想要的生活。

每个人对亲人都有着一份无法割舍的依恋，如果亲人去世时自己没能够看见最后一面，甚至因某种原因没能够参加亲人的追悼会，那此后自己内心将会形成一份久久无法释怀的终身遗憾，甚至产生内疚感。

久而久之，这种负担会让一个人产生不愿意承担责任和逃避现实生活、事业、婚姻的障碍的情绪和反应。这种看似无形，却无时无刻不在主导着人的行为的情绪和反应，会伴随着时间形成作用力，而且随着这种情绪和反应的增长，由其产生的作用和影响力会越来越大。

三、细胞记忆

人的思想与过往经历所产生的情绪，会形成细胞记忆。每当有类似的情景发生时，过往的情绪就会再次生发重演，反复作用，持续加深对身体的影响。

所有的情绪都会留下痕迹，存储在我们的细胞记忆中。即使这些记忆在我们的意识中已经模糊了，却能够在心智层面不断地发挥作用，让我们在遇到类似情景时不断重复过往的记忆，做出类似的选择，加剧情绪的负面影响。幼年时期的经历尤为重要，因为这个时候作为一个尚不成熟的个体，意识还很难发挥辨别选择的作用，很多影响会直接进入我们的心智深处，形成细胞记忆的种子。

甚至当孩子还在母亲肚子里时，就已经开始有了精神记忆。这也就是为什么古人怀孕讲究"出居别宫，目不邪视，耳不妄听，声音滋味，以礼节之"的原因所在。

我曾处理过这样一个案例：徐先生在一家著名的外企工作，因工作努力，加上在研发产品上的成果，得到了提升，将被派往美国进修学习。这对一般人来说可谓是一件千载难逢的好事，更是一个真正应该把握的机会。然而，对于徐先生来讲，他却有个难以逾越的障碍——恐高。他从小就有恐高症，根本不能坐飞机，只要一坐上飞机，就会惊恐得全身发抖甚至大声喊叫。可是他要升职就必须到美国进修，要到美国就得坐飞机。按照公司安排，几位同时进修的人要一同前往，也不可能让他单独坐船去。如果他不去，那就失去了这个经过多年打拼才得到的机会。他该何去何从？人们常会说"你有选择的权利"，但是面对这种情况，选择对他来说真的是太痛苦了。

无奈之下，他找到了我。通过"情志疗法"的引导，他的脑海中出现了这样一幕场景：一位身穿蓝色花布衣服的母亲依偎在一个房间的角落里哭泣，她的衣服很破旧。在她的身旁是一个简单的木板床，床上的小花被下躺着一个正在睡觉的小女孩。这位母亲哭是因为丈夫被抓走了，自己不但身体有病，肚子里还怀着一个三个月大的孩子。在那个年代，没有粮票和经济来源，日子是很艰难的。这位母亲感到非常绝望，就想到了自杀。当屋里的老式钟的指针指向九点半的时候，这位母亲一边哭一边搬来了一把凳子，颤抖着双手将绳子的一头套在了房梁上，又在另一头打了个结，之后便将头伸了进去。正当她要将椅子踢倒时，忽然听到了床上孩子的哭声。她赶紧下来抱起了孩子。看着怀中的孩子，她想：自己死了，孩子怎么办？况且，自己肚子里还有一个未出世的孩子！母爱的伟大使她在那一刻坚定了一个信念——活下去，为了孩子，再苦再难也要坚强地活着！

在这个过程中，徐先生就像在讲述一个感人至深的电影一样。他一边讲一边泪如雨下，最后泣不成声。我问他："那位母亲是谁？"他哽咽着回答："是我的妈妈"。我又问："那个女孩是谁？"他说："是我的姐姐"。我接着问："那个未出生的孩子是谁？"他用颤抖的声音回答我："那个未出生的孩子就是我……"说完，他抱着头大哭了起来。

多年来，每次处理个案我几乎都镇定自若，这是职业的要求，只有放下自己的见解与情绪才能更好地将当事人带出阴霾。虽然每次经历的事情都会带给我很大的震撼，不只发人深省，更多的是催人泪下，但是，在面对很多很感人的事情时，我几乎都能够处变不惊地进行处理。可是这次面对徐先生的经历以及他对母亲的那种感恩情怀时，我也不禁潸然泪下，真的很为他生命的重现和回到原点的喜悦而感动。

个案结束后，他告诉我："从小我就是个胆小怕事的人，有时候即使自己做对了，我也不敢和别人争辩，只会努力工作。而且从小我就很怕离开母亲，即使母亲外出买东西很快就会回来，我也会很担心。"之后他问我说："我刚才看到的到底是真的还是幻觉啊？"我回答他："你回家问一下你的母亲就知道了。"

第三天早上，我刚从电梯中出来，就看到徐先生推着一位坐轮椅的老人家等在公司的门口。老人的眼睛饱含着兴奋的光芒，激动之情溢于言表。我赶紧把他们请到了公司。老人家对我说："包老师，你真的很神奇啊！昨晚孩子向我询问自杀的事情时我真的吓了一大跳。我当时想自杀的事并没有对任何人讲过，你是怎么知道的？用的是什么方法？怎么所说的场景和当时的时间、穿的衣服、家里的摆设都是一模一样的？"我说："方法很重要，但真正能够帮助到人，能使人的生命有所进步才是最重要的！"半个月后，已经不再有剧烈恐高反应的徐先生如愿以偿地坐上飞机前往美国。一下飞机他马上给我打电话，告诉我说已平安到达，并且一路上也没有发生任何不良反应。听着他激动的言语，我感到了一种发自内心的喜悦。

其实，我们每一个人的经历——包括胎儿时期，都会对我们的精神产生极大影响，进而使我们形成独特的性格与禀性。徐先生之所以患有恐高症，正是他出生之前母亲想要自尽时的情绪、感受在他身上留下的印记。这是一种情绪的印痕，是一种我们很难抗拒的精神力量。只是，我们往往总是习惯于考虑有形的物质，却没有认识到除了物质，还存在着精神，并且精神的作用远大于物质。

人经历中所形成的细胞记忆会存储在遗传基因中。带有疾病特性的细胞记忆会在生活条件与环境符合的情况下，使人的身体呈现疾病的表现状况。有的人总是莫名其妙地受一些疾病困扰而且难以治愈，这种状况可能就是带有"天赋"的基因记忆在起作用。我们无法通过现代科技重组或者选择基因，但我们可以通过找到基因中的"细胞记忆"并加以调整，寻找属于我们每个人独有的幸福生活。

一切并非不可改变，即使是遗传中所带有的细胞记忆，也可以通过认知的改变来进行矫正。一切的关键在于起心动念，内在的思想认知决定了一切的走向。

孩子的记忆不仅局限于意识上的知识，还存在着重要的精神归属。从成为受精卵的那一刻开始，父母与孩子的链接就已经存在了，在不断接受外在信息的同时，父母的情绪也会不断复制在孩子的细胞记忆中，父母的精神状态直接决定着孩子的气质禀性。特别是在怀孕时期，母亲的心念与想法、父亲的表现等等都会对孩子日后的生活产生巨大影响。

细胞记忆中的情绪不会自行消失，却会每天作用于我们的身体，影响正常的气血运转，甚至导致疾病。情志疗法通过对情绪的有效疏导、清除和化解，帮助患者走出细胞记忆中错误情绪形成的错误认知，疏通身体气血的淤堵点，使气血再次恢复正常的运转。

情志疗法关注的是疾病产生的根本原因，从根本上释放导致疾病产生的情绪，疏通能量淤堵点，恢复气血的正常运转，因而能够实现很多传统机械治疗手段所不能达到的效果。这也就是为什么情志疗法能够成为中西医治疗手段外的一项重要补充手段。

四、相由心生，病从心起

思想产生情绪，情绪导引气血产生定向与定位性反应。在日后的生活中，如果不能得到有效及时地释放、清除与化解，就会累积发酵、持续伤害身体，最终形成身体对应器官的规律性变化和身体中的能量淤堵，造成免疫力下降，使身体出现疾病或者病情加剧。

我们会认为是病让我们不快乐。但是现代医学研究也表明：人体的疾病有百分之九十源于情绪的不平稳——是情绪导致人生病。佛说："外境是外境，人是人。"可为什么人会受到外界的影响呢？那是思想的作用。人是有思想的，并通过眼、耳、鼻、舌、身与外界发生着互动，互动时产生的情绪会存储并形成细胞记忆。

通常，心脏方面的疾病，主要是由对"好"的期盼、挂念、兴奋、紧张、害怕等各种不平情绪所导致。《三国演义》中诸葛亮"三气周瑜"的故事就讲到：身为东吴大都督的周瑜，统领着几十万大军，虽有英雄气概、驰骋疆场，但由于他求胜心切、刚愎自用，力讨荆州中了诸葛亮的计谋，惨败于巴丘，在严重的心理打击之下导致体内气血不通，结果口吐鲜血而亡。

肺的病，主要是对未来的担忧等各种不平心理所致。

肩部的病症，多与过多承担平辈之间的事情等情绪有关。

腿部的病症，多与对晚辈的担心、挂念等不平情绪有关。

牙痛，多与对某些人搬弄是非等各种"搅"的言行反感及怨恨情绪有关。

胃痛，多与对某些人、事、物不接受、生气并有怨恨的情绪有关。

胆结石，多是对"对与错"过分较劲、总认为自己正确等各种不平情绪所致。

人体的头部问题多与对其他人有着不服气、怨恨、害怕、恐惧、看不顺眼、等相关情绪有关。

宇宙中有一只看不见的手时时刻刻都左右着我们每一个人的幸福与快乐、烦恼与痛苦，这就是我们每个人的思想对事物所产生的最终情绪感受。如果你感到自己的生活过得不如意，如果生活中充斥着烦恼与痛苦，如果想要更快达至觉悟，你就要勇敢地面对自己的过往经历，拔掉情绪的种子，以改变自己所编制的生命程序。面对现在和未来，请多一些理智，少一些感性，运用自己的智慧去点亮健康、快乐、幸福的人生！

五、通则不痛，不通则痛

只要找到细胞记忆中影响健康的情绪记忆，通过科学有效的方法释放、清除和化解情绪的细胞记忆，疏通形成疾病的能量淤堵点，就能达到提升身体自愈能力，缓解、减少疾病的发生。

一位男士从小就对水有恐惧。小时候与父母一起去海边游泳，其他孩子都乐意踩水游泳，但是他却一直不敢靠近水边。那时候如果父母强行把他拉到海边，他就会歇斯底里的大喊大叫，充满恐惧地拼命挣扎。后来父母咨询了心理专家，得到的答复是：孩子患有对水的恐惧症，但是没有治疗的办法。这个问题一直拖了下来，直到今年这位男士想要参军入伍，进行多项目体能测试时发现其中有一项是游泳科目。可是他根本不敢下水，在岸边吓得直哆嗦。队友们以为他只是没有学过游泳所以有点害怕，所以将他扔进水中。没有想到的是，他一下水差点淹死，大家赶紧把他救起来，游泳科目他也就无法通过了。

听到男士的叙述我明白了，他之所以怕水是因为身体细胞记忆的关系——就好像在电脑中编制了一个程序，只要遇到相同的条件就会自行启动，每次运行都会形成相同的结果。只有唤醒内心的情绪记忆，才能够彻底消除这种恐惧。

接下来，我通过"情志疗法"引导这位青年回忆起自己5岁时经历的一件事情——那天他看到哥哥和几个小朋友在水里游泳玩的好开心，他过去的时候大家也让他一起下水游泳。当时他小心翼翼一步步靠近水边。但是哥哥觉得他走的太慢了，就和几个小伙伴抬起他往水里扔。于是在他根本没有做好任何准备的情况下，一下子沉到了水底。5岁的小孩子第一次落水，内心充满了紧张与恐惧。当时他也根本没有自救的能力，幸好被旁边经过的大人看到了，跳入水中将奄奄一息的他救起。在我和他的父母面前回忆起这个经历的时候，他全身发抖，身体发冷，紧闭着双眼，双臂紧紧地抱着两肩，一副到了生命极限的样子，好像又回到了落水无助的状态。

当我引导他释放了恐惧、害怕的情绪后，他的身体慢慢恢复过来。其实这与电脑程序非常类似：想要改变程序，最有效的办法就是回到原程序重新编译——程序得到了修改，运行的结果才会不同。当"情志疗法"结束后，我问他再次想到5岁时落水的感受时，他回答不再像以前那么恐惧了。

检验结果最好的方法不是在个案处理的课程上或者疗愈室里，而是回到生活中。两周后他回到部队再次进行体能测试，开心地给我打电话，一遍遍表示感谢，说自己现在可以下水了，终于不那么惧怕下水了。

六、生命的重建

在减缓疾病提升健康的基础上，帮助患者在回顾生命历程的过程中转变心智，重新审视疾病与生命的关系、人与自然的关系，通过提升内在生命能量和思想境界，使生命得以重建，获得身体健康与富足的人生。

"情志疗法"对于疾病的认知和解读，不仅仅停留在症状本身，而是深入到人的生活、工作、家庭、社会关系等方方面面，以疾病为突破口，帮助人找出自己的心智障碍，清除阻碍能量流动的情绪记忆，使人能够真正享受健康、幸福、美好的生活。

学员封女士在学习"心转病移"课程后，经常用在课堂上学过的技术帮助周围的朋友调理身体，广受欢迎朋友们的欢迎。她的一位40岁左右的女性朋友找她时脸色晦暗，身体紧绷，后背特别厚重，还有富贵包。封女生运用"心转病移"的理论知识推断她可能经常头不舒服，睡眠也不好。一询问，果真如此。

于是封女士运用舒缓的手法帮她调理头部、颈部淋巴和背部。不到半个小时，她的脸色就红润起来了，肩背部的赘肉也明显变软，整个人都放松了下来。

第二天这位朋友再来时，封女生为其做了"情志疗法"。原来，朋友的家中出现了一些问题使她对丈夫非常怨恨。在封女士的引导下，她讲述了对丈夫多年来的生气怨恨的事情，也看到在对待丈夫的问题上，自己也常常带着情绪来处理。情绪疏导完成后，再问她现在想到丈夫有什么感受，她笑着说："不恨也不怨了，其实丈夫还是有很多优点的。我自己也需要好好反思一下对婚姻的态度了。"

人往往对自己都是很宽容的，对别人就没有那么宽容。当觉得别人有对不起自己的事情时会很难放下，而且任由厌恶、嫌弃乃至憎恨的情绪不断生发,并且给自己找到正当的理由让自己站在道德的制高点,不断重复这些情绪。殊不知,看上去自己是正确的。但是错误的情绪就是错误的,给自己带来的伤害还是要自己忍受。

"情志疗法"从疾病入手,走入家庭、生活、事业的方方面面,挖掘生命状态中的障碍——看上去治的是病,实际上疗的是心,医的是命。情志疗法的终点绝不在于减轻一时的病痛,而是希望人们在疾病的痛苦中能够开始自我的反思。

"情志疗法"通过重新塑造心智结构,改善人们与周围人相处的模式,完善我们的世界观、人生观和价值观,以积极的态度看待事物的发展、看待自己的生活和命运,从而提升我们的思想能量,让我们在充盈的能量状态下去拓展自身的边界,创造人生的价值,获得健康的身体,拥有幸福的生活。

"情志疗法"的调理方法在于疏通身体、提升能量,让人重新感知到爱,感恩自己的生命和一切,珍惜生命的价值,体悟存在的意义。

古人讲讳疾忌医,指一些人不愿意面对疾病,忌讳就医,觉得疾病这种内隐不应该被人所知道。今天我们已经不再羞于谈论疾病,但是很多人仍然"忌讳"谈论疾病背后的思想和情绪原因。因为不愿意承认自己的错误,不愿意面对自己的情绪,任由疾病不断地发展恶化。因此我们面对疾病应该真诚,认识疾病产生的根源,正视自己的情绪问题,不断提升自己的思想境界,才能够加速疾病的疗愈。

第二十九章
什么是"情志疗法"？

> 情志疗法的重要作用不仅是对当下与更早的相关情绪进行释放、化解，更是帮助患者在回顾生命历程的过程中转变心智，重新审视疾病与生命的关系、人与自然的关系，正确对待疾病，懂得敬天爱人，尊重生命，籍由心智的提升，达到增加免疫力、激发修复自愈能力的目的，获得健康身体与富足人生。

一、"情志疗法"的含义

"情志疗法"是以中医理论为基础，结合量子力学、心智哲学、全息生物学以及西医和心理学关于情绪与疾病关系的论述，通过大量病例实践，总结出情绪致病的作用机制——即人的思想变化会产生情绪，情绪形成细胞记忆并同时导引气血产生定向性与定位性反应，导致身体对应器官的规律性变化和身体能量淤堵，造成免疫力下降，最终导致疾病或病情加剧。

"情志疗法"通过科学有效的方法，按照规范的操作流程，从当下疾病入手，查找出细胞记忆中不健康的情绪记忆，追溯源头，释放、化解并清除促发病患的情绪"种子"，同时疏通身体能量淤堵点，使气血运转恢复正常，达到通则不痛、无创伤改变或减轻疾病，实现身体健康的目的。"情志疗法"是一种非药物疗法。

"情志疗法"帮助患者回顾生命历程，转变思想，重新审视疾病与生命的关系、人与自然的关系，正确对待疾病，尊重生命，籍由心智的提升，达到提高免疫力、激发修复自愈能力的目标，重获健康人生。

"情志疗法"具有科学性、安全可靠、简单有效，为人们的身心健康提供了新的认知方法和调理手段，也是现有临床医学的有益补充，在治未病、大健康等领域具有广阔的发展前景，将成为健康中国事业的重要推动力量。

二、"情志疗法"的调理方式

第一，通过科学有效的规范化操作方法，从当下身体状况找到情绪与疾病对应关系，追溯源头，并释放、化解、清除病患的情绪细胞记忆，走出情绪困扰。

第二，通过舒缓身体能量淤堵点的手法，疏通由情绪造成身体能量淤堵的地方。

第三，帮助患者在回顾生命历程的过程中转变心智，重新审视疾病与生命的关系、人与自然的关系，正确对待疾病，尊重生命，籍由心智的提升，达到增加免疫力、激发修复自愈能力，获得身心健康与富足的人生。

（一）唤醒细胞记忆

"情志疗法"帮助人从当下的情绪出发，找到更早以前与之相关的情绪记忆，修改当时所存储的情绪"种子"，改变情绪造成的错误认知。犹如"一朝被蛇咬，十年怕井绳"，从"井绳"找到"蛇咬"，找到蛇咬的时候所出现的恐惧、紧张等情绪，并将其进行有效释放。当"蛇咬"的情绪不存在了，"怕井绳"的反应也就会立即消失。

几年前，47岁的王先生重新建立了婚姻关系并有了孩子，但一不如意就和爱人吵架，孩子不听话就大骂孩子，每次发怒后又很后悔。他的肝一直都不太好，经常会有痛的感觉，几经诊治却始终找不到病因，只能吃些补肝的中药。他一直认为这是因为自己工作压力太大造成的。长久的病痛使得他整个人看起来无精打采，面色也黯淡无光，又浓又黑的眉毛紧锁着，一双透着怨恨与严厉的大眼睛，总给人一种不依不饶的感觉。

对于他肝部疼痛的状况，我运用"情志疗法"从当下看到孩子不听话就大怒发脾气、工作中下属出现错误也是勃然大怒的情绪出发，引导他回忆起小时候被父亲伤害的情景。

王先生9岁时的一天，他拿着一把水果刀玩得正起劲，突然被父亲看到了。父亲一下子就黑了脸，大声呵斥他，冲过来抢走他手中的刀。年纪尚小的王先生一方面舍不得玩得正起劲的"玩具"，一方面被父亲骤变的脸色吓坏了，本能地拔腿就跑。他越跑，父亲追得就越厉害，到最后气喘吁吁的父亲终于捉到他时，已经气得面色铁青。愤怒之下的父亲一手拿着刀，一手拽着他的手腕，不由分说地用刀子在王先生的左手上划了一道，鲜血瞬间就从他的左手流了下来，痛得要命。父亲一边划着，还一边狂喊着："我让你玩刀，我让你还玩刀……"

当王先生回忆到这一幕时，情绪一下子激动了起来，全身不停地抽动，悲痛不已。我让他不断地重复着这个过程，在一遍遍的重复中，他的情绪由痛苦到悲愤。我问他当时的感受是什么，他说："很害怕，很恐惧。"我让他重复说出这句压抑在心里多年的话。几次重复后他的情绪彻底爆发，开始号啕大哭。

经过情绪疏导，王先生将多年来一直压抑在心里的恐惧、害怕、委屈的情绪清除，来时灰暗的脸色也有了光泽，原本没有表情的脸上也露出了笑容。

之后，王先生发现自己对父亲多年的怨恨也消除了，心里产生了一种从未有过的轻松与释怀。

通过个案的处理，王先生明白原来他只要看到孩子闹以及员工在工作中出现错误，就会勃然大怒的状况，其实都是源于自己心智中过往记忆所形成的情绪"种子"。回忆起这些年他对很多人大发脾气，给其他人带来很多伤痛，他觉得心里很难过，表示回去后要向他们道歉，以后要多考虑他人的感受。

不久之后再次见到王先生的时候，他脸色红润了许多，紧锁的双眉也舒展开了，身体明显柔软了很多，眼神也柔和了许多。一见到我，他就高兴地说："上次您给我调理后到现在，我的肝再也没有痛过，回去后向爱人、孩子和员工道歉，最近也一直没有发过脾气，大家都说我变了。"

小时候发生过的事情，在成年以后看似都遗忘了，但当时所感受到的一切，都会与情绪一起留存在我们的生命里，致使我们在以后的人生中每当遇到类似的经历，当时的情绪就会像计算机感染病毒一样再次发作，影响并作用于我们生活的方方面面。这时候，我们可以通过情志疗法的技术来引导人们了解自我，改变那些影响生命精进的程序，解决烦恼和痛苦，获得生命的喜悦，重获身心健康。

（二）呼吸疗法

"情志疗法"可以通过特殊的呼吸方式，快速找到身体上致使能量淤塞的情绪点，根据情绪点的对应关系，找到并化解多年来一直压抑在人心里那些看似不经意，却严重影响着思想与行为的情绪，使思想从当时的情绪状态中释放出来，同时化解身体上的病痛。

一方面，在呼吸过程中引导当事人寻找身体能量流动的淤阻点。人的身体中能量受阻的地方会因经络不畅而失去活力，细胞失去活力意味着可能曾经有过不一样的情绪。我们可以通过身体的反应在淤堵或阵痛或麻木的部位进行唤醒，追溯产生情绪的经历，然后将情绪释放和化解，从而带来身体和思想的改变。

另一方面，针灸是我国中医的瑰宝，将一根小小的银针刺入病患的穴位进行刺激就可获得通络活血的疗效。我将这一理论引入情志疗法中，按压病人对应的穴位，以加速能量的贯通，使情绪释放更加有效快捷。

心理治疗中有一种比较常用的"呼吸疗法"，很多机构也都从事着这方面的探究并用于情绪处理。这种传统的呼吸方法通过大口呼吸让人来释放情绪，但是如果没有找到造成淤堵或使细胞失去活力的"种子"，只能使人的疾病暂时得到缓解，过段时间还会再犯。因为只是将人意识层面的情绪释放，未能真正地清除细胞记忆层面情绪"种子"的话，就如只是把树的枝干去掉，过一段时间还是会再次长出来。这也就是很多人在不断地参加一些呼吸课程后，会感觉到舒服和畅通，可隔一段时间不适情况会再次出现——甚至病情加重的原因所在。

经过深入研究，结合中医理论，将这种传统的"呼吸疗法"进行了改善和提升，使其变得更加有效。

当大口呼吸时，身体的细胞会被更多氧气充实，氧气在细胞中迅速扩散。超常呼吸时，很多人会有紧缩或者是麻的感觉。这是由于大量的氧气进入身体被急速地送往身体的各部位，而一旦某部位有堵塞的地方，就会导致氧气无法正常通过或通过量减少，于是相应部位出现异常的感受。我们可以从这些异常的感受中，找出导致这些部位产生异常的情绪是什么，并溯源情绪产生的原因。

人的细胞是有记忆的，产生情绪的经历在这样的引导下会呈现在我们眼前。通过科学的引导方式，人们会将阻碍自己生命能量正常流动的情绪有效地释放掉。随之，生命能量就会得以正向流动，身体的各种不适也会得以舒缓，人的肤色和面相也都会产生立竿见影的变化。这就是所谓的"相由心生"。

吴先生有着13年的胃痛史，不敢吃冷、热、酸、辣的食物，平时很注意保护，并且坚持服药。可即使这样，他还是常常会胃痛。在练习呼吸的过程中，他感觉全身僵硬、发冷、无力、不能活动手指并且胃部很疼。

当我随着吴先生的感受问他想到什么时，他想起读小学时发生的事情。一天，别人送了他一个玩具，当他高兴地拿着玩具回到家时，没想到刚一进门就被父亲扇了一个耳光。他当时就愣在了那里。原来，父亲那天丢了5元钱，看到他手里拿着玩具回来，就以为是他偷了钱去买玩具。当时父亲对他大声呵斥："谁叫你偷钱买玩具的？"不论他怎么向父亲解释都无济于事，换来的只是父亲更严厉的责骂和一顿痛打，他只好忍气吞声，不再言语了。

这件事发生半年后，吴先生就得了胃病。我们知道，胃病通常来自于对人、事、物的不能接受或不能接纳的情绪。面对父亲对自己的冤枉，吴先生既不能接受也无力反驳。更重要的是，他连向父亲解释的机会都没有。

找到了病因，我就引导他大声地说出当时想说但是压抑自己没有说出来的话："钱不是我偷的，我是冤枉的！"这个外表看起来坚强的男子，这时候却显得那样委屈和无奈。他的生命再次回到胃病的原点，也就是"种子"的时间点。

一段时间后，他的情绪慢慢地平稳了下来。调理结束后，他的脸色已经红润起来。他说："胃现在舒服多了。想到小时候那件事情，心里也平静了很多，对父亲的责骂也能理解了。当时家里很困难，父亲做建筑工作十分辛苦，自己和姐姐还要上学，母亲身体不是很好，收入也不多，父亲为了这个家竭尽全力。自己考上大学那一年父亲癌症去世。现在想起来很后悔没有好好照顾好父亲，为了那次挨打一直生父亲的气，实在不应该。"

（三）面对疗法

"情志疗法"能够找到并解读引发当下问题的过往事件，使人的生命能量与家族能量有效链接，同时化解因没有完成离世亲人对自己的嘱托，或没能送别亲人见其最后一面而产生的内疚、自责、悔恨的情绪。这些情绪的形成都会在人的心智中留下深刻的记忆，甚至是加剧自身的痛苦。通过有效化解这些情绪对人的困扰，能够帮助人建立与家庭成员的链接，提升内在能量。

在生活中我们看到，真正令人痛苦的并不只是亲人逝去，而是亲人在世时，自己有些事情该做却没有做的遗憾；或觉得亲人的去世与自己的过失有关而难过；或因为种种原因没能守到亲人最后一刻而悔恨……那种痛将会长长久久、日日夜夜地折磨人的心智，在人的心智中形成一种负担，使人产生内疚、自责和失落的情绪。这种情绪不仅会造成心理上自我价值的缺失，还会使人失去生活的勇气，导致身体的不适。

汶川、玉树地震时，我都曾到达现场做义工和安抚慰问工作。在那里，除了看到令人震撼的废墟、满目苍凉及感人的爱心救援外，就是人内心的脆弱和对亲人突然离去的那种思念、悔恨、内疚，这种情绪是无法用常规的干预或是情绪释放来化解的。

如果我们只是通过说教、劝慰、干预的方式对其做情绪的疏导，或许能够获得暂时的心理轻松感，却依然很难让其真正释怀。当再次触及类似的情景时，依然会"触景生情"，再次消耗自身的能量。这不仅仅是一个情绪的问题，还包含着人们对已故亲人的内疚感——如果亲人还在，我们就可以用自己所能想到的各种方式来补偿亲人，从而获得亲人的宽恕与谅解，使自己不再愧疚。可是，当亲人已经离世，自己无法再为尽孝道或用自己的方式进行补偿，更无法获得对方的回应。当一个人得不到别人的原谅或回应时，那种内疚会伴随其一生，每每想起都会有一种无尽的失落感，如此必然会使人失去一部分应有的能量，从而对人的健康造成威胁。此时，我们就要运用情志疗法帮助其找到并解读引发当下问题的过往事件，使人的生命能量与家族能量有效链接，从而化解心中的痛苦。

年近50岁的李女士，自从父亲去世后便身体瘦弱，面容憔悴，少言寡语，伴随而来的是头痛和失眠。在了解了她的基本情况后，我通过情志疗法让她回到了父亲离世的那一天。

当时父亲肝癌半年多了，医生也说时间不多了。看着每天不断消瘦下来的父亲，看着每次父亲难受的样子，李女士内心像刀割一样。她一直不分昼夜地陪着父亲，希望直至终了。

一天早上，父亲好像一下子精神了很多。她以为父亲的病有所好转，却不知那是"回光返照"。看着父亲精神不错，她想到单位还有很多事情没有交代，就匆匆回单位办事。不料，中午母亲打来电话说父亲快不行了。李女士听到电话犹如五雷轰顶一般，马上往医院赶去。当她到达医院的时候，父亲刚刚闭上了眼睛。听母亲说，父亲弥留的最后几句话都是在叫李女士的名字。

听到这些，李女士霎时崩溃。她的内心中充满了悔恨和自责：明明知道父亲的身体不好，且已到了弥留之际，为什么就不能守着父亲呢？为什么还非要去上班呢？为什么不能守到最后一刻？为什么要去上班？……

通过帮助李女士回到当时的时间点。李女士终于说出了压在心里30多年的话，释放出了已经压抑了30多年的情绪。然后，父亲的代表者对李女士说出自己对她的爱，很感恩她的陪伴，没有对她有任何责怪，嘱咐她要照顾好自己和母亲……

通过引导，李女士接受了父亲的离世与她无关。在面对父亲时她才知道：父亲一直都很爱她，也从未埋怨过她，父亲希望她幸福快乐地活着。至此，她的心开始融化了，紧绷的身体也慢慢变得柔软。她从不断地自责、泪如雨下，到对亲人的怀念以及感恩这一生有父亲为榜样，脸上渐渐地泛出了红光和笑容。

直面亲人的生离死别，免不了痛苦和悲伤。可是如果一味地执着于这种感受，就会让人的心智停留在那个时间点，同时影响日后的生活与健康。只有放下这种情感愧疚的包袱，才能够真正地穿越那个痛点。走进自己的人生经历，使存储在心智中的程序得到修正，人的命运才会由此改变。

（四）舒缓能量淤堵点调理手法

我们的身体中有一套气道运行系统，这套系统和经络有类似的部分，但并不相同。中医讲，经络是运行气血、联系脏腑和体表及全身各部的通道，是人体功能的调控系统。看上去功能和气道很类似，但是谓之为气道，是因为它和经络有着不同点：经络是固定的——我们看到的经络图中，每一个穴位都有其固定的位置，每一个经络走向都有其固定的路线，而且这些穴位在按压的时候都会有痛感；但是气道并不是固定的——气道和淤堵点都会改变、会游移，因为气是不会固定停留在一个地方的，它会感受我们的情绪。当我们某一种情绪强烈的时候，这一情绪对应的气的运转就会受到影响，相应的部位就会产生淤堵。但是当我们对淤堵的地方进行手法处理时，淤堵点得以疏通，这个点就消失了，下一次有别的情绪升起时，会在其他地方再产生新的淤堵点。气道有淤堵的现象会形成酸、麻、胀、痛点。

人的身体是全息的并拥有自我调节的机能，有其反射区的对应关系，身体某个地方不舒服或者有病理反应，都可以在对应的地方找到痛点，也就是能量淤堵点，用手按揉会出现酸、麻、胀痛等反应，都代表不同的能量淤堵状况。我们可以用按揉手法来缓解身体难受的状况，随着疼痛感逐渐消失，对应身体部位的症状也会得到很大程度的改善。

2016年在常州举行公益讲座时，一位60多岁的女士跑上讲台来希望得到帮助。原来她多年来一直受手臂问题的困扰，她非常用力地抬起右手臂，也只能到平举的程度，再怎么努力都无法抬得更高。

我问她发现手臂抬不起来之前的四个月左右发生过什么事情。她很快想起了一件让她很委屈的事情：当时她在单位做销售，有人诬告她拿了好处。领导没有调查，就偏听偏信直接让她下岗了。她无法忍受领导对自己的不公平，就跑到领导办公室里指着领导又闹又骂。后来，每次看到领导和他的孩子，她都会用手指着他们大骂。不出四个月，她的手臂就再也抬不起来了。这种状况一直延续到现在。

听完她的这番经历，我明白了。思想引导情绪——当手要用力抬起来指着领导一次次大骂时，情绪就郁结在那个点。日积月累，气道被堵得越来越多，能量就再也无法顺畅流动了。我一边帮她疏导当年委屈的情绪，一边按揉能量淤堵的地方，调理不久，她的手臂已经可以举起了。

无论是身体疾病还是心理疾病，人体都会表现为某一部位能量通道阻滞，这也是中医对身体疾病研究的哲学观——"通则不痛，不通则痛"。这既是对人身体脉络的解读，也是认知生命的基本理论。

舒缓身体能量淤堵的手法：

1. 基本手法：通过手指震颤按揉关元、中脘、天枢（左右）四个穴位附近的地方，每处五分钟左右。

2. 头部调理：基本手法处理后，调理颈椎、淋巴和锁骨窝三处淤堵部分。

3. 乳腺增生：基本手法处理后，在中府穴、手逆注穴、极泉穴附近位置会有酸痛点，按揉舒缓。

4. 子宫肌瘤：基本手法处理后，调理环跳穴、殷门穴、飞扬穴、三阴交穴会有酸痛点。

5. 腰部问题：基本手法处理后，按揉环跳穴、殷门穴、飞扬穴，寻找酸痛点。弯腰牵引手臂向下，同时按压手腕上的养老穴。

6. 引手臂向下，同时按压手腕上的养老穴。

6. 肝、胃、脾、胰脏：基本手法处理后，在后背对应反射区内寻找酸痛点，按揉舒缓。

我们知道在道路上一辆车出现故障，整条道路都会受到影响。如果我们只是去惩罚或者疏导拥堵路上的车辆，处理效果不明显；而处理好故障车，道路就会快速顺畅。人的身体也一样，疗愈症状固然重要，但是更为重要的是找到痛"因"。

人的身体通道出现阻塞，很大一部分是由于情绪所致。人生气时，会觉得心里难受，就是因为情绪影响内动力，损害五脏里的精力，引起身体能量的内耗。相比于外界环境，情绪更能影响我们的身体，体内保养还需从情绪入手。

疏通淤堵的手法是有形的，释放情绪是无形的。"情志疗法"对淤堵点的处理是无形和有形的结合。

（五）提升思想境界

"情志疗法"调理疾病的目的不仅仅停留在消除疾病痛苦本身，更是强调在减缓疾病提升健康的基础上，帮助患者在回顾生命历程的过程中转变心智，重新审视疾病与生命的关系、人与自然关系，通过提升内在能量和思想境界，使生命得以重建，获得身体健康与富足的人生。

因此，"情志疗法"对于疾病的认知和解读，也不仅仅停留在症状本身，而是深入到人的生活、工作、社会关系等方方面面，帮助人们找出自己的心智障碍，清除阻碍能量流动的情绪记忆，使人们能够真正享受幸福美好的生活。

2016 年 7 月，我在珠海遇到一位朋友。他告诉我他的右手臂关节处疼痛十多年了，只要一遇到冷风就会酸痛难忍，所以即使在三十多摄氏度的高温下，他也要穿着长袖外套。

我告诉他，人的身体是全息的，有疼痛的地方就会有对应的情绪。手臂天井与肘髎附近的这个位置在身体上起到"轴"的作用。所以，他这个疼痛对应的情绪会与有轴转动的工作或者物品有关系。当时他没有想到相关的事情，所以没有继续探讨。

接下来他讲到自己的职业时十分喜悦。他的家庭世代修理钟表，他从小也喜欢摆弄钟表。18 岁开始修表，无论是普通电子表还是各式高档手表，即使是目前非常有难度的陀飞轮技术，他也能够十分娴熟地应对，在当地很有名气。

这时我问他："你从事的是钟表行业，而钟表与轴有关。你的工作中，有什么事情让你一想到就有酸痛感？"

他马上想起一件事情。1999 年，有个同行看他生意比自己好，就到公安局诬告走私手表。此事在当时虽然没有给他带来很大麻烦，而且那个人因为其他事情在 2006 年时进了监狱，但他却一直为此耿耿于怀。即使知道对方入狱了，还是想等对方出来后讨个说话。自此以后，他右手关节处就开始酸痛了。虽经多方求医，却没有一点好转的迹象。

了解到这一切后，我用疏缓身体能量淤堵点的方式为他进行了处理，并引导他疏导在这件事上的情绪。当他释放完心中的怒气后，我让他走到空调机旁，抬起手臂将原来酸痛的位置对着空调出风口吹了冷风，然后我问他："还有酸痛感吗？"他惊奇地说："原来的疼痛酸麻感没那么强烈了。"

我告诉他，恨别人也会让自己痛，原谅别人就是给自己机会，一切都是平衡的。病也，命也！世界是全息的，而我们却往往把自己看成是独立的个体，所以经常犹如盲人摸象一般，只看到世界的一点，却看不到整体。只有透过事物的表象看到其内在本质，才能获得人生的觉悟。

人对自己往往都是很宽容的，对别人会没有那么宽容。当觉得别人有对不起自己的事情时，会很难放下，而是任由厌恶、嫌弃乃至憎恨的情绪不断生发，并且给自己找到正当的理由，让自己站在道德的制高点，不断重复这些情绪。殊不知，看上去自己是正确的，但是错误的情绪就是错误的，给自己带来的伤害还是要自己来背。

人是一个有机整体。在这个整体中，身体就是内在最真实的呈现。通则不痛，不通则痛。思想导引情绪，情绪促使能量定向流动。思想的执着就会使能量淤堵，造成身体的疼痛；当思想改变，能量流动，通则不痛。**多一点包容，多一点理解，心转则病移。**

疾病并不完全是消极作用的，带给我们的不完全是痛苦。更大程度上，疾病是生命给与我们的一次机会，给予我们的一次提示，帮助我们看到自己心智中存在的深层次问题，给予我们再次开启生命大门的钥匙，带给我们重建精神世界的机会。正视疾病，正视自己的健康状况，是我们开启更加美好生活的起点。

"情志疗法"的终点绝不在于减轻一时的病痛，而是希望在疾病的痛苦中人们能够开始自我反思。人是一种很固执的生物，也是很自负的生物，通常都会觉得自己是对的、自己是有理的，不愿意低头也不愿意改变，但是疾病的妙处就在于，这种痛苦让你不得不做出改变，因为不改变就要付出生命的代价。

"情志疗法"通过重新塑造思想，改善我们与周围人相处的模式，完善我们的世界观、人生观和价值观，以积极的态度看待事物的发展、看待自己的生活和命运，从而提升我们的生命能量，让我们在能量充盈的状态下去拓展自身的边界，创造人生的价值，获得健康的身体，拥有幸福的生活。

"情志疗法"根本就在于让人懂得敬天爱人、让人重新感知到爱，感恩自己的生命，珍惜生命的价值，体悟存在的意义。

这些年里，每当看到走进"生命智慧"和"心转病移"课堂的人，充满喜悦地走出心智障碍，走向觉悟之路，获得生命价值的提升，我都十分感动。因为一个人的转变影响的不仅仅是自己，还有他周围的人，他与周围的一切关系都会得到改善。这就好像我们所熟知的蝴蝶效应一样，一个人的思想转变将推动更多的人走向更好的生活，一个人的提升也就有了更高、更深远的意义。这也是多年来我将几乎全部的人生精力都投入这项研究中的意义，希望通过研究出更快速、更有效的转变心智、疗愈疾病的方法，帮助更多人走上觉悟之路，让更多生命和家庭获得提升的喜悦。

每个人都有自愈的能力，身体中的气、血等如果能够正常有效流动，我们自己是有能力调节自己的身体状况，达到自我平衡与修复。

对病的讨论与研究，从人类进化伊始就相伴而生。无论靠木棍猎物的原始人，还是掌握高科技的现代人，无不希望能够超越健康得到永生。但是人的外在拥有的一切（包括疾病在内），一切不过是一种自然平衡状况，不会以人的意志为改变，人只有顺应自然，方能达到"人定胜天"。

《道德经》里面记载："重为轻根，静为躁君……知其雄，守其雌，为天下溪。为天下溪，常德不离，复归于婴儿。"雄，就是生长、生发；雌，就是根本。就是说：知道发展，同时要懂得守根本，这样的人，就如天下的溪流，周围所有的水都流入溪流中，才永远不会干涸，恒常德性就能始终存在，最终回归婴儿的状态。每个人只有懂得如何做人做事，才能健康长寿。

"情志疗法"的所有方法就是要帮助需要帮助的人走出思想的障碍，使个体生命获得更高的能量，思想境界得到提升，生命得以重建，在身体健康的状态下，创造更多的生命价值。

三、"情志疗法"的特点

（一）安全可靠：通过科学的非侵入性方法，帮助亚健康人群找到引发身体状况与情志的对应关系并进行疏导。无创伤减轻疾病痛苦或改善身体状况，没有副作用，属于非药物疗法。

（二）社会需求大：解决现代人因思想、情绪导致的问题。对于因生活、工作等压力所引发的亚健康状况，起到药物所不能达到的良好效果。

（三）适用范围广：可以成为调理身心健康的重要手段，与健康管理、大健康产业、健康促进医院、治未病、家庭医生、心理干预、术后康复、医疗美容、等相融合。

（四）科学量化：对身体改善的效果以西医检验报告为量化指标，操作前后进行对结果进行科学对比。

四、"情志疗法"的成果

（一）政府支持

1. 2019年11月4日由中国民间中医医药研究发展协会根据《中国民间中医医药研究发展协会团体标准管理办法》，经协会标准化办公室基本程序，经过对该项目的陈述与说明，和专家提问、答辩、专家委员会投票等程序，通过"包氏情志疏导操作规范"团体标准立项，批准编号（GARDTCMO14-2019）开启标准化之路。

2. 2018年12月24日中国家庭报采访包丰源发表文章"治未病离不开情志疗法"

（二）学术成果

1. 发表论文。在国家级期刊《世界最新医学》《健康之路》《中国保健营养》《环球人文地理》上共发表15篇论文，其中三篇论文获得一等奖。在美国《国际临床精神病学及心理健康》期刊发表一篇论文，受到业界好评。

2. 大会演讲与论文。2019年第十一届中医药发展论坛；2018年中国家庭健康大会；意大利举办的第十五届世界中医药联合大会；第十四届科学家论坛大会；中医文化第二届大会；民族卫生协会中医药预防医学分会学术年会等学术论坛发表"情志疗法"演讲与论文。

（三）成立科普基地

2020年5月6日，中国民族医药协会健康科普分会正式批准成立情志疗法科普基地。同时获批的还有包括广东省心智家园慈善基金会在内的9家情志疗法（身心健康）科普宣传站，遍布北京、四川、广东、广西、辽宁等地，成为开展"情志疗法"宣传普及的重要平台。

（四）出版书籍

1. 国内出版《心转病移》上榜2017年健康图书注重"治未病"十大图书榜，读书音频听众100万余人。

2. 2019年4月，《心转病移》英文版在美国出版发行，获得中国工商联合出版社特别贡献奖。

（五）推广普及

1. 调理患者：通过"情志疗法"帮助超过300余位患者，治愈或减轻心脏早搏、子宫肌瘤、乳腺增生、腰间盘突出、帕金森、颈椎病、甲状腺结节等疾病。

2. 国内课程：在国内已举办30多期课程，教授相关理论与方法，共1000余人参加学习。通过学习一方面走出了情绪困扰，改善了自己的身体状况，另一方面用所学理论与技术帮助更多人获得身心健康。也有很多从事中西医大健康工作者用所学技术增加服务内容，提高患者的治愈率。

3. 公益活动：在南宁、珠海、广州、太原、常州、东营、北京、海口、唐山、包头、深圳、廊坊等地进行公益讲座，共计万余人参加。

4. 国际推广：积极开展"情志疗法"规范的国际推广，帮助来自美国、意大利、加拿大、迪拜、英国、日本、韩国等国家的50余位国际友人进行身体调理。已有34位美国学员来华学习课程，在美国开办4期演讲和2期专业课程，300余人参加学习。

（六）情绪与疾病对应关系的研究

总结归纳出30余种疾病所对应的情绪关系，见书后情绪地图附表。

古人讲讳疾忌医，指一些人不愿意面对疾病，忌讳就医，觉得疾病这种内隐不应该被人所知道。今天我们已经不再羞于谈论疾病，但是很多人仍然

"忌讳"谈论疾病背后的思想和情绪原因。因为不愿意承认自己的错误，不愿意面对自己的情绪，任由疾病不断地发展恶化。希望我们每个人都能意识到面对疾病应心怀坦荡，感谢疾病给予的提示，不断提升自己的思想境界，就一定会走上健康的坦途。

第三十章
"情志疗法"对于大健康事业有何重要作用？

> 情志疗法从情绪致病机理入手，帮助人们洞悉情绪与疾病的对应关系，调整心智障碍，从根本上改善身体和心理健康。推广普及情志疗法，既是治病更是疗心，帮助人探索内在智慧，学会敬天爱人，尊重生命！

一、社会需要大

开展情志疗法的研究与实践，十分符合中医"治未病"的理论与思想。国家中医药管理局已将"情志疗法"定为中医非药物疗法研究项目，这对于心理调理、预防医学、临床医学等都具有重要意义。

2018年12月24日中国家庭报对我采访中写道：

我国健康事业已经从单一的治愈疾病向治疗与预防并重发展，治未病已经正式上升为国家战略。2016年10月25日，中共中央、国务院印发并实施《"健康中国2030"规划纲要》。这一纲要确定了今后15年推进"健康中国"建设的行动纲领。《纲要》第九章明确指出：充分发挥中医药独特优势。大力发展中医非药物疗法，使其在常见病、多发病和慢性病防治中发挥独特作用。到2030年，中医药在治未病中的主导作用、在重大疾病治疗中的协同作用、在疾病康复中的核心作用将得到充分发挥。

此外，国家卫生健康委员会、国家中医药管理局联合印发《关于规范家庭医生签约服务管理的指导意见》，提出家庭医生团队应当根据签约居民的健康需求，在中医医师的指导下，提供中医药"治未病"服务。在具体实践中，不少地区强调家庭医生不仅要测量血压、测量体温等，更重要的是引导人民群众改善生活方式，通过对家庭、对个人的全方位了解，提前介入，以"治未病"为宗旨，化解疾病产生的各种因素，包括精神情绪因素。

国家卫健委疾病预防控制局召开全国严重精神障碍管理治疗工作总结部署会，公布了最新数据，截至2017年底，全国13.9亿人口中精神障碍患者达2亿4千万人，总患病率高达17.5%；严重精神障碍者超1600万人，发病率超过1%，而且这一数字还在逐年增长。

比如此严峻的精神疾病现状更让人难受的现实是，即使治愈出院，依然有很高的复发率，这给患者和家庭带来无尽的痛苦和负担。

根据世界卫生组织推算，到2020年，我国精神疾病负担将上升至疾病总负担的四分之一。面对着这样的难题，我们需要认真反思一下：传统的药物治疗手段到底能发挥多大的作用？什么才是导致精神类疾病的根源？怎样才能有效治疗精神类疾病让患者及家属真正从痛苦中走出来？除了精神疾病外，其他疾病的传统治疗思路有没有问题？

"情志疗法"直接在人的精神思想层面进行调整，效果显著且对人的身体没有侵入。对现阶段因生活、工作压力而导致的疾病，往往能够起到其他药物治疗手段所不能达到的良好效果。

"情志疗法"作为现有医疗体系和手段的一项重要补充，从全新的角度来认识生命、认识身体、认识精神，并且形成了一整套科学有效的调理方法，能够起到传统医疗手段所不能达到的效果，对于改变公众思想认知、提高全民健康水平具有重要意义。

二、安全可靠

"情志疗法"不同于传统的打针、吃药或者手术治疗，属于非药物疗法。通过科学的非侵入性方法，帮助患者找到诱发疾病的情绪源头并进行调理，快速有效地缓解情绪对身体的影响，没有副作用，具有传统治疗手段所没有的特点，同时也可以通过量化指标来确认最后的调理效果。

疾病的根源在于精神思想的失序，但是现在我们的调理手段强调的是从果上寻找解决方法，希望通过杀菌、切除肿瘤或更换药品的方式重获健康，结果到头来病灶还会再生，肿瘤还会再长，曾经的经历又开始重演……

高血压、糖尿病、冠心病、心律失常、子宫肌瘤，这些看似难以治愈的慢性疾病，传统技术对疾病背后的情绪因素重视不足，简单的安慰宽解，不足以消除情绪的强大影响，只有彻底的根除才能够改变精神状态。情志疗法在找到疾病背后的情绪因素后，能够进行有效的情绪释放和化解，有时能到达不药而愈的效果。

三、适用范围广

"情志疗法"既可以作为主要手法进行疾病调理，又可以作为辅助手法进行身体调理，配合其他治疗手段发挥作用，可以同中西医临床治疗、整合医学、健康管理、大健康产业、治未病、家庭医生、心理干预、术后康复、美容、健康促进机构、旅游、佛医、道医等相结合。

学员贾××分享：

2017年9月20日晚，我乘坐ZH9148航班，从呼和浩特飞往广州。途中，突然听到广播中传来乘务员急切的声音："有没有医务人员或者懂得救助的人，现在有位乘客需要救助。"我马上找到乘务员——虽然不是医护工作者，但是我在包丰源老师的课堂上学习过"心转病移"课程，懂得情绪与疾病的对应关系，我也学过调理身体状况的手法和释放情绪的方法，于是我告诉乘务员："我可以帮忙。"

在乘务员的引导下，我来到了那位需要帮助的乘客身边。只见他脸色蜡黄，双手捂着胃部，一副疼痛难忍的样子。我初步判断这位乘客患的是急性肠胃病。于是我先用手法帮助他调理了胃部疼痛反射区，慢慢地，他的表情舒缓过来了。

包老师在课堂上讲过："胃部的问题对应的情绪是有不能接受、不愿接受的人、事、物。"所以我问他："最近有什么事情让你不能接受和不愿意接受吗？"他很无奈地对我说起事情的原委。因为家里有重要事情，他一个人带着两个孩子从机场转机，结果慌乱中把钱包丢了。这下麻烦大了，接机联系人的信息也没了，所以不知所措，很紧张、很焦虑。我继续引导他说出对这次家里出事的委屈与难过的心情，释放内心的情绪后，他说身体明显感觉舒服很多，只是觉得有点想吐。等他从卫生间出来回到座位，我又继续帮他用调理了 20 分钟。调理结束后，这位乘客说心情平复了，胃也好多了。这时，飞机离广州还有 40 分钟的行程。

在我帮助这位乘客调理的过程中，乘务员已经联系了地面的 120 救护车。当飞机平稳落地后，乘务员问这位乘客是否还需要 120 救护，他说："不用了，感觉好多了！"

这次的经历让我深切地体会到什么叫"学以致用"！"情志疗法"的手法易于学习，并可以很有效地帮助需要帮助的人。只要有针对性地释放情绪，缓解压力，调理能量淤堵的地方，就可以缓解或改善身体状况，使人重获健康。

四、体系完备易普及

"情志疗法"是从当下的疾病入手，找出人内在的情绪障碍，在清除、化解情绪的同时，改变人内在的执着和认知错误，厘清精神世界的秩序，让人再回到能量充盈的状态中。

"情志疗法"在实践中已经显示出了良好的应用前景，让众多患者实现了不药而愈，实现传统手段所无法达到的调理效果。

2018 年 10 月初，我在美国举办"情志疗法"讲座时，一位 63 岁的女士说自己患有风湿性关节炎，多年来走路都比较困难。我让用"情志疗法"的方法帮她回忆起 14 岁那年的 6 月发生过什么事情，使她感到无助与艰难。她停下来想了一下，还没有回答我的问题，眼睛就已经湿润了。我问她："你想说什么？"她说："我很难过、很无助。"随着不断地重复这两句话，她的情绪起伏越来越大，许久才平复下来。她告诉大家，14岁时因为家庭出现问题，自己一个人离家出走，当时很绝望、很害怕、很无助，这种情绪一直伴随着她。

接下来我在现场为她做了情绪释放和舒缓能量淤堵点手法调理。20分钟后，她告诉我，感觉自己的脚轻了很多，膝盖也很舒服。我请她在会场尝试一下跑步。她犹豫了一下还是慢慢的跑起来，一边跑一边哭了。我问她为什么哭，她激动的对我说："我已经将近30年没有这么轻松地跑步了，感谢你让我可以再次这样轻松地走路。"

任何情绪都有对应的地方，也就是定位性。膝盖对应的情绪是在生活中遇到对前途、未来不知所措而导致的无助、害怕、生气等情绪。只要找到了造成淤堵的情绪，进行释放清除，看上去复杂的疾病也就不再令人头疼了。近些年情志疗法在实践应用中都取得了令人惊喜的效果，帮助很多人走出了疾病的困扰。

在全世界范围内普及推广"情志疗法"和治未病理念，有助于更多人了解疾病预防与调理的最新理念，帮助大家从内在出发，以情志的改变为基础，疗愈身体和心理的疾病，最大程度上减轻患者的痛苦和家庭、社会的负担，帮助人们实现身心健康。

第三十一章
感恩生命中的一切

古罗马哲学家西塞罗曾经说过：懂得生命真谛的人，可以使短促的生命延长。认知生命，尊重生命，敬天爱人，是我们走向健康、美好生活的开始。一切发生都刚刚好，疾病的到来也刚刚好，让我们感悟生命的意义，感知自己思想的障碍，一切都变得更加清晰明了，给予我们再次出发的力量。

一、制造疾病的正是我们自己

人的疾病在于生活方式、遗传基因、饮食、运动和情绪等。情绪源于思想，同样的事情从不同的思想认知角度出发，就会形成不同的生活态度。

（一）宏观世界，万物相连

所有的生命体都是互相链接的，处在全息的场域中。很多人会感慨现在的天没有以前蓝了，水没有以前清了，吃的食物没有以前自然健康了。但是，这些变化的始作俑者不是别人，正是我们自己。人将原本正常生长的动植物，或是不断地喂各种催肥催长的饲料，或是使用各种化肥农药。看上去，这些食物的量-增长了，丰富了，人们也因此有了更多的收入，可以更好地满足口腹之欲。但实际上，这些行为让原本自然健康的动植物失去了本来的天性，发生了基因的转变，食物链遭到极大的破坏，最终还是反馈到人类自己身上。

以色列学者尤瓦尔·赫拉利在他的成名作品《人类简史》中，用大篇幅讨论过家禽类动物的感受问题。从人类开始驯化一些动物成为家禽开始，人类大多认为好像这些动物就是没有意识、没有感受的，好像它们和桌椅板凳这样的物品并没有太大的区别。因此，人类对这些动物只是在尽可能地扩大利用效率——比如，为了让牛能够变得更肥大和易于管理，就尽量让它们少动，放在固定的空间里终其一生，直到被屠宰。在这个过程中，牛需不需要社交、需不需要和其他牛交流并不重要；为了能够让母牛尽快地再次生育，刚出生的小牛会被分隔到另外的空间，没有人关心这样是否会影响母牛和小牛的心情。

在人类的视角中，它们只是商品。可是动物真的没有感受吗？赫拉利在这本书中强调的一个实验是关于猴子亲近母亲到底是不是只为了获得食物：给小猴子所在的空间放置两个所谓的母猴，一个其实是装有奶瓶的金属猴，另外一个是猴子模样的布娃娃。观察发现，小猴子虽然会在金属猴那里吃奶，但是饱了之后却会选择抱着布猴。对于小猴子来说，更温柔的布猴显然更有归属感。可见，动物也是有感受的。

人的感受会体现在身体上，动物的感受也会体现在它们的身体中。**当人类从更经济、更快捷的角度来饲养动物，而不顾动物本身所承受的痛苦时，这些痛苦最后还会回到人类自己身上——制造痛苦的人类才是痛苦的最终承受者。**

远在千里之外的工厂里的动物和大棚里的蔬菜，其实和我们的健康都息息相关——随着近年来各种疾病的爆发，尤其是癌症的大规模出现，人们发现这种关系越来越明显。城市的雾霾一出现，各种净化空气设备就脱销，原因是人们意识到了空气污染对身体的伤害，会使罹患肺癌的概率极大增加。

曾经的青山绿水，如今都变成了奢侈品。但是买再多的空气净化器，也难以换回蓝天白云。因为这只是某种临时的补救措施，是人类的心理安慰剂，却不是解决问题的根本方法。之所以出现这样的污染，是因为人类对整个自然失去了敬畏和爱护，忘记了人类的行为与自然界中的一切都息息相关。实际上，从破坏的那一刻开始，我们也是被破坏的一部分——我们处在这个整体中，接收着这个整体的全部信息，跟这个整体共存亡。

看上去现在的医疗卫生条件更好了，各方面的指标也都在变好。比如，死亡率下降了、人均寿命延长了等，然而，每个人的健康状况真的比以前好了吗？更多人的实际情况可能是——虽然看上去没有什么病，但是总处在一种亚健康的状态里；又或者当疾病到来的时候，连个过渡期都没有，直接就是癌症。处在大时代里的个体是无奈的，也是盲从的，因为每个人都这么做，每个人都竭尽所能地获取更多的资源，创造更多的收入。

在这个过程中，我们没有时间考虑动物怎么想、植物是什么感受、水开不开心、天高不高兴，所能想到的只有自己。这种行为愈演愈烈，结果就是人类的欲望永远没有止境。以前我常常会惊讶于为什么一些看上去应该在草原绿地中生存的动物最后都练就了一身在沙漠中存活下来的本领。慢慢地我意识到，也许是因为人类扩张的步伐没有给这些动物留下太多的空间——它们不想成为人类的家禽，只能逼迫自己去到那些人类忍受不了的恶劣环境，努力生存下来。

有的人可能会觉得：我是没有办法的，我也想吃健康的蔬菜、水果和肉类，但是那些种植户、养殖户在使用各种催肥催长的肥料饲料。可是这一切真的跟你没有关系吗？你有想过为了动植物的健康生长让渡自己的一部分权利、付出更多的金钱吗？或者说蓝天白云也跟你没有关系吗？在可以选择的情况下，你有放弃开私家车选择乘用公共交通方式吗？万事万物相连，因此没有一件事情是与你没有关系的！

个体对自然的尊重，实际上就是对自己的尊重，对身体的爱护。

（二）微观世界，心智无涯

在这个五彩缤纷、充满诱惑的世界，我们每一个人都有梦想追求——对于自己的理想、事业、财富、爱情、家庭等等，与我们生活息息相关的一切，每一个人都会或多或少有所期盼和追求。

如果人生没有了梦想和追求，那生活剩下的只会是单调与平庸。然而，历史和现实告诉我们：有时候，我们必须要学会"放下"，因为，放得下是一种幸福，只有放得下你才能拥有更多。世界的广袤不在于你一定得到多少，而在于能够给后人留下什么，再多的物质财富也只如沧海一粟，而对社会发展有益，引人为善的精神思想才会名垂千秋。

俗话说：人生在世，不如意者十有八九。现在的你所遇到的烦恼和痛苦，是由于在心智中有着不能接受这种状态的情绪。如果这些情绪没有得到有效地清除、化解和释放，会影响到我们的世界观、价值观和人生观。

我们眼睛所看到的一切和内心深处的想法期望终于一致，这是生命的内在与外在唯一汇聚的地方。在每一分每一秒的生命体验中，我们发现外界环境与自己心理期望之间的落差越大，烦恼和痛苦就越大；反之，如果外界环境与我们自己心理期望之间的落差越小，甚至超出我们期望的时候，就会满心欢悦，甚至充满惊喜。

这世上没有绝对的痛苦，也没有绝对的幸福。乞丐讨得一顿饭会觉得很快活，皇帝失位会很痛苦，谁得到的多、谁失去的少不言自明，然而感受却完全不同，这其中的关键就在于我们对每一件事情的定义是什么。

人来此一生，是为了体验、了解、改变、精进，从每一个过程了解自己还有哪些需要修的"功课"，并在修的过程中不断超越、提升我们的生命品质。

天地万物息息相关、浑然一体，身体与心智、理智与本能、人与自然、主体与客体、内在与外在是不可分割的。可是人由于欲望而形成的执着，便习惯于在这些范畴之间划定各种界限，使它们成为我们相互对立与评判的参照。每个人的内心世界、各种经验也常常被分割得支离破碎，各种经验之间彼此隔离、彼此否定。由于彼此之间人为划定的界限，现代人生活在与自然、与他人、与真实自我越来越疏远的状态之中，这很容易形成内心的矛盾、冲突、焦虑、烦躁，感觉活着是很痛苦的。

其实这一切烦恼和痛苦的根源都来自于细胞记忆中所存储的过往经历中的恐惧、失落等情绪，这些情绪导致生命能量的下降，可是人的生存必须有足够的生命能量来维持和支撑。当我们将能量用于对抗、较劲、生气、怨恨时生命能量就会被消耗，就会影响到事业、财富、婚姻、健康的发展，就会失去原本的生命价值。

人越是害怕失去就越要抓住，可越是想抓住就越紧张，越紧张能量就会受阻不能正常流动。等同的能量创造等同的有形物质，能量一旦受到限制，就会造成困乏和贫瘠，越是少就越想得到，这样就形成了一个恶性循环。

从健康的角度来说，当人的心智被负面的情绪逐渐吞蚀的时候，内在的思想就会引起人体细胞的变化，进而引发身体的病变。 也就是说，我们的病痛很多情况下，都是由我们的心智造出来的。我们的细胞记忆无法区分善与恶、美与丑、地位与财富，会以感觉的形式而进行有效链接，驱动身体行动，这也是"趋利避害"的生命机制。

我们的心智有着无穷的经验和智慧，它无所不知、无所不能，只是无法用语言和行动来表达它的意图，于是它就会用一些身体的反应来向你提出警示，比如让你生病。就像身边的微风一样，虽然你看不见也抓不住，但却可以通过它来感知气温的变化。细胞记忆没有善恶、好坏、年龄、种族之分，它只是在忠实地执行着思想的命令，提示并保护着生命。

所以，当人的心智处于"病"中时，身体也会相应地出现疾病。心智通常的表现形式为直觉、感受、灵感等，做出的反应有隐喻、不幸、意外、巧合、疾病等，采用的方法为口误、遗忘、过失、梦境、情绪等。它就像是佛教的偈语，刚刚看到时如坠雨雾，不明就里，但你会在顿悟的那一刻，发现其中隐藏着无限的智慧。

当情绪的种子植根于人内心的土壤时，它所引发的疾病就会对人形成长久的影响，如果不能及时清除，就可能会成为伴随人一生的病痛。

在我处理的个案中，有很多婚姻不顺的女性大都是因为小时候看到父母吵架的情景，听到母亲不断地痛斥"男人没有一个好东西"之类的话语。当女性认同并接受了母亲的这种说法时，就会在心智中形成"男人没有一个好东西"的程序。这样的心智程序会导致对男人的"疑心病"。这些女性长大成人后，在与男士交往的过程中，很难真诚地面对对方，常常在不经意中表现出对对方的不信任和排斥；在婚姻中，也很难全心全意地对待伴侣，自然也就很容易导致很难在婚姻生活中获得幸福和快乐。

人人都会生病，同理，人人也都可以治愈自己的身心疾病。改变内在的思想其实就像是给计算机修改程序一样。只要回到源程序，也就是当时发生经历并产生"印记"的时间点，我们就可以通过科学有效的方法清除或改变"种子"，从而改变心智结构，改变现实生活中的一些遭遇。

二、心转则病移

人的情绪最为常见的是两大类：亢奋与较劲。

亢奋情绪表现为向外的生气、激动，特点是时间快、持续性短，造成的结果是有多少亢奋就有多少挫折。"三十年河东，三十年河西"，可歌必可泣，物极必反。一切都是平衡的，没有多也没有少。有的人看着事业发展势头好就特别亢奋，结果亢奋完了就是悲伤。有的孩子小时候学习很好或者很有才艺，有的甚至十几岁就考上博士了，长大却少有建树。这就是万事万物的平衡。

爱激动的人心脏、心脑血管容易出问题；爱生气的人容易出现甲状腺疾病、肝容易不好；爱着急的人容易心跳加快、出现高血压。

较劲情绪表现为向内的紧张、害怕、犹豫不决、恐惧、委屈、怨恨，特点是持续性长，造成的结果是有多少较劲就损多少福报，命运坎坷、财运不济、难成大事、也容易受人欺负。

人这一生中所产生的每一种情绪，都会存储于自己的细胞记忆中。当我们不断地产生这样或那样的心情时，就会引发负面情绪的爆发，造成"心智障碍"的不断堆积，当堆积到一定程度时，就会创造身体的反应——生病，这也是在提示我们去解决内在的问题。如果我们面对疾病，不懂得向内寻找病因的话，当内在的垃圾积满的时候，等待我们的就是失去很多生命价值的体验。

人的身、心、灵之间有着不可分割的关系，它们互相作用、互相影响，"你创造了自己的实相"。

西医鼻祖古希腊人希波克拉底在公元前四百多年就曾强调"您的食物就是您的药物"。他认为疾病是一种自然现象，人体内就存在促进健康的自然本能，医师只是帮助病人恢复健康的原助手而已；人体的体液调和才能无病，当体液调和时，纵有外来的因素（包括细菌病毒或其他外因），人体也不致生病；汗、尿、大便、痰等分泌物排出体外，人体才能调和，当体液、血液调和还原时，疾病才能痊愈；自觉症状是人体为求促进迈向自然的调和之道，不可因这些分泌物源排出使人感到痛苦而横加阻止，否则人体将永远无法调和，终将与疾病缠绵不愈。

量子力学认为，所有的一切都是一种能量的状态。从这个观点来看人的身体就是一个每一刻都会被重新创造的物质，在一个你不可能觉察到的瞬间，你的身体已经完全地分解并重新回到了能量的模式，变换成了另外一个完全不同的全新的身体。

但是，心智却并不会自动更新。精神分析大师弗洛伊德说："细胞记忆本身是没有时间感的。"所以，无论多久以前产生的情绪，只要没有及时清除，都会对我们的生活和健康产生深刻的影响。这也就是为什么人在遭遇类似的情景时会触发细胞记忆中情绪种子的原因所在。

很多人似乎已经忘记了小时候所受到的创伤，可心智却始终会把当时所受的创伤当作"现在式"，只要内在的情绪没有得到解决，这个情绪种子就不会随着时间的流逝而消失，它会持续影响并作用于人的生活与命运。所以，对于这样的病患，我们调理的办法就是通过科学有效的方法，找到情绪的"种子"，将其改变与化解，心智提升自然会使疾病有所减轻。

人体的大部分机能都是受情绪控制的，比如心跳的速度、胃酸的分泌量、女性荷尔蒙的分泌、月经周期、肾脏过滤的血量、大脑运动所需的氧气、神经传导所需的能量……人心智中存储的负面情绪，在导致人生病的同时，也会加速身心的老化。所以，只有深入内在，改变内在的心智程序，才能够拥有健康的身心，创造人生的快乐与精彩。

在大多数人看来，身体的老化本是人类的一种自然演变，可是，研究发现，真正决定人是否会衰老的关键因素是人从25岁到60岁期间的思想与心念。也就是说，我们的观念和思想会直接决定我们未来的身体状况，所以，我们需要从内心改变自己的"老化是一种必然的自然演变"的想法，树立"身体没有时间性"的坚定信念，要始终相信：**我们的身体是有智慧的，它是一种能量的集合体而非单纯的物质；它会不断地重生，不断地更新；它不受时间限制，可以永葆青春。这样，我们的身体细胞就会永远处于一种最新、最具活力的状态中。**

赛斯在《个人实相的本质》中说："在许多土著文化里，年龄完全不是考虑一个人的因素，年纪多大并不重要。事实上，一个人可能不知道自己的年纪有多大，忘记你的年纪——青年、中年、老年都一样，对你是件很好的事。因为我们的文化里，因为年龄有很多信念都受到限制——青春被否定了它的智慧，而老年被否定了它的喜悦。"

外在的老化是必然的现象。如果想让自己永葆青春，一定要从内在的思想和信念上解放自己，接受新的信念，改变自己的思想，相信我们的身体一定会永葆健康。

在这个看似纷繁复杂的世界中，一切事物都是有章可循的。面对现实，最重要的就是要提升自身的智慧，以发现并掌握事物发展的规律。认识规律、运用规律，我们就能够逐渐地释放并化解掉心智暗箱中的负面情绪。医学界的很多实例在不断地证明：保持一种积极的心态，内心充满爱与感恩，可以在很大程度上增强人体的免疫力，让人的身心更快地恢复健康。

正所谓"境由心造"，所有一切都取决于我们的心念。面对同一种食物，心怀感激时和心情浮躁时食用的感觉是截然不同的，有时我们甚至会怀疑自己所食用的到底是不是同一种食物。其实，食物是相同的，不同的只是我们的心境，因为心境的不同才导致了我们外在境遇的不同。

唯有爱可以穿越时空，生活在爱与感恩的世界里，我们全身心的细胞都会焕发活力与健康，身体怎么会不好呢？相反，如果生活在哀怨与悲伤的世界里，消极情绪就会逐渐地吞噬我们身体的细胞，让我们的身体变得越来越差，这样怎么能够不生病呢？

你完全可以决定自己是健康快乐还是被病痛折磨，全都在你的一念之间。如果你的心中充满怨恨，如果你的心中怀有未了的情结，再美好的事物你也看不到；如果你充满爱心，事事向善，再困苦的环境你也会信心满满，身心愉悦。

三、健康、幸福、美好的生活，从当下出发

为什么在同样的处境下，面对同样的事情，不同的人会有截然不同的反应和不同 7684 结果呢？

我们在生活中看到：那些有所成就的人，并不都是最聪明或最有天赋的，也并非都是才能卓著，更不都是体魄强健或背景显赫。但他们都拥有透过现象看本质的人生智慧，掌握事物存在、发展的规律，并能运用规律做出最为恰当的选择，获得幸福人生。

我们每个人天生都是圆满具足的，但是大多数人，都会出现事业、婚姻、健康和亲子关系等方面的问题。很多人感慨，为人一生就是受苦，生活中种种无奈、痛苦、烦恼居多，幸福快乐却很少。面对问题，大多数人都沉浸在自责、烦恼、担心的心智障碍中无力自拔，听了很多道理也很难改变自己。

世界上万事万物的运转都有其规律，生活中出现种种错误的原因都是对规律的错误认识和运用。这种错误，一方面在于不能正视规律，忽视规律的不以人的意志为转移的作用力，没有学会正确认识规律；另一方面在于早年经历给留下了不可磨灭的伤害，使人即使知道规律的作用，也不断地沉浸在错误的回忆里，不断重复过去的问题，在回忆中难以自拔。

世界上的一切，大到历史变革，小到生活中的琐事，都遵循于规律，犹如太阳的东升西落，亘古不变。人类的每一个进步与衰退，无不是我们的思想与自然规律所形成的链接与平衡的呈现。

我们与所处的世界相互作用，我们做出的每一个选择都会造成特定的影

响，一切的出发点是自己，一切的落脚点也是自己。

　　早年带有伤害性的经历会造成人思想认识的偏差，在过往经历中产生的情绪会以细胞记忆的方式存在。思想导引能量造成淤堵，失去本应有的成就，犹如动力十足马力强劲的汽车，虽然目标明确，但是由于轮胎的障碍，无法前行，只有清除障碍才能更好地前行，达成设定目标。

　　虽然我们无法创造宇宙，但是，我们可以发现并运用规律来改变与提升我们的现状。遵循自然规律，找到造成疾病的情绪并进行清除与化解，更重要的是在这个过程中认识到自我的不足、思想的障碍，延伸自己的智慧，改变自己的命运。

　　在现实生活中，很多身体不好或患有疾病的人常常会想当然地认为"只要能把病治好就没事了"，其实不然。如果我们只是人为地消灭了身体的病毒或细菌，我们也许能够得到暂时的好转，可过不了多久，我们可能还会往复于相同的疾病与命运当中。

　　对于人的健康与命运来讲，最重要的就是思想对于疾病的认知，接受还是对抗，面对还是恐惧。我们每个人都活在自己思想所创化的世界里，要想改变自己的命运，就必须改变内在的思想，即存储于我们记忆中与自己愿景、希望不相符的程序。

我们应该感恩疾病，疾病在带给我们痛苦与烦恼的同时，也为我们生命的改变提供了契机——疾病揭示出了我们内在的问题。

　　疾病虽然是人生的痛苦，但疾病正是因为它的不可忽略性，才是我们最大的觉悟契机。我们可以忍受贫穷、可以忍受家庭不和睦、可以忍受事业不顺利，但是没有人可以忍受身体的病痛，一生病就会往医院跑，打针吃药，除非是医生也没有办法，才会选择暂时忍着。正是因为疾病的这一特点，才让疾病拥有了不可替代的正面作用。

　　从这个角度来看，疾病是我们改变自身命运的最佳时机。疾病可以把我们从纷纷扰扰的红尘俗事中拉回来，让我们直面自己的内在，回顾自己的人生，思索自己到底哪里出了问题，从生命的哲思中寻找答案。

疾病也是最好的提醒，大病大提醒，小病小提醒。通过疾病反观自己，审视自己在过往经历中做了哪些不符合规律的事，哪些事情该做却没有做，思想和行为方式上还存在哪些问题，由此发现规律、转变思想、觉悟人生！

当我们真正地认识到自己内在的问题时，当我们彻底体会到人生的实相时，我们就会慢慢地开始转化自己。一旦我们的心念转变了，就能激活自愈潜能，将整个生命状态提升到一个全新的层次。当我们再次面对红尘俗事以及现实生活中的责任、义务、苦难的时候，也就不会再感到烦恼与无奈，反而会以一种轻松、自在、喜悦、健康的态度来面对所有一切。

疾病让我们有机会觉悟和看到自己在哪些方面需要改变，使我们有机会看清人生的路，了解生命存在的意义，使我们有机会做得更好。所以，当你有了疾病，当你生活不顺时，请不要悲观，更不要气馁，如果能够透过这些外在的现象，发现存储于自己思想中的导致这些现状的内在思想程序，通过释放、清除和化解影响健康的细胞记忆，改变自己的思想状况，就能够有效地提升自己的生命品质。心境一旦改变，世界观就会跟着改变，体质也会跟着改变，不仅会获得身心的健康，还会在改变命运的同时，达到一个更值得拥有的生命境界。

我们的心念每时每刻都在影响着我们的一切。消极的心念会让我们的细胞受损，会引发我们身体的病痛；而爱与感恩会为我们注入新的生命活力，让我们的世界充满和谐，让我们的身心健康。

其实，**让我们的身心保持健康的秘诀很简单，那就是"爱与感恩"**。生命本是健康的，是我们内在的消极情绪创化了我们身心的疾病，而爱与感恩就是无解药，可以让我们的身心充满活力，永葆健康。

通过疾病，我们解决的不仅仅是身体的痛苦，更是人生这个大课题中的各种困扰。保有一颗安宁、敞亮、仁爱的心，生命会有大不同。当我们明白了"病与生命"的关系，就会发现这个世界上有那么多值得我们去爱、去感恩的人事物，原来生命是如此美好。让我们改变心态，用一颗充满爱与感恩的心来面对一切，用我们的思想创造身心健康，让生命更有价值。

一切都不晚，一切都刚刚好，当下就是我们生命的新起点。无论你现在正在经历着疾病还是已经拥有健康的体魄，请你记得，心转病移只在一念间！

祝福天下人都拥有健康、快乐、喜悦的生活！每个生命都璀璨、精彩！

附录 情绪与疾病的对应关系

◆ 头部疾病

1. 对上级、长辈、领导、害怕的人、比自己有能力的人、高处的物体或凶猛的动物等产生过急、气、恨、怕、较劲、对抗的情绪。
2. 对某件事情犹豫不决、拿不定主意、想不出办法、不知如何是好，对别人、对社会、对事物总爱找对错的情绪。
3. 自尊心强，好面子以及为丢面子的事生气、怨恨的情绪。
4. 对已经发生的事情总是耿耿于怀、想不开、想不明白或认为自己有道理、自己做的对而产生委屈、憎恨、怀恨在心等情绪。

◆ 高血压

1. 对已经过去的事，因选择不妥而产生的后悔、冤枉、委屈、较劲等情绪。
2. 盼望好结果，但事与愿违，而产生后悔、委屈、紧张、害怕、担心等情绪。

◆ 脑血栓

1. 爱较劲，爱激动，爱管闲事，看不惯别人，为了一些事情耿耿于怀，每每想起就会愤怒、生气。
2. 总认为自己的观点对，看不上比自己年轻或自认为没有自己有能力的领导，在家或者在单位做了心不甘情不愿的事情，心里不服也不愿意做。

3. 自己有本事，也很能干，也爱逞强；对别人不服气；在社会、单位、家庭中都想表现自己。

◆ 失眠

1. 遇到事情想不开、想不明白。遇到不顺利的事情，认为是别人给自己所造成的，想有好的结果，但总是事与愿违。
2. 对自己做的事不认可，怀疑自己做的事会对别人造成伤害或影响。
3. 做了不该做的事，怕被人知道、被人发现、怕有不好的结果。
4. 对心爱、心仪、想得到的人、事、物产生的想法、思念、担心、害怕、恐惧、怀疑、嫉妒、愤恨、恼怒、失落的情绪。

◆ 眼疾

1. 有着对人或事不想看、不爱看、看不起、藐视人、瞧不起人的情绪。
2. 把什么人或者事情看的太好了、太大了，结果与实际不符。
3. 忍受过往经历中的伤害，不想看到又没法不看。对人有怨气、对未来担忧，对前途不知所措。

◆ 鼻疾

1. 想表达但没有得到表达机会所形成的压抑、愤怒、自责、委屈等情绪。
2. 父母有一方在家庭中强势，对孩子管教严厉，不与孩子沟通交流，不听、不接受孩子的想法与观点。
3. 对父母或其他长辈有怨恨，不愿意与他们沟通交流等。

◆ 耳疾

1. 不喜欢有人对自己大声说话、大声批评、大声指责、唠叨等。
2. 听到刺耳的声音很烦，很讨厌，想逃离又逃离不了。
3. 听到打雷声、爆炸声、尖叫声等易惊吓而害怕、恐惧。

◆ 颈椎病

1. 看不惯或看不起父母、领导、权威、老师等比自己有能力的人并与之较劲等情绪。
2. 遇到必须服软的事情或者求别人办事的时候心里不服气、不接受，坚持自己的原则，不愿低头，产生与他人较劲的情绪。
3. 对人、事等的变化、观点不能接受、看不惯，产生暗地较劲的情绪。

◆ 甲状腺

1. 与同辈人，如亲人、爱人、闺蜜有委屈、窝囊、生闷气、压抑等情绪。
2. 女性与母亲、男性与父亲较劲、生闷气产生的情绪。

◆ 心脏病

1. 在"盼望好"的欲望下产生的亢奋、激动、气、急、恨等情绪。
2. 爱面子、说假话、伪装自己、耍心眼、找借口、损人利己、坑蒙拐骗、心惊胆战、心生妒忌、暗中与对方较劲等情绪。
3. 因需要没有得到满足或受到伤害造成的失落、惊恐、紧张等情绪。
4. 早年经历中受到伤害而产生的委屈、悔恨、恐惧、害怕、愤怒、压抑、爱恨交加、伤感与激动等情绪。

◆ 心绞痛

1. 在处理事情当中带有急、气、恨、怕等情绪，因没有得到自己想要的结果而产生的抱怨、生气、怨恨、愤怒等情绪。
2. 不爱自己、不能原谅自己也不能原谅他人，争强好胜，当自己不如别人时，嫉贤妒能，产生不能容人的情绪。
3. 在生活、事业、情感上不如意，失去心爱的物品、心爱的人等产生的后悔、自责、伤心等情绪。

◆ 冠心病

1. 与那些不合理、不公平的事情抗争，并引起气、急、恨的情绪。

2. 遇到好的结果容易产生激动、亢奋所引发的情绪。

3. 当自己遇到不顺时，过分的想不通、生气、怨恨、悔恨等而产生的情绪。

◆ 心肌梗塞

1. 盼望好的结果没有达到而产生怨恨、生气、自责等情绪。

2. 放不下生活经历中因不如意而产生的怨恨、害怕、嫉妒等想不开的情绪。

◆ 过早搏动

对于还没有发生的事情而产生担心、紧张、害怕等情绪。

◆ 心房颤动

生活中遇到突如其来的惊吓，产生紧张、担心、恐惧等情绪。

◆ 肺部疾病

1. 对未发生事情有担忧、紧张、悲伤、害怕、想不开、被限制等情绪；对起辅佐作用的人、事产生的情绪。

2. 对前途、命运、事业、财富、家庭等不能掌控或把握而产生担忧、恐惧、无可奈何的情绪。

3. 被压抑、有话说不出来、无法表达或不能表达、或没有机会表达自己的想法、无法与当事人有效沟通，而形成焦虑、悔恨、怨恨、无奈的情绪。

4. 对管理者、辅佐者、帮助者阻碍自己、不听自己、不理解自己的想法、做法，不能完成既定的目标而产生的郁闷、担忧、愤怒、失落等情绪。

◆ 哮喘

1. 有想表达的观点、结果、事实真相，被父母或者监护人压抑、限制、不允许表达的情绪。

2. 遇到委屈、冤枉的事情压抑自己，不能哭泣，无法沟通，而造成窒息的爱。

3. 盼望好的结果但事实达不到、满足不了，被限制、压抑，无法表达的情绪。

◆ 咳嗽

1. 有想说而说不出来、不能说、不敢说、不好说、说了也没用、说了对方也不能理解的情绪。
2. 因多种原因而产生想说却没说或不好说的情绪。

◆ 乳腺增生

1. 两性关系因情感而产生的委屈、自责、焦虑、失落、怨恨等情绪。
2. 对哺育关系的不满，如对父母、兄弟姐妹等的不理解、怨恨、生气等情绪。
3. 教育孩子过程中，对孩子总是期望过高、过于苛责、失望不满等情绪。

◆ 脾胃病

1. 对现实社会、人生、同事、朋友、某些人、某些事、某些行为产生不能接受、不容纳、不服气、不需要、不敢反对等情绪。
2. 小时候在家庭关系或者学校关系中受到惊吓、冤枉、被指责、不被理解而产生的不能容纳、无奈、压抑等情绪。
3. 在人、事、物处理的过程中，不能接纳与听不进不同观点、建议等而产生的自卑、怨恨、烦躁、委屈、害怕等情绪。

◆ 肝病

1. 在生活中遇到窝囊、委屈、冤枉的事情不能释怀，并由此产生恐惧、愤怒、怨恨等情绪。
2. 认为自己有能力但没能够发挥出来，或者认为自己能力强却不被重用，从而产生压抑、愤怒等情绪。
3. 小时候看到、听到父母争吵、打架、离异，或者被父母指责、打骂时希望得到支持、关爱、帮助却没有得到满足的情绪；父母不能够正确与孩子沟通、压抑孩子、不尊重孩子、不能听孩子表达内心的想法，导致孩子感觉被侮辱、贬低，或因身体受到伤害形成愤怒、委屈、焦虑、自责、压抑等情绪。

◆ 肾病

1. 曾经有过情感经历，久久不能忘怀，有着割舍不断的链接。
2. 在情感上产生的怀念、思念、隐瞒、失望、沮丧、悔恨、憎恨、压抑、委屈、忧伤等情绪。
3. 把其他人看得比自己重要，过度关爱、保护、忍受别人的过程中所产生的情绪。

◆ 胆结石

1. 总认为自己是对的、正确的，坚持自己的想法，不服输、不服软，思想顽固，与别人较劲等情绪。
2. 对自己要求严格，对别人也同样严格，想要改变对方而产生的情绪。

◆ 胆囊炎

对领导、父母、亲属、夫妻关系要求严格而有想不开的情绪。

◆ 腰部疾病

1. 面对自己应该担当的责任或义务但是做不了、做不到、不想做、不愿意做而产生的怨恨、烦恼等情绪。
2. 盼望得到保护、支撑、转折、接洽却没有得到，对结果的失望而产生的愤怒、沮丧、担心、害怕、自卑等情绪。
3. 面对事业、家庭的变化所产生的压力，认为没有谁可以帮助到自己，只能一人扛着，不堪重负，产生难以承受、缺乏安全感等情绪。

◆ 糖尿病

1. 有想控制局面、控制进程、控制下滑等想法，有着急心切、焦虑不堪、烦躁、恐慌、委屈、生气等情绪。
2. 认为自己有本事、有能耐、有主见，自己做得很对，觉得自己为别人付出很多却没有得到回报、好心没有好报，认为看错了人等委屈、生气、压抑的情绪。
3. 期盼一切都好，希望所有人都能接受自己，想达到所盼望的目标又有着很多担心的情绪。

◆ 子宫肌瘤

1. 情感或婚姻受到挫折后的气、急、恨等情绪。
2. 与母亲关系缺乏链接关系所形成的情绪。
3. 对孩子的教育产生着急、生气、无奈等情绪。
4. 与房子、房间有关及对所发生事情而产生的情绪。

◆ 白血病

1. 与钱有关的内疚、恐惧、害怕,想得而不敢要的情绪。
2. 做过与钱有关的坑蒙拐骗行为等所产生的恐惧、害怕、担心、良心受谴责的情绪。
3. 觉得钱花多了、花了冤枉钱等而产生的情绪。

◆ 肥胖

1. 内在的恐惧、过于敏感,缺乏安全感,有需要得到保护的情绪。
2. 由于爱被拒绝而产生愤怒、委屈、生气、焦虑、压抑等情绪。
3. 小时候因需要没有得到满足而产生愤怒、压抑、委屈等情绪。

◆ 其他

头顶发麻:生怒气、较劲导致气血不通。
偏头疼:左边偏头疼与男性长辈生气、较劲;右边偏头疼与女性长辈生气、较劲。
咽喉炎:经常打断别人讲话,喜欢抢话,不顾及他人感受。
扁桃体炎:想要表达自己的观点与想法但受到压制无法表达。
牙齿:想要做决断,但感到纠结,不知如何是好,无法决定
肩膀酸痛:责任太重,扛太多事情,凡事都自己一肩挑,受不了。
咬指甲:内心压抑、生气、委屈的情绪无法释怀,被父母压抑而无法表达,需要得到父母的理解,关爱。
肩周炎:觉得担子太重了、受不了、无法担当、不能接受、压力太大。

驼背： 因遇到伤害，没有能力支撑生活的重担，无助与无望、恐惧、担忧、失去对生活的勇气。

青春痘： 爱面子，不想让别人看到自己的样子。有被伤到自尊心或面子所形成的压抑、恼怒自责等情绪。

感冒： 儿童感冒代表被压抑，发火、愤怒、希望得到关爱与理解。成人感冒代表有失落、紧张、愤怒、压抑、有想表达没有得到表达，希望得到关爱、帮助、理解、支持的情绪。

阑尾炎： 对生活中的事情感到害怕、恐惧、焦虑，不敢接受好事情或好结果。

便秘： 与金钱有关的事情所产生的情绪。

痛风： 与钱有关，对于前途的担心、焦虑、恐惧、不知所措、拿不定主意。

大肠： 不愿改变旧有模式和思想，对不需要的东西、对各种与钱有关的变化所引发的情绪。

膝盖： 对于前途、未来担忧，产生不知该怎么办，担心、恐惧等情绪。

皮肤： 与担心、焦虑有关，有希望得到保护、被照顾、被关爱的情绪。

脚部： 走不出来，对前途担忧，觉得事情不能轻松地前进、落实。

"心转病移"学习效果与课程设置

心转病移课程学习目标与课程设置

【心转病移课程学习目标】

一、唤醒身体自愈潜能,提高身心健康状况;

二、帮助家人、朋友以及有需要的人拥有幸福人生;

三、成为"情志疗法"调理师,帮助更多人受益,提升自身价值;

四、加入大健康产业,开设工作室或参与投资,助力健康事业。

【心转病移一阶课程学习内容】

1. 现代人的健康状况为什么越来越差;
2. 情绪对人的健康有多大的危害;
3. 心转病移的起源;
4. 情绪是怎么产生的;
5. 情志疗法的科学原理;
6. 情志疗法的操作流程;
7. 情志疗法在大健康领域的优势;
8. 掌握情绪与疾病的对应关系:头痛、头晕、失眠、三叉神经痛、偏头疼、高血压、低血压、脑血栓、白内障、青光眼、甲状腺、帕金森、胆结石、胆囊炎、胆息肉、肝炎、甲、乙型肝炎、肝膜炎、、脂肪肝、腰痛病、颈椎病、胃疼痛、胃溃疡、胃下垂、胃息肉、脾胃不合、肺炎、肺结核、哮喘、肠道疾病、便秘、膝关节病、糖尿病、肾炎、肾衰竭、肾结石、尿毒症、肥胖等。

【 心转病移二阶课程学习内容 】

1. 能量、物质、信息与身体的转换关系；

2. 身体能量的淤堵对健康的影响；

3. 舒缓能量淤堵点的基本原理；

4. 禅拍技术调理身体方法；

5. 调理脊背 11 个能量淤堵区域的方法；

6. 学会调理能量淤堵点的基本方法；

7. 学会调理肩膀疼痛、脊柱状况、富贵包、肩颈、肩胛痛、宫寒、膝盖关节、腰间盘突出、骨盆侧歪、股骨头病等手调理方法。

【 心转病移三阶课程学习内容 】

1. 中医整体观；

2. 心智哲学理论；

3. 身体健康的全息理论；

4. 情志疗法操作规范；

5. 学会调理身体脏腑九宫手法；

6. 掌握中医基础理论和基本方法；

7. 成立身心健康调理中心的要求与步骤；

8. 学习情绪与疾病对应关系：心率不齐、心脏突停、心脏早搏、心率过速、心率不齐、心率过缓、心肌无力、心绞痛、心肌梗塞、心脏偷停、过早搏动、心房颤动、心律不齐、冠心病、痛风、白血病、子宫疾病、子宫肌瘤、小腹寒凉、子宫壁增厚、子宫下垂、月经失调、癌症、焦虑症、自闭症、恐高症等调理方法和基础医学指标。

"心转病移"相关咨询与服务 　　　　　　招辉老师

【主办单位】北京心智家园文化发展有限公司
　　　　　　北京心康达健康管理有限公司
【授课方式】理论学习、互动练习、个案处理与解读
【授课时间】"心转病移"一阶课程四天三晚
　　　　　　"心转病移"二阶课程四天三晚
　　　　　　"心转病移"三阶课程五天四晚
【网址邮箱】fy@xzcfxy.com　　www.xzcfxy.com
【联系方式】13760699803　010-88552648